农业适应气候变化区域实践

◎居 辉 谢立勇 李 岩 高清竹 刘 勤 等 著

中国农业科学技术出版社

图书在版编目（CIP）数据

农业适应气候变化区域实践 / 居辉等著 .—北京：中国农业科学技术出版社，2021. 6
ISBN 978-7-5116-5151-8

Ⅰ. ①农… Ⅱ. ①居… Ⅲ. ①气候变化－影响－农业生产－适应性－研究－中国
Ⅳ. ①S162

中国版本图书馆 CIP 数据核字（2021）第 020393 号

责任编辑 金 迪
责任校对 马广洋
责任印制 姜义伟 王思文

出 版 者 中国农业科学技术出版社
北京市中关村南大街12号 邮编：100081
电 话 （010）82109705（编辑室） （010）82109702（发行部）
（010）82109709（读者服务部）
传 真 （010）82109698
网 址 http: // www.castp.cn
经 销 者 各地新华书店
印 刷 者 北京建宏印刷有限公司
开 本 787mm×1 092mm 1/16
印 张 13.75
字 数 300千字
版 次 2021年6月第1版 2021年6月第1次印刷
定 价 86.00元

《农业适应气候变化区域实践》

著 者 名 单

主　　著： 居　辉　谢立勇　李　岩　高清竹　刘　勤

参著人员：（按姓氏笔画排序）

马占云　中国环境科学研究院

石　英　国家气候中心

刘　勤　中国农业科学院农业环境与可持续发展研究所

李　岩　水利部信息中心

林而达　中国农业科学院农业环境与可持续发展研究所

居　辉　中国农业科学院农业环境与可持续发展研究所

郝兴宇　山西农业大学

徐建文　大连市气象局

徐维新　青海省气象局

高阳华　重庆市气象科学研究所

高清竹　中国农业科学院农业环境与可持续发展研究所

章四龙　水利部信息中心

董慧芹　河北省科学技术情报研究院

韩　雪　中国农业科学院农业环境与可持续发展研究所

谢立勇　沈阳农业大学

内容简介

农业生产与气候关系密切，面对气候变化对中国农业的影响，需要采取有针对性的技术措施趋利避害，对气候变化风险予以科学有效的管理。由于不同地区气候、经济水平、生产模式等存在诸多差异，区域适应战略和关键技术需要因地制宜、扬长避短，需要根据区域特异性开展可操作性强的适应技术研发，以降低气候变化的不利影响，挖掘有利因素潜力。

本书概述了在区域可持续发展模式下，适应气候变化的研究方法和工具，构建了具有广泛借鉴性的适应气候变化行动框架，并选择对气候变化反应敏感、管理体系相对复杂的农业生产系统，以我国粮食生产基地东北地区和水资源短缺的西北地区为重点，阐明了不同区域农业适应的关键问题和可行的适应技术，并进行了适应技术应用实践，评估了各种适应措施效果，阐明了适应程度和减损能力。本书的出版旨在提高中国适应气候变化实践能力，探索适应措施的实施方法和模式，推动气候变化适应的实践行动，以最小的投入成本降低气候变化的影响，为适应领域国际合作和国内可操作的适应行动提供科学支持。

本书可为参与气候变化研究的科研院所、高等院校、技术推广部门、农业管理机构等相关领域的研究者、技术人员、教学人员以及研究生等提供参考。

序

21世纪以来，我国粮食生产持续保持稳定增产的趋势，其中包含技术进步、政策激励、农业布局优化等诸多方面的巨大突破，同时农业发展也面临资源耗竭、劳动力短缺、农民生计滞顿等诸多危机。如何保证农业的可持续发展，确保国家粮食安全，是社会发展前瞻布局、宏观掌控的重要思虑。科学研究证实，全球变暖将对社会和生态系统造成多方面影响，而农业生产受气候变化影响更为明显。气候变化问题无疑给中国农业发展提出了更大的挑战，增添了额外负重。

气候变化对农业的影响有双重表现，有利方面是增加了农业潜在的光热资源，作物生长发育和空间格局有所获益；不利方面是气候变化可能会加剧农业生产的环境逆境，病虫害、气象灾害加重和生长环境恶化。目前气候变化已经对我国农业生产造成影响，且以弊为主。如何保证气候变化背景下我国未来的粮食安全，是确保农业可持续发展必须直面的现实问题，适应气候变化是解决气候影响的重要举措。适应行动需要提高个人和社会对气候风险的认识，并通过一定的政策措施来引导社会公众和机构部门做好适应准备。适应包含多种方法途径，如政策管理、技术措施、基础建设、公众意识等诸多方面，而科技研发是应对未来气候变化不确定性的基础支撑，对适应科学机理认识的不断深入，成为推动全球适应行动前进的最核心驱动力。

目前气候变化对主要领域和区域的影响已相对明确，但适应技术的发展还相对滞后，实际生产生活中具有可操作性的适应措施尚处于完善和发展之中。联合国开发计划署为帮助各国更好地适应气候变化，基于适应行动的紧迫性和普遍性，利用全球环境基金研发了适应战略框架（APF），帮助各国将适应纳入社会整体政策和发展规划中，指导各国制定和实施适应战略和措施。APF明确指出气候变化适应对脆弱地区和贫困群体更为重要，阐述了适应规划与实施流程，鼓励将适应理念融入国家发展规划之中，并以期在气候变化背景下提高人类的福祉。在政府间气候变化专门委员会（IPCC）发布的第五次气候变化评估报告中，也详细讨论了适应的需求与挑战、适应经济学、适应与发展路径融合，使适应具有了更深刻的内涵和更广泛的外延。可以看出，国际社会对适应的科学认识不断深入、所采取的适应措施的可操作性越来越强。

我国整体资源禀赋薄弱，自然环境脆弱，本身对气候变化适应能力相对较差，而未来的气候变化可能会存在突变转折和影响阈值，现有的适应经验需要相应调整和补充才能适应未来的情境。为保证经济的良性运转和持续发展，需要预留一定空间来提高社会对气候风险的耐受程度，提高对气候变化的适应能力。尽管我国急需采取适应行动，但由于缺乏可操作性的模式和评估方法，目前实际的适应行动还略显滞后，在适应行动过程中存在盲目适应和过度适应的问题。本书的出版可提高相关领域人员对未来气候变化风险的认识，对适应行动有前瞻性储备，并对具体实施步骤有一些先期规划，充分理解和明确各级组织和部门的适应能力，制定有效的政策规范引导适应行动。本书可对开展适应行动提供一定的实施指导，对相关部门制定合理的防灾减灾策略及确保我国粮食稳产增产提供科学支撑，也可对国家适应行动发展有所贡献。

中国农业科学院农业环境与可持续发展研究所，研究员/原所长

前　言

气候变化已发生并具有持续性，未来的气候变化速率可能前所未有且存在很大的不确定性。和气候变化相关的脆弱性将使社会和经济发展面临更大的挑战，尤其对高度依赖气候资源条件的脆弱地区和生产部门影响更大。为明确我国农业在当前生产技术和环境条件下的适应能力，本书在我国以往气候变化影响等相关研究基础上，对区域适应活动进行了研究和提炼，形成了初步的适应行动实施框架，以期客观认识和指导具体的适应实践过程。

全书内容从适应含义和类型切入，介绍气候变化背景下的适应内容，并概述了当前在适应领域的国内外发展现状，建立了适应行动实施框架。通过一些案例实践，阐述了适应行动的具体操作流程。第一章详细阐述了适应的内涵和类型，明确适应的科学界定与重要术语；第二章论述了国内外适应气候变化的发展趋势和关注重点，介绍了敏感领域的我国适应政策和举措；第三章介绍了区域适应行动要素与相关评价指标，解析适应决策和风险管理的关系；第四章阐述气候变化适应行动实施框架及操作流程，细解适应措施遴选方法和适应能力分析工具；第五章综合评述我国过去的气候变化趋势和未来的气候变化风险，重点分析了温度和降水的变化特征；第六章至第九章分别介绍了我国不同区域农业适应气候变化实践案例，包含东北水稻适应气候变化技术实践、西北黑河绿洲农业适应实践、华北冬小麦适应气候变化及西南重庆适应气候变化实践，从各区域气候变化趋势、对区域农业生产影响及适应对策做了细化阐述和案例举证；第十章概括了适应气候变化科学认识上的不足和有待深化的科学问题。本书虽然是农业领域的适应行动实践，但适应活动流程具有一定的通用性，对其他相关领域也具有借鉴价值，可以帮助适应实施者深入开发综合性的适应对策。本书所介绍的适应行动实践过程和理念是一个开放和可更新的体系，读者可以明确适应的优先问题，确定具体的适应战略、政策和措施，并根据实践过程中新的认识，对适应行动做一定的再设计和调整，实施过程中还可提炼适应的基本信息和确定适应的优化技术。

虽然我国在气候变化对农业影响研究方面积累了一定的成果，但以往的研究多建立于未来气候均态变化的基础上，而适应技术研发及作物响应机理认识尚相对薄弱，气候变化影响的风险评估、技术措施的适应能力、区域可操作技术模式等内容应予以梳理和深化，以提高农业生产潜力，实现粮食产区的粮食持续供给保证。适应气候变化更需考虑未来不确定性灾害风险，气候随时间推移也不断演变，对气候变化的认识也是一个不断更新和发展的过程，确定适应能力之前，需要明确未来的气候变化风险，明确各领域的暴露度和敏感性。某些气候敏感领域或部门更容易受到气候变化影响，对气候风险的应对能力相对薄弱，且由于适应过程中的实施主体、适应目标有所不同，适应实践中会存在区域性和个例性差异。本书在适应理论认知基础上，选择我国东北和西北地区的农业生产模式，从具体的农业操作层面，进行了适应实践行动。

由于我国农业适应的研究刚刚起步，作为一本探讨适应气候变化实践行动的图书，目前的结果还比较粗略，许多方面还没有整合到评估当中，例如适应性技术措施的补偿作用，不同气候模式的气候变化风险综合评估，气候变化如何影响系统的脆弱性，脆弱性格局未来是否会发生改变，如何科学地评估适应成本效益，包括经济效益、社会效益和生态效益等，都还需进一步研究和深化，很多适应理念依然需要科学探索过程。

本书的撰写和出版得到了中国农业科学院农业环境与可持续发展研究所、农业农村部旱作节水农业重点实验室和中国农业科学院科技创新工程的大力支持，同时还得到国家重点研发项目（2019YFA0607403，2016YFD0300401）和国家自然科学基金（41675115，41961124007，41401510）的资助，在此一并感谢。

虽然我们在撰写过程中竭尽所能，但由于水平和各种条件的限制，书中难免会出现各种瑕疵和疏漏，请各位专家和读者给予批评和指正。

著　者

2020年12月

目　录

第一章 气候变化适应内涵

对于当前温度升高、冰川融化、降水异常等已经发生的气候变化，全球各界已经形成共识，认为主要是由于人类活动排放过多的温室气体造成的，并且意识到即使现在采取减排措施，温室气体的影响依然会持续相当长的时间。因此，如何科学地认识气候变化的影响，充分认识适应的重要性，采取适当的适应措施应对气候变化已经成为气候变化科学领域的重要课题之一。

第一节 适应含义与类型

一、适应的含义

适应是指自然或人类系统为应对实际的或预期的气候刺激因素或其影响而做出的趋利避害的调整。适应是一个相对比较复杂的过程，因天、时、地、人而不同，需要综合考虑部门间的总体设计、区域的可持续发展，能够减缓温室气体排放的适应措施会得到优先重视，如风力发电、沼气池建设、秸秆还田等，实施适应措施过程中也需要引入综合评价、风险管理等理念，因此社会的广泛参与是保证适应效果的前提。

不同的国家和地区对气候变化的适应能力不同。气候变化适应能力是指一个系统、地区或社会适应气候变化影响的潜力或能力。决定一个国家或地区适应能力的主要因素有：经济财富、技术、信息和技能、内部结构、机构以及公平。这些适应能力的决定因素既不是相互独立的，也不是相互排斥的。适应能力是决定因素共同作用的结果，它在国家和集团之间变化很大，随着时间的变化也有很大的变化（IPCC，2001）。适应能力影响社会和地区对气候变化影响和灾害的脆弱性。脆弱性是指一个系统遭受伤害、损害或损伤的程度，即被伤害的能力。由于脆弱性及其原因在决定影响上具有特有的作用，理解脆弱性原理与理解气候本身具有同样的重要性。增强适应能力有必要减轻脆弱性，特别是对最脆弱的地区、国家和社会经济集团更为必要。

富有的国家要比贫穷的国家具有更强的能力承受气候变化的影响和危险。贫困直接与脆弱性相关，也已得到公认，社会目前的技术水平及其技术发展能力是适应能力的重要决定因素。在自然资源开发利用过程中，采用可持续发展模式及实现适应技术的开放共享，是适应能力提升的关键。成功的适应行动需要对适应目标有科学客观的认识、对适应技术具有操作能力，对不同适应对策有优化选择能力，对适应行动具有保障机制和实施能力。通过与气候变率和变化相关的保险业的实例更易理解信息和技能的进步对适应能力的影响，随着对气象灾害信息的更多获得和理解，使研究、讨论和实施适应措施成为可能；适应能力随着社会内部结构变化而变化，就总体而言，具有高度发达社会组织结构的国家被认为有更强的适应能力；通常有争议的是，如果在一个社区、国家或全球范围内，管理权利和资源的社会机构及其设置是公平分布的话，适应能力将更大。

二、适应的类型

根据目的和时间选择，适应性可分为预期适应和反应适应、私人适应和公共适应，以及自发适应和计划适应（IPCC，2001）。主要适应类型如表1-1所示。

表1-1　气候变化适应性的类型及举例

		预期适应	反应适应
自然系统			生长季节的变化 生态系统构成的变化 湿地移动
人类系统	私人	购买保险 房屋支撑结构 燃油用具的重新设计	农场措施的变化 保险的变化 购买空调
	公众	预警系统 新建筑法规、设计标准 鼓励迁移	赔偿、补贴 执行建筑法规 海滩培育

参考文献：Klein等，1999。

预期适应：发生在气候变化影响被观察到之前的适应，也被称之为事先适应。

反应适应：发生在气候变化影响被观察到之后的适应。

私人适应：由个人、家庭或私人公司发起和实施的适应，通常是出于活动者经济上的自身利益。

公共适应：由各级政府发起和实施的适应，通常是针对集体需要。

自发适应：并非制定出的对气候激励有意识的响应，但是由自然系统生态变化和由人类系统市场或福利变化聚合而成的适应，也被称之为自动或本能适应。

计划适应：根据对已改变或正在改变的条件的认识，以及需要反馈、保持或希望取得的某种状态的行动的认识，是经过深思熟虑的政策决策的结果。

第二节　适应的近似术语辨析

自IPCC第一次评估报告开始就包含适应内容，至第五次评估报告（AR5，2014），对适应相关术语的解释更为全面，补充了适应差距、适应类型、适应机遇等内容。对人类社会而言，适应就是探求如何降低气候损害及挖掘有利机遇的过程；对自然系统而言，就是通过人为干预协助其对预期气候变化及其影响做出相应调整的过程。与以往IPCC报告的适应定义相比，AR5适应内涵则更突出了人类行为的参与性。适应既包含系统本身对环境胁迫或扰动的调整，也包含系统整体状态的改变，由此引入了提升性适应和转型性适应两种新理念。适应不仅要应对当前和未来的变化，也要包含与决策过程相关的管理方式的改变。适应战略必须具有灵活性，统筹危害风险、社会经济、环境发展的相互关系，适应包括前期基础条件，如社会和自然基本条件，也包括灵活调整能力。

适应的核心宗旨是提高适应能力，但目前对适应、适应性和适应能力的清晰界定仍有些模糊。在IPCC第二次报告中曾引用过适应性专业术语，其后报告中则将其等同于适应能力。近年来虽然国内研究中常常还会关注适应性，但更多的研究主题已集中于适应能力。本文比较分析认为，适应是对行为方式或对策措施的界定，可不需任何量化数据的支持；适应能力需要有明确的评价指标体系，并最终产生量化性评价结果；适应能力评价涵盖一定的指标，其中包含有经济资本、资源禀赋、技术水平、社会保障（政策支撑）要素综合，因此各领域研究中所采用的指标体系，由于学科差异尚无法形成统一或模式化的固定指标，适应能力高或低由选择的研究方法决定，通过科学计算过程，形成可细化评价的数字结果；适应性更偏重于能力属性，其基本结论是有或无、强或弱的判断，其有无判断基于表象分析，无须涉及具体量化的衡量标准，强弱判断来自适应能力的评价，可能需要量化结论的支持与界定，但其本身就是属性概念，最终目标落脚于属性判断结果，采用的表述多为“有无”或“强弱”（表1-2）。

表1-2　气候变化范畴的适应术语比较

术语	内涵	评判界定
适应	行为方式或对策措施	能/不能
适应性	行为或对策的表象判断或量化评估*	有/无；强/弱
适应能力	包括经济、资源、技术、社会保障等要素综合评价	综合的量化结果比较

*适应性量化评估时则等同于适应能力。

第三节 敏感性和脆弱性解读

在适应气候变化行动过程中，首先需要就主体对象的应对能力做出基本判断，其中包含气候变化是否影响了主体时空存在或发展、影响程度、最终损害或得益，因此相关术语包含了暴露度、敏感性和脆弱性。敏感程度越高或适应能力越弱，则脆弱性越高。脆弱性的高低往往决定受影响主体的损失程度，与社会持续发展紧密相关。

IPCC采用量化指标表示系统的脆弱性特征，即脆弱性指数。气候脆弱性指数主要取决于指标综合代表性，可以包含或不包含权重，采用一系列指标设定脆弱性。以往在脆弱性研究中，虽然脆弱性是暴露度、敏感性和适应能力的函数，但对于各要素在函数中的表达方式尚未形成统一的定论，通常采用的是：脆弱性=暴露度×敏感性/适应能力。

各要素通过相关方法予以均一化处理，形成相对一致的量度。暴露度体现对象主体基本处境概况，敏感性表明气候变化情景条件对主体的影响，适应能力则是经济资本、自然资源、技术能力、社会保障四大要素的综合评价，各要素的具体指标需要酌情依据适应主体属性予以判别和遴选，并通过科学方法量化赋值，且各指标间需要统一量纲或无量纲化处理。

第四节 适应气候变化与灾害风险管理

适应气候变化是人类社会和自然系统对已发生的和潜在的气候变化影响采取的趋利避害的调整过程，有效的人为干预可提升自然系统的适应效果。灾害风险管理则是为减轻灾害风险，对其进行监测、识别、模拟、评估和处置，旨在以最小成本获得最大安全保障的科学管理体系，其具有很强的社会属性。两者的共同关注要点是提高对气候变化不利影响/气候灾害风险的抵御、承受、恢复能力，即提高复原力（Resilience）。作者理解认为系统在预防、承受外来危险过程中的复原力，可以翻译成“耐受力”，而在危害过后的响应行为可以理解为“复原力”，既体现了系统自身的抗逆潜能，也突出了行为调整后的减逆能力，建议一般情境下则采纳复原力较为适宜。复原力更形象地反映了适应主体欲达到原来状态的动力驱动，较常用的解译恢复力更具有目标性。复原力通常指个体、家庭、群体或系统在不牺牲（或潜在提升）其长远利益前提下，对危害或气候变化，以及其他冲击和胁迫的防御、承受及恢复能力。当前国际气候变化研究中，复原力成为非常重要的专业术语。复原力不是固定的或稳定状态，而是一系列动态的条件或过程，影响复原力的主要因素包含政策制度、经济水平、资源禀赋、人文素养等（表1-3）。

表1-3　适应气候变化与灾害风险管理关联性比较

属性	类别	适应气候变化	灾害风险管理
异质性	主体范畴	人类社会和自然系统	人类社会
	驱动因子	气候、海洋	气候、地质、海洋、环境
	行动目的	趋利避害	降低不利影响
同质性	共同关注	气候变化引起主体暴露度和脆弱性	灾害引起主体暴露度和脆弱性
	目标意义	提高主体的适应能力，降低不利影响	降低灾害损失
互容要点	气候灾害/气候变化引起的主体暴露度、敏感性、脆弱性 增强耐受力及恢复力*（适应能力） 与政策制度、资源禀赋、经济水平、人文素养相关 包含防御、承受、恢复、总结等过程内容		

*系统在预防、承受外来危险过程中的Resilience为“耐受力”，在危害过后的响应行为理解为“恢复力”。

气候变化适应与灾害风险管理对于提升复原力/适应能力有着相同的理念，两者都认为影响风险是暴露度和脆弱性的综合结果，无论对于危害或气候变化影响或两者结合都如此。脆弱性、暴露度越大，灾害的危害性或气候变化影响的可能性或程度越大，风险也就越大。气候变化可通过与气象因子相关的风险增加、海平面和温度升高变化，以及通过社会脆弱性增加而影响灾害风险的表观特征。因此，降低暴露度，减小脆弱性，通过各种方法强化复原力，则可同时降低灾害和气候变化影响风险，两者相辅相成。适应和灾害风险管理是动态发展过程，需要经济、社会、文化、环境、制度和政策层面持续不断的努力，使系统从脆弱变成柔韧，两者的共同目标是降低主体脆弱性并实现可持续发展。

第二章　气候变化适应发展现状和趋势

采取积极的适应措施应对气候变化，符合全人类的共同利益，也是国际社会的共同责任。多年来，国际社会为有效应对气候变化进行了不懈的努力，先后通过了《联合国气候变化框架公约》《京都议定书》和《巴黎协定》等，确立了国际合作应对气候变化的基本原则和框架。虽然适应行动的号召得到了缔约方的广泛支持，但何时开展、如何开展行动，发达国家和发展中国家的意见有所分歧。

尽管如此，国际国内仍有一些具体有效地适应气候变化的成功案例。例如，南美高地前哥伦布社区采取雨水收集、过滤和储存，建设地表和地下灌溉水渠，设计评估储水量的设施，改变河道、建设桥梁等适应措施保证其水资源的利用、海岸带适应气候变化；西班牙为适应南部沙漠化，包括推进高效的灌溉方法，广泛推广海水淡化工厂以提供淡化水，进行种植结构的调整，将小麦和大麦改为杏树、橄榄、无花果等耐旱植物；青藏铁路建设中采取保温、防止冻土融化的技术措施等；英国政府依托英国气候影响计划的相关研究成果，开发了国家层面的适应政策框架（UK Adaptation Policy Framework，APF），此框架提出了一套以风险分析与策略评估为基础的决策和工作指南，以作为各级政府部门识别与评估气候风险、脆弱性、建立适应政策并决定行动优先序的工具。

第一节　气候公约相关适应行动

《联合国气候变化框架公约》从1990年的第一次缔约方会议开始，就涉及了气候变化的影响和适应问题，但直到2001年的第七次缔约方会议（COP7）才有实质性的进展和行动，确定了一些和适应相关的基金，即最不发达国家基金、气候变化特别基金和《京都议定书》附属适应基金，前两个基金主要本着自愿原则，第三个则是《京都议定书》附属的基金，即通过议定书下执行的清洁发展机制（CDM）项目获利的2%用于适应基金（李玉娥等，2007）。这3个基金由全球环境基金（GEF）管理，重点解决最不发达国家急需和紧要的适应问题。2003年，在意大利米兰召开的第九次缔约方会议上（COP9），同意在科学、技术和社会经济等诸多领域，开展针对适应的研究和行动；2004年在布宜诺斯艾利斯第十次缔约方会议上（COP10），决定委托附属科学技术咨询机构（SBSTA）组织制定气候变化影响、脆弱性和适应五年工作计划，其中将适应规划、措施和行动作为主要内容之一，该计划在翌年的蒙特利尔第十一次缔约方会议（COP11）上获得通过，从而使适应目标、预期产出和工作内容更为具体。2006年11月，在联合国气候变化公约第十二次会议上（COP12），即内罗毕会议上，将五年工作计划内容进一步细化，列举了具体活动并命名为“内罗毕工作计划（NWP）”。2007—2009年的COP13 ~ COP15会议明确了适应基金的重要性，并就适应基金管理、适应筹集等问题做了商议和安排。

在实施适应活动时，基金保证是前提，因此发展中国家要求适应基金要有持续性、确定性和稳定性。关于适应基金的监管、政策、优先领域、分配原则等还都在商讨之中。巴厘岛会议的主要适应议题为适应基金的管理、有效募集及实施原则，其中包括管理机构组成、运作机制、职责划分等问题。

专栏 1　巴厘岛会议的适应基金进展

1. 适应基金的管理

为了应对气候变化的不利影响，在本次缔约方会议上明确提出了一定要具有额外、可估量的和持续的适应资金支持开展适应行动。同时，巴厘岛会议还确定了适应基金委员会，负责适应基金的管理，并明确适应基金主要倾向用于《京都议定书》的发展中国家，并优先考虑脆弱群体。

2. 适应基金的额度和使用

目前的适应基金还是基于《联合国气候变化框架公约》的支持发展中国家的适应活动，尤其是气候变化最脆弱和不利影响的国家。乐施会（Oxfam）、世界银行和UNFCCC等组织对适应基金的额度进行了估算，所需基金每年达数百亿美元，但至2007年底，已落实的适应基金只有6.4亿美元左右。目前基金的分配首先是最不发达国家，沿海低洼受洪水影响严重的国家以及小岛国，干旱半干旱的沙化和干旱区以及脆弱的山区生态系统，另外，气候影响的严重程度以及极端气候的发生也在考虑之中。适应基金的使用虽然有完善的管理机制和使用原则，但也存在很多的实施困难，如时间和区域尺度等。

3. 适应实施的原则

适应基金使用的原则是优先资助最贫困的国家和群体；适应和资源的可持续管理结合；将适应与发展以及扶贫结合。适应的基本目标就是提高地方群体的耐受能力和适应能力群体广泛参与适应计划、决策和实施过程，适应要以气候变化的影响为核心，适应的优先领域要和最不发达国家的优先领域一致；适应要与社会发展、服务改进和资源管理技术更新相结合，把水资源管理作为优先领域；同时适应要和国家发展规划、扶贫战略和部门政策相结合；适应措施要与发展规划和项目目标相结合；政府部门要大力支持科学研究，提供气候变化风险的最新信息，以满足不同部门的需要。公约下的适应基金不属于国家发展援助之内。

2008年12月，在波兰波兹南召开了联合国气候变化框架公约第十四次缔约方会议（COP14）。在气候变化适应方面，波兹南会议的最大成果是启动了“适应基金”并同意给予“适应基金委员会”法人资格，同时启动了履行实体、经核证的国家实体和由缔约方直接存取的三条资金存取轨道；大会还通过了《波兹南技术转让战略方案》，并决定自2009年起向发展中国家提供获取适应基金的便捷渠道，从而增强其抵御气候灾难的能力。但是“适应基金”筹资依然困难，以美国为例，目前其对清洁发展机制（CDM）项目课税2%，仅积累了6 700万美元的税收，预算到2012年，其累计适应基金仅9 000万美元，助推其他发达国家，预期收入与联合国宣布的“到2015年，欠发达国家每年需要860亿美元资金来应对气候变化带来的影响”相比，其资金数量也绝对不足以支撑发展中国家的适应行动需求。波兹南会议上，气候受害国希望进一步扩大适应基金来源渠道，准备把2%的CDM项目收益提成扩展到议定书下的另外两种灵活机制——联合履行和排放贸易，但由于部分国家的反对，最终对扩大资金来源没有达成任何协议。

2009年12月，在丹麦哥本哈根召开了联合国气候变化框架公约第十五次缔约方会议（COP15），大会最初的核心议题是要发达国家确立2012年以后的减排目标以及对发展中国家给予资金和技术援助，然而会议进展中发达国家却偏离议题，试图废除《京都议定书》，并要求发展中国家的自主减排也要接受国际监督。经过发展中国家的据理力争及艰苦磋商，会议最终达成不具法律约束力的《哥本哈根协议》。协议要求发达国家根据公约规定，按比例向发展中国家提供新的、额外的、可预测的、充足的资金，帮助和支持发展中国家开展减排、适应、技术开发、能力建设等活动；要求发达国家集体承诺于2010—2012年向发展中国家每年提供100亿美元额外的资金援助，至2020年每年提供1 000亿美元资金援助。同时，建立具有发达国家和发展中国家公平代表性管理机构的多边基金。

哥本哈根会议虽将应对气候变化资金问题具体化，但发达国家在资金上的承诺数额与发展中国家应对气候变化的资金需求还有很大差距，并且这些资金的来源、管理机制、支持方式等还需要进一步落实。适应基金的使用原则首先是资助特别易受气候变化不利影响的《京都议定书》发展中国家缔约方以及脆弱地区，从而帮助这些国家解决适应工作的成本问题。尽管在COP14会议上启动了“适应基金”，但资金的数量和来源还是很不乐观。目前在适应基金的使用过程中，最不发达国家群体尤其受到关注，在公约谈判和有限的适应基金资助对象中，对最不发达国家都有特别的说明和强调。这一方面与最不发达国家本身的脆弱性有关，但也与他们的不断对外宣传有关。我们应该意识到，适应基金的争取不仅仅依靠科学认知的支持，同时也需要更多的国际了解和舆论宣传，如小岛国联盟就将气候变化和人权联系在一起，以推动小岛国在适应方面的优先地位。

中国是发展中国家，气候条件差，自然灾害多，生态环境脆弱，受气候变化不利影响明显。同时，我国能源结构以煤为主，人口众多，经济发展水平较低，资源地域分配不均衡，存在很多偏远山区，农业和水资源对我国经济发展的影响举足轻重，社会发展水平决定了我国需要积极应对气候变化。在我们为解决全球变暖做出积极贡献的同时，依然承受着气候变暖的许多不利影响，存在很多脆弱的地区和贫困的人口，因此我国也需要积极争取适应基金应对气候变化。同时我们需要加强自身的科学认识，在气候变化脆弱性方面开展深入的研究，把握国家的脆弱性，强调区域脆弱性，加强国际合作，积极争取适应基金。尽管如此，在COP15会议上中国不仅明确支持最不发达国家、非洲国家和小岛国家等优先使用气候变化资金，更进而表示，将继续通过特定合作方式对上述国家与地区给予资金支持以应对气候变化。

第二节　国际适应的主要领域

气候作为一种重要的自然资源，同时作为自然环境的重要组成部分，从两个不同的方面在社会经济系统中发挥作用。气候变化会不同程度地影响到全球和各地区社会经济的方方面面，如主要农作物及畜牧业的生产、主要江河流域的水资源供需、沿海经济开发区的发展、人类居住环境与人类健康以及能源需求等。人类社会系统对气候变化的敏感性和脆弱性，随其地理位置、时间、社会经济发展水平和环境条件而变化。对国民经济和社会发展重要、并且对气候变化反应最敏感的领域主要有农业、水资源、海岸带、人类健康卫生、森林与其他自然生态系统。

农业既是对气候变化反应较为敏感的行业，也是受气象灾害影响较为严重的行业之一。气候变暖增加各地热量资源，导致种植结构发生变化。由于气候变化导致农作物生育期提前、发育加快、生育期缩短，同时温度的升高进一步加大了土壤水分的蒸发，使作物水分亏缺加大，出现极端天气事件频率增加、病虫害加剧、农业生产成本增加等现象，致使农业生产的不稳定性增加，产量波动大。

水资源是人类生产和生活不可或缺的自然资源，也是生物赖以生存的环境资源，随着水资源危机的加剧和水环境质量不断恶化，水资源短缺已演变成世界备受关注的资源环境问题之一。由于水资源主要受气候变化（主要是降水变化）和人类活动的双重影响，在全球气候变暖的大背景下，随着社会经济的发展，水资源的供需矛盾及人类活动的反馈作用不断加大，必将进一步加剧水资源系统固有的脆弱性和人类应对气候变化的复杂性。

气候变化对海洋和海岸带的影响更趋明显。由于沿海地区的宏观区位优于单一陆地环境和单一海洋环境，因此，这里成为人口稠密、产业云集的经济发达区。世界上约有60%的人口居住在距海岸100km内的地区。我国沿海的11个省、自治区、直辖市的面积只占全国总面积的13.6%，却集中了全国50%以上的人口、70%以上的大城市和60%以上的社会财富。长江三角洲地区、珠江三角洲地区和环渤海经济区，更是我国经济的中心区。

海岸带是陆海相互作用的过渡地带，是地圈、水圈、生物圈和大气圈相互作用最强烈的地带。空间上是沿着海岸线向陆海两侧分别延伸一定范围的狭长地带，是国家宝贵的国土资源，但对其范围仍有不同的理解，实际调查和管理中标准也尚未统一。实际资源调查和管理中常取范围是向陆地方向延伸数万米至数百米，向海洋中延伸至15～30m等深线处，并包括近岸岛屿与河口部分地区。

气候变化对全球海洋和陆地的自然资源、生态和环境带来深远的影响，处于各大圈层相互作用最强烈之处的海岸带更具敏感性与脆弱性。全球变化背景下我国海岸带和近海环境发生了显著变化，如海水温度升高、海洋酸化和海平面上升，进而对我国海岸带资源、生态和沿海地区人民生活、社会经济活动造成诸多影响，其中大部分是不利影响，如造成海洋灾害加剧、沿岸土地淹没及海洋生态失衡等。

气候变化对人体健康产生明显的影响。当全球气候变暖引起生态环境发生急剧变化时，必然会影响到人体健康。气候变化对人体健康的影响包括直接影响和间接影响，其中直接影响是指变化的天气形势，即气候系统本身的变化（例如温度升高、更强和更频繁的极端事件）对人体健康带来的影响；间接影响是指气候变化通过影响水、空气、食品质量和数量、生态系统、农业和经济系统对人体健康造成影响，例如气候变化会影响饮水供应、卫生设施、农业生产、食品安全及媒介传播疾病和水传播疾病等各个方面，这些方面的变化都会给人体健康带来严重影响。政府间气候变化专门委员会（IPCC）的评估报告表明，气候变化是全球人类疾病和早夭的原因之一，而且很可能在未来对数百万人的健康造成影响，尤其是对适应能力差的人群（IPCC，2007）。中国是全球气候变暖的受害国，气候变暖已经对中国的人群健康产生了重大影响。

气候变化对生态系统的影响。随着技术的进步和人口数目的增加，人类活动范围逐渐扩张，受人类影响的生态系统将会越来越多，原始的自然生态系统将会越来越少；不论是自然生态系统还是人工生态系统，受人类干扰的程度将会逐渐加大。虽然我们目前还无法完全将人类活动与自然环境自身变化的影响分开，尤其是气候变化对生态系统的影响，但至少这两个因素也会互相作用，加剧自然环境的变化、促进人类的觉醒及其对自然资源利用方式的转变。尽管对于驱动力的贡献还不是很清楚，但我们可以感受到在人类破坏、自然环境变化，尤其是气候变化背景下，生态系统发生的改变。

第三节　国内适应政策和趋势

针对应对气候变化的国际行动，我国也制定了相关的适应行动策略，包括《中国应对气候变化的政策与行动》《中国应对气候变化国家方案》《气候变化国家评估报告》等行动指南。目前，对于国内外适应行动合作交流也有一定的科学认识，主要包括：①参与国际适应行动交流。《联合国气候变化框架公约》已邀请所有的缔约方和相关组织提供与适应相关的方法、战略、计划、技术等材料，或者是一些适应的经验、需求和关注的问题，内容很宽泛，包括不同领域、不同地域尺度等。这些国家和组织提交的报告，在研究方法、资料收集、适应实践等方面都作出了经验介绍；同时，针对适应策略、适应项目、原始性适应认识等也作了阐述，可以作为我国适应实践的参考。②积极争取国际适应基金。中国是发展中国家，人口众多，地域分配不均衡，存在很多偏远落后山区。我们同样承受着气候变化的许多不利影响，表现出对气候变化的脆弱性，农业和水资源对我国经济发展的影响已经显现。因此，我们也需要强调自身的脆弱性，把积极争取《联合国气候变化框架公约》下的适应基金与扶贫结合起来。③积极参与适应基金保证机制的探讨。国际社会的适应基金要通过条约或机制来保证，要通过谈判达成缔约方都可以接受的落实适应基金的机制。④加强气候变化行动的国际宣传力度。我们不仅要通过国内新闻媒体提高国内气候变化意识，还要加强国际领域的媒体宣传，使世界了解我国积极应对气候变化的政策和行动，认识到我们对保护全球气候所做的巨大努力和贡献。

在国内政策方面，中国高度重视气候变化对各个领域各个地区的影响，始终坚持以科学发展观为统领，支持以增强防灾减灾能力和适应气候变化能力为目标，从中国国情出发克服气候条件差、自然灾害较重、生态环境脆弱、农业人口众多、经济发展水平较低等客观不利因素的制约，在农业、林业、水资源和海岸带管理等适应气候变化方面制定了相关政策、采取了一系列措施，为缓解全球气候变化的影响，保障粮食安全、保护森林、国土及海岸带环境，促进经济发展等方面做出了积极贡献，取得了明显效果。

一、农业

为应对气候变化应加强极端气象灾害监测预报能力建设。中国要建成一批对经济社会具有基础性、全局性、关键性作用的气象灾害防御工程，提高农业应对极端气象灾害的综合监测预警能力、抵御能力和减灾能力，使粮食生产因灾减产的损失减少10%。加强农田基本建设，“十一五”末，中国年新增节水能力139亿m^3，增加供水能力73亿m^3。全国可新增、恢复灌溉面积118万hm^2，改善灌溉面积579万hm^2，大型灌区灌溉面积占全国灌溉面积的比例由2005年的29.2%提高到2010年的31.3%，农业灌溉用水有效利用系数提高到0.5。2003年国家在大量实践研究的基础上，开始推广十大典型生态农业模式及配套技术，包括南方“猪—沼—果”生态模式及配套技术、生态渔业模式及配套技术、丘陵山区小流域综合治理模式及配套技术和观光生态农业模式及配套技术等。同时应注重农业科技的综合推广应用，提出科技入户工程，把良种良法集成一个整体，统一推进，形成科技合力，包括示范优良品种、集成高产技术、实施专业化病虫害防治、加大测土配方施肥力度、推进机械化生产等多个环节。

二、林业

我国自1999年以来相继启动和实施了天然林保护工程、退耕还林还草工程、环北京地区防沙治沙工程、“三北”和长江中下游地区等重点防护林建设工程、野生动植物保护及自然保护区建设工程和重点地区速生丰产用材林基地建设工程。这期间的气候变暖和北方干旱化，对我国六大林业工程的建设产生重要影响，主要表现在植被恢复中的植被种类选择和技术措施、森林灾害控制、重要野生动植物和典型生态系统的保护措施等，要充分考虑项目实施地的气候变化风险。气候变化下我国六大林业工程建设在技术上面临新的挑战。荒漠化和水土流失地区是中国生态环境最脆弱，受气候变化影响最大的区域。通过治理水土流失和荒漠化，改善了生态环境，增加了植被覆盖率，增加了植被和土壤的碳汇能力，增强了这些区域适应气候变化的能力。

为适应气候变化，中国还加强了林地、林木、野生动植物资源保护管理，继续推进天然林保护、野生动植物自然保护区、湿地保护工程，加强生态脆弱区域、生态系统功能的恢复与重建。中国在2000—2010年投入了1 078亿元，实施天然林资源保护工程，累计减少森林资源消耗4.26亿m^3，有效地保护了9 837.72万hm^2森林。2005年，国家林业局牵头、9个相关部门共同编制了《全国湿地保护工程实施规划（2005—2010年）》，审批实施近200个项目，建立了国家湿地公园100处，湿地面积41.5万hm^2；建立550多处湿地自然保护区，使1 795万hm^2、近49.6%的现有自然湿地得到有效保护。中国还在候鸟等野生动物重要聚集分布区域建立了350处国家级、550处省级和2 000余处市县级监测站，初步建立了野生植物就地保护网络体系，涵盖了65%的高等植物种类和130多种重点保护的野生植物主要栖息地。建立起400多处野生植物种质资源保育、基因保存中心和160多家植物园、树木园，保存了中国植物区系成分植物物种的60%，上千种珍稀濒危野生植物得到有效保护。减少气候变化对野生动物资源的不利影响，增强了野生动植物适应气候变化的能力。截至2006年，共建立各类自然保护区2 395处，覆盖了15%以上的陆地国土面积，超过了世界平均水平；建设各类自然保护小区5万多处，总面积150多万hm^2，有效保护了90%的陆地生态系统类型、85%的野生动物种群和65%的高等植物群落，涵盖了20%的天然优质森林和30%的典型荒漠化地区。这些政策和行动，增强了林业适应气候变化的能力，也促进了林业可持续发展。

三、水利

为了提高抵御自然灾害的能力，提高水资源管理对气候变化的适应性，我国科学规划开辟水源，增加国家整体供水能力。截至2008年，全国已建成江河堤防28.38万km，海堤超过13万km，海堤标准得到不断提高；已建成各类水库8.54万座，总库容6 345亿m^3；在长江、黄河、淮河、海河等主要江河开辟了124处蓄滞洪区，总面积3.24万km^2，总容积约1 172亿m^3。在一定程度上提高了防洪、抗旱和水资源调配能力。

实施南水北调和长江三峡水利枢纽工程，这是中国水利工程应对气候变化的典型案例，是缓解我国北方水资源短缺和生态环境恶化状况、促进全国水资源整体优化配置的重要战略举措。水资源再分配后，农业灌溉面积的变化，生态、环境的改变等，都可能使沿线局地甚至区域范围的气候条件产生相应变化。为此，工程建设结束后还要建立重大工程的生态与环境的动态监测系统，建立并完善重大工程项目生态与环境的后评估制度，为使其成为推进可持续发展的长治久安的重大工程提供有效的气象科学保证。

总体而言，国际和国内已经积极开展了全球气候变化的相关研究，为应对气候变化提供理论依据。从国际动向看，全球变化的影响与适应研究不仅将成为今后一个时期内科学研究的重点，而且会成为国际社会关注的焦点。目前，世界上许多国家，包括发达国家和发展中国家，或是独立（如美国、加拿大、澳大利亚、印度）或是联合（如欧盟、加勒比海地区国家、非洲联盟）开展本国或本地区对全球变化的适应性研究。近年来，我国学者曾多次在各种场合下提出把全球变化与可持续发展问题联系起来。强调可持续发展要考虑对全球变化的适应，认为只有能够适应全球变化的可持续发展才是真正的可持续发展。我国已开展了积极的案例研究，如适应行动框架宁夏①应用案例、典型脆弱区适应案例（包括西北农业水资源脆弱区案例研究、藏北那曲地区自然生态屏障区案例研究、沿海关键脆弱地区案例研究）、农业适应气候变化的典型案例研究、水资源适应气候变化的典型案例研究，为区域适应气候变化提供依据。

提高适应能力将是应对气候变化不利影响和促进可持续发展的重要手段。适应气候变化要增加投入，这对发展中国家来讲是发展过程中的额外投入。由于适应对策可以减轻部分不利影响，从长期来看对国民经济和社会发展具有重要的意义，应将适应气候变化的行动逐步纳入国民经济和社会发展的中长期规划和计划。积极开展气候变化适应性研究，增加气候变化适应投入，提高适应能力，是气候变化的形势需要，是保证经济可持续发展的需要，社会将会因为适应能力的提高在未来的气候变化中受益。

---

① 宁夏回族自治区简称，全书同。

第三章　适应行动要素和风险管理

第一节　适应行动要素及利益相关者

全球变化适应问题的基本组成要素包括适应的对象、适应主体、适应行为和适应效果四个方面，共同组成实施适应行动的完整核心要素。

一、适应对象

全球变化适应的对象是可能对人类社会造成影响的全球环境变化，特别是对人类具有不利影响的全球性环境问题。国际全球环境变化人文因素计划（IHDP）将这些全球环境问题归纳为三种类型（孙成权等，2003）。第一，真正的环境系统的问题，如臭氧层的损耗、气候变化、全球生物多样性和资源的衰竭。第二，人类活动随着时间的推移（通过累积作用）而发展为全球环境问题，如水资源缺乏、水污染、富营养化、酸化、土地退化、森林砍伐和地下水污染。第三，因地区环境问题引发的摩擦冲突随时间的推移而发展为全球环境问题，如因环境问题导致的地区政权不稳定、引发疾病的发生进而在全球蔓延传播、或发生环境难民的问题。上述问题既包括由全球变化而引发的资源与环境问题的变化，也包括有关人类活动在全球变化中的责任问题。

二、适应主体

适应主体由人类社会及其支撑系统构成的人类圈（人类生态系统）构成。人类圈包括自然系统、支撑系统和人文系统。其中，自然系统主要包括与人类密切相关的环境和资源系统，支撑系统包括经济子系统和基础设施子系统，人文系统包括政府子系统、个体发展子系统和社会子系统（Bossel，1999）。与当前环境相适应的所有社会经济部门（农业、林业、水资源等）在全球变化的条件下必须发生改变以适应新的环境。每个行业的适应是由许多部分的适应环节组成的，适应可以是人、社会经济部门、管理或非管理部门、自然或生态系统，或者是系统的实践、运行与结构。如农业的适应包括所有与农业系统有关的环节，可以是农民、农业生产供应者、农产品消费者、农业政策制定者。其他社会经济行业也是如此。每个环节的适应是行业整体适应的一部分，每一个行业的适应也与其他行业密切相关。一般认为，投资见效周期短的行业（如农业）更易于适应，而改造投资规模大周期长的行业（如大坝、灌溉工程、海岸防护系统、桥梁、道路和社区建设等）适应环境变化的代价相对较大，假如在规划设计的时候考虑全球变化的适应问题不充分，那么这些行业适应全球变化的能力将极为脆弱，适应的代价将十分巨大。

气候变化对各行各业、所有的部门、所有的人都会产生或多或少的影响，对气候变化的适应也将涉及各个部门，气候变化的适应需要各界的广泛参与。各个部门需进行适应，这将对政策发展、商业及社区造成重大的影响，适应主要由地区层面的公共和私人部门的利益相关者实行，界定适应目前扮演的角色及承担的责任将十分有帮助，但须同时顾及随着新政策的发展和调整，角色和责任亦将随之改变，确保利益相关者广泛、持续不断且协调的参与，是至关重要的原则。

各利益相关者及其可能扮演的角色及承担的责任如下：国家政府及其部门（经济和金融、农业、卫生、教育等部门）可能扮演的角色及承担的责任为领导规范、引进经济工具并设定绩效管理框架，适当的政策、标准、法规与设计指南与适当的资助，提出气候防护的指南，以提供合理的额外投资及确保可持续投资；地方政府扮演的角色及承担的责任是为地方居所、运输及其他问题做出区域性调整及规划，当局有能力整合经济、社会及环境问题，并通过社区战略连结自身行动与他人的行动；对于私人部门，不同的组织规模不同、目的不同将有不同的角色，然而，所有人皆须考虑有关适应气候的关键问题，包括应对气候变化的意识提升、为可能的损失和机会做好准备、利用现有工具调查影响、为可持续投资与发展做出贡献努力；科学及学术组织应化理论为实践，面向政策研究为决策者提供信息；投资促进机构应确保减少气候影响的投资，并促进消除发展差距的投资；消除贫穷机构应将气候变化影响列入优先行动中；风险社区应将气候变化影响列为风险的一部分。

人类社会系统适应和应对气候变化的能力依赖因素包括财富、技术、教育、信息、技能、基础设施、获取资源的途径以及管理的能力。发展中国家，特别是最不发达的国家适应气候变化的能力不足，因而也更脆弱。从产业部门看，对气候变化反应敏感的人类社会系统有水资源、农业（特别是粮食保障系统）和林业系统，海岸带和海洋系统（渔业），人类居住、能源和工业系统，保险与其他金融系统以及人类健康系统。这些系统的脆弱性随其地理位置、时间以及社会经济和环境条件而变化（IPCC，2001；高峰等，2001）。

三、适应行为

从根本上讲，适应的目的就是减少全球变化带来的风险。适应可以是对不利影响或脆弱性的响应，也可以是对机遇的响应。因此，对全球变化的适应行为在自然系统和人类系统中均会发生，其中人类在适应过程中的主动性显得特别重要，某些自然的适应过程将受到人类的干预。人类选择适应的方式是多种多样的。按适应主体的行为方式，可分为自发适应和计划适应两种类型。前者指的是人类社会因市场或其他利益驱动而产生的行为；后者是指人类社会根据对已发生、正在发生和可能发生的状况的认识，以及对于采取行动可能产生后果的认识，所进行的有计划的行动。按适应措施通常可分为下列几种类型：影响发生后承受损失和损失分担；变更风险阈值；变更用途和变更位置；公众意识的引导等（Burton等，1998）。主动适应有两个基本条件，一是能够预知全球变化的状况并对其造成的影响进行有效评估；二是具备合理的适应预案，以及有效的经济技术保障条件。

四、适应效果

全球变化适应的目的是通过对社会、经济系统有计划、有步骤地积极调整，在对已经发生的和预计可能发生的全球变化及其所造成的影响有充分认识的基础上，实现增强社会抵御变化的能力（或降低脆弱性）、减少损失（抗击灾变能力）、获取效益（全球、区域、国家层次）。一般而言，适应效果评价需要估算实施适应措施的代价和措施实施后潜在的收益两个方面。收益可以理解为所避免的全球变化的影响（损失）或所获得的正面影响。从自然的角度讲，适应应有利于降低自然系统的脆弱性；从经济的角度看，需要进行不同适应行为成本与效益的经济与社会评价，适应所获得的收益应大于采取适应手段的投入，收益包括减少的损失或实际获得的利益；从社会的角度看，适应的结果应有利于社会的稳定与发展（葛全胜等，2009）。

第二节　适应能力评价指标

影响和决定一个国家或地区适应能力的主要因素有：经济财富、技术、信息和技能、基础设施、机构以及公平（Smith和Lenhart，1996）。在具体分析限制适应的因素时，需要弄清当地与灾害和发展计划相关的气候变化，以使在当地和地区水平的风险最小化。每个部门和地区都有关键的需要，特别是在发展中国家，由于低经济能力而需求各异，在多重压力下，如健康、土地利用、气候、经济等影响生存的因素交织在一起，需要明确最迫切的需要及其限制适应的因素。许多脆弱地区迫切需要采取适应措施，因为延迟的行动将使未来的行动成本更高，导致更大损害。由于区域差异大，所采取的适应措施有所不同，影响评价的复杂性决定适应能力评价必须考虑多种因素，共同的问题是需要从可持续发展的角度评价国家或区域应对气候变化的适应能力（Klein，2001）。

适应能力评价主要内容应包括：开展国家、区域和部门的各个水平适应能力评价；在评价中考虑所有可能受影响的关键利益相关者，如政府、公众、私人部门、团体及其代表；确定国家、区域和部门适应能力的差距和适应潜力；识别正在实施的应对预期影响的成功适应，包括政府、市场和民间社会部门所采取的适应措施；评价适应需要的政府行动，包括改变决策过程、改变权利分配，或改变投资优先领域等；发展和加强民间社会网络和机构，以促进适应政策和技术的应用；加强传统政府部门制定政策的作用，如在健康、农业、渔业和水利等计划方面。

适应能力评价指标的选择取决于多种因素，如国家或地区发展水平，面临的主要问题，生态系统的脆弱性以及评价目的等。Klein（2001）提出了国家水平的若干评价指标：国民生产总值、基尼系数、受教育程度、贫困状况、期望寿命、保险机制、城市化程度、享受公共健康设施机会、受教育机会、社会机构、已有的国家和地区水平的计划法规、机构性和决策框架、政治稳定程度等。

区域性研究指标与国家水平有所不同，如在评价中国黄土高原农业生产适应能力时，采用如下区域评价指标：农民人均纯收入、非农业社会总产值比重、农业人口比例、人均耕地、可灌溉地比例、复种指数、水土流失治理率、优等地比例、退耕还林比例、草地森林覆盖率等（刘文泉和王馥棠，2002）。

第三节　极端气候评估指标

极端气候分析通常采用国际气象组织气候诊断与指数研究组（ETCDD-MI）公布的27个极端气象指标，其中和降水相关的指标选用了最大连续干日数、暴雨日数、连续5日最大降水日数等11个相关指标，和温度相关的指标选用了16个，具体的指标及定义见表3-1。

表3-1　与温度相关的极端气候事件指标

指标	计算方法
霜冻日数（FD）	TN<0℃的日数
热日数（SU）	TX>25℃的日数
连续霜冻日数（CFD）	TN<0℃的最大持续日数
连续热日数（CSU）	TX>25℃的最大持续日数
冰冻日数（ID）	TX<0℃的日数
暖夜日数（TN）	TN>20℃的日数

（续表）

指标	计算方法
采暖度日数（HD17）	日平均温小于17℃时，将（17℃-TG）的结果累加
冷夜/冷昼数（TN10p或Tmin10p，TX10p）	以1961—1990年资料为基准，5日滑动平均之后，对每一日期历年的数据进行频率统计，计算TN<10%累积频率对应值的日数（计算冷日则是TX<10%累积频率）
冷日数（TG10p）	
热浪指数（HWDI）	以1961—1990年资料为基准，5日滑动平均之后，求每一日期历年数据的平均值，计算一年内TN>该日平均值+5℃并持续6天及以上的日数
寒潮指数（CWDI）	类似“热浪指数”计算，但计算TN<该日平均值-5℃的日数并持续6天及以上的日数
暖期/寒期日数（HWFI/CWFI）	类似“热浪指数”，但以累积概率TG>90%代替TX>5℃（同样要持续6天及以上）
温度极值范围（ETR）	一年内极高极低值之差：max（TX）-min（TN）
生长季长度（GSL）	以第一次出现连续6天平均温度均>5℃的日期为开始，以7月之后第一次出现连续6天平均温度均<5℃的日期为结束，计算历时天数

由于观测数据有一定的偏差，因此采用质量控制或异常数据检查方法，针对单个站点数据进行了质量纠偏，包括同一记录气温最小值大于最大值，$T_{min}>T_{max}$；降水量为负值PRCP<0.0mm；设定指定的极值大于某一范围或小于指定的标准差数量等。例如某站点50年的数据（1955—2001年），用户选择一个标准差±3，对于所有的每一天值均要计算一个标准差，如1月25日，计算50年的1月25日（排除空数据）的标准差，每一个数值与平均值的差值同该标准的±3倍相比较，超出的赋值为Missing data所设定的值，通常采用-99。

极端降水事件采用百分位法定义，即对每个台站，把标准气候时段1971—2000年日降水所有样本按升序排列，取日降水量≥0.1mm的子样本的第95个百分位的日降水量，定为气候平均极端降水阈值，大于此阈值的降水称为极端降水事件（表3-2）。

表3-2　适应评估工具中降水相关技术指标界定

名称	计算方法
强降水日数（R10mm）	RR≥10mm的日数
非常强降水日数（R20mm）	RR≥20mm的日数
最大日降水量（RX1day）	最大1日降水量
最大5日降水量（R5D或RX5day）	最大5日降水量
最大连续干日（CDD）	每日降水量均小于1mm的最大持续日数

（续表）

名称	计算方法
最大连续湿日（CWD）	每日降水量均≥1mm的最大持续日数
中等/非常湿日（R75p，R95p）	降水量超过湿日日降水累积概率分布（以1961—1990年数据为基准）75%的日数（非常湿日为95%）
极端湿日（R99p）	降水量超过湿日日降水累积概率分布99%的日数
90%湿日（R90N）	降水量超过湿日日降水累积概率分布90%的日数
75%湿日降水比，99%湿日降水比（R75pTOT，R99pTOT）	R75p（或R99p）日的降水量之和占全年降水量的比例
95%湿日降水比（R95T 或 R95pTOT）	R95p日的降水量之和占全年降水量的比例
90%湿日降水比（R90T）	R90p日的降水量之和占全年降水量的比例
简单日降水强度（SDII）	湿日（RR≥1mm）的平均降水量。即湿日总降水量/湿日日数
90%湿日降水量（Prec90p）	湿日日降水累积概率分布90%处的日降水量

极端干旱事件也采用百分位法，建立不同长度连续无降水日数与其对应的发生次数占所有极端干旱事件发生次数（包括各种长度连续无降水日数）的百分比关系，所有样本按升序排列，第95个百分位对应的连续无降水日数定为极端干旱事件阈值。当连续无降水日数超过此阈值时称为一个极端干旱事件。

第四节　适应行动的决策与风险管理

尽管气候变化的趋势得到肯定，但区域性的细节、发生时间仍有不确定性。加强气候变化影响的研究，丰富气候变化影响科学知识十分必要，尤其需要丰富关于适应选择更具体的信息。已知适应选择的许多知识，其中不乏“双赢”的选择，但适应选择并非没有成本，需要加强脆弱性和适应选择评价。在适应技术的决策过程中，需要考虑社会和经济因素，应将适应性作为可持续发展的一部分，纳入国民经济发展计划。在适应政策和措施决策中可能出现三种错误：不够适应即没有充分考虑气候变化；过度适应即气候变化并非决策的重要因素；错误适应即气候变化重要，但选择了错误的响应。因此，需要风险管理研究。

实施气候变化适应行动十分复杂，不仅要考虑到公约的有关条款、区域的政策背景，也要考虑不同地区、不同人群受影响的程度及其适应机会。因此，我国有必要利用综合评价工具，对与气候变化和极端事件有关的各种风险进行系统评价和预测，包括对未来适应机会，影响、脆弱性、决策过程中的适应、风险管理和可持续发展的科学评估与预测。

公约附属科学技术咨询机构（SBSTA）曾向公约秘书组提交了较完整的有关介绍适应对策评估方法和工具的摘要（UNFCCC Secretariat，1999）。摘要对多种评价工具方法进行了总结，能够帮助研究者确定工具是否适合于分析所关心的适应对策问题，判断是否能够应用于特定资源水平和确定目标的适应评估。摘要根据不同研究目的将决策工具进行了分类：①普遍通用，适用于多部门；②水资源部门；③沿海资源；④农业部门；⑤人类健康。SBSTA摘要以及目前已有的适应对策评估工具为研究人员和决策者开展适应对策评价提供了粗略框架（表3-3）。

表3-3　适用于多部门的决策工具

初始调查工具	经济分析	通用模型
专家诊断	不确定性和风险分析	TEAM模型
适应选择筛选	费用—效益分析	CC：TRAIN/VANDACLIM
适应决策矩阵	费用—效率分析	

SBSTA摘要中概括描述了一些决策工具，这些决策工具可分为三大类，其中有一些工具可用于多个部门的适应政策评价。虽然这些工具只能够进行适应对策选项的一般评价，但是它们很容易能够被转用到不同的区域和不同的状况，也能够和其他一些部门的特定工具结合使用以形成综合评价系统。

到目前为止，大部分气候变化影响和适应对策评价研究都采用“方案驱动”，该方法由7个步骤组成：①定义问题（明确研究区域，选择敏感的部门等）；②选择适合大多数问题的评价方法；③测试方法/进行敏感分析；④选择和应用气候变化情景；⑤评价对自然系统和社会经济系统的影响；⑥评价自发的调整措施；⑦评价适应对策。但是这种由气候变化情景驱动的研究方法也存在一些缺陷，如气候变化情景的不确定性，其主要来源于气候模式的不完善和未来温室气体排放情景的不确定。后者主要来源于不能准确地描述未来几十年、上百年社会经济、环境变化、土地利用变化和技术进步等非气候要素的情景（林而达等，2006）。

对于适应对策评价过程中多标准、多团体参与的特性，多标准评价工具是较好的分析技术，可以用来作为评估适应对策的有效工具。各种适应策略可以通过它进行相互比较并被有序和系统地评价，多标准评价工具能够在可选方案中确定满意的政策。其他在决策科学、多标准评价以及系统分析领域应用的方法和工具也可以被用于适应措施的评价，它们也能够有效地将气候变化影响评估与区域可持续能力联系在一起。这些工具包括目标规划（GP）、模糊模式识别（FPR）、神经网络技术（NN）以及多层次分析过程技术（AHP），现已有学者应用这些工具对气候变化适应对策进行评价。

在以往风险评价和预测的基础上，我们有必要加强国际合作和协调，提高适应国际气候政策决议的能力，在政府及有关部门的强有力支持下建立与气候变化和极端气候事件有关的气候影响风险评价综合系统，开展气候变化及适应对策对国民经济影响的客观、定量、综合评价及预测，开展气候对城市环境、生态、荒漠化、海洋灾害等影响的评价及预评估，为我国参与国际气候变化谈判和社会经济的可持续发展提供可靠的、系统的科学依据和对策建议。

第四章 气候变化适应行动实施框架

目前，适应气候变化成为一个新的领域，许多国际机构积极热衷于采用适应技术拓宽减排的压力，国内目前也有很多项目涉及适应领域，但由于适应是一个刚刚起步的议题，很多问题现在还没有具体的落实，虽然发展中国家积极推进气候变化适应行动，要求发达国家积极履行支付适应基金的义务，但目前国际社会对于适应行动还没有具体的操作规范。中国作为主要的发展中国家，适应行动的国际机遇潜力巨大，尽早规范或探讨适应实施的途径，不仅可以为我们争取到更多的发展机会，同时对于国际社会适应行动也会有一定的示范和影响作用。

第一节 适应行动实施流程

气候变化适应是指自然和人为系统对于实际的或预期的气候刺激因素及其影响所做出的趋利避害反应。适应行动可分为自动的和有计划的、个人的和公共的、预期适应和反应适应等类型（气候变化国家评估报告，2007）。因为适应更多的是针对气候变化和极端天气的适应，根据以往的实践经验，本研究将适应行动分成了具体的实施流程。第一，评估气候风险。依据对气候变化的科学认知，对气候变化的具体表象及其后果有一个客观的认识和判断。第二，确定适应目标。根据区域的发展目标和规划，明确由于气候变化的原因，给区域规划目标带来的互补效应或不利影响，确定适应行动方向。第三，识别适应对策。确定实现区域发展目标需要克服的气候变化问题，挖掘各种潜在的解决措施。第四，对策优先排序。由于适应措施很多，但社会资金和人员是有限的，因此需要对适应措施进行优先等级的评估和排序。第五，实施和示范。对一些适应措施综合评估后，认为适应效果较好的措施进行实际应用，开展实施试验并对成功的技术进行示范推广。第六，监测与评估。根据试验实施效果，对措施的适应效果进行监测和评估，对不理想的方面加以改进，然后开展新一轮的评估和应用（图4-1）。在适应措施具体实施过程中，可以通过能力建设对适应行动加以完善和补充，能力建设包括意识培训、技术改进、资金投入等诸多方面。

本实施流程提供了一种比较通用的适应行动实施模式，具有一些基本的特征。一方面，框架是一个开放的循环构架，不仅能体现适应选择措施和实施步骤，同时实施者可以根据更新的信息对措施进行再选择再评估；另一方面，考虑到信息的回馈过程，在确定适应措施和能力建设中，积极鼓励利益相关者的广泛参与，听取多方意见和建议。

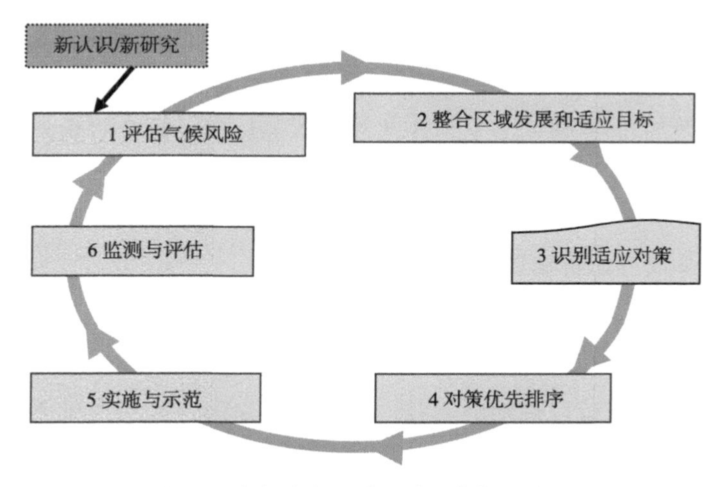

图4–1　气候变化适应行动实施框架流程

第二节　关键步骤内容

一、气候变化风险评估

在开展气候变化适应之前，首先需要明确区域的气候变化特征及可能造成的影响程度，这部分更多的是依靠实际观测以及科学的研究工具。

气候变化风险需要从两个方面进行分析和评估。一方面对历史气候变化规律的认识，并就其产生的影响形成关联性认识，使理论认识作为实施适应活动的基础，这部分既可通过自身的研究获取，也可以采用文献总结和区域调查等方式获得；另一方面是对未来气候变化趋势的分析，这部分要依靠一些气候模式模拟，由未来趋势结合历史气候影响结果进一步衍生区域未来的气候风险。目前，在气候变化风险评估中，通常根据科学预估的未来气候变化趋势，结合各脆弱领域的影响评估模型对未来的风险程度进行预估（居辉等，2005；张建平等，2009）。通过本步骤分析，基本可以明确区域已经发生的气候风险及其影响，以及未来可能发生的如高温、干旱等气候风险。

二、确定适应目标

每个领域或区域都会有各自的中长期发展规划，其中必然有诸多的方面和气候问题相关。目前根据国内和国际的气候变化大趋势，可以很明确的得出，气候变化在未来50年还将有一个持续时期（IPCC，2007），但就区域发展目标和战略而言，需要更多关注的可能是在未来10～30年时间尺度之内的气候风险，因此将区域近期、中期发展目标和同期气候变化预估结合，分析气候变化对发展目标的利弊影响，是确定适应行动的核心和关键。

一般来说，农业、水利、卫生、林业等领域都是和气候密切相关的经济部门，其发展规划中，对气候风险分析有特定的要求和指标；但如果从一个区域综合发展战略角度分析适应，就要综合协调各部门的利益，从区域主导和支柱部门的风险进行分析，确定影响的可能性从而考虑行动选择。

三、适应措施选择

在明确了区域或领域影响和脆弱程度后，需要对潜在的适应技术进行遴选。遴选的范围不能局限于现有的经验技术，同时也要考虑未来气候变化趋势对一些潜在适应技术的需求。适应措施选择的方式繁多，不仅包含具体的实际操作技术，也包含一些政策、信息、公众认识等措施，这些对于气候变化适应行动都具有帮助作用。

在遴选适应技术清单时，需要利益相关者的广泛参与，交流形式可以灵活多样。例如，管理部门的意见和想法，可以采取座谈、拜访形式；专家的观点和建议可以通过学术研讨活动开展；终端措施实施者（如农民）可以采取问卷调查或直接入户调研形式。具体的交流方式可以灵活，但其中核心重点是要切实反映实际的情况，涵盖大多数利益相关者的意见。

确定适应措施的类型，采用表4-1的形式，和专家、相关人员讨论各种可能的适应战略，整理后形成表4-2。表格内容会清楚表明对气候灾害和气候风险的适应对策。如果在讨论时有足够的时间，可以预先设定一些相关的适应战略，通过这些建议来展开讨论。然后根据讨论结果对初始表格内容进行修改，并阐述适应措施的入选依据。

表4-1　气候变化风险防范和适应的类型

类型	内容
战略和计划（政策的制定和实施）	增强气候变化风险意识 气候变化风险教育 土地利用规划以及其他领域（如健康）的灾害评估 引入/改进突发事件的适应规划和防风险政策，建立有效的阶段性评估流程，通过不断调整以适合风险环境的变化 确定适应计划中存在的困难，以及可能的解决途径

（续表）

类型	内容
建设性项目（硬性项目）	开展和实施具有针对性的基础设施建设（针对未来气候变化而设计的建筑、道路、排水工程等） 加强现有规划和指导文件的实施力度（在一些情况下，考虑气候变化因素很重要） 具体的建设项目，例如贮水设施，洪灾防御设施等 设计或引进一些降低气候风险的新技术
非建设性项目（软性项目）	加强能够降低脆弱性的适宜项目，例如多样化的谋生方式 研究、评估、信息的整理收集（提高对现存风险和脆弱性的认识，明确气象灾害的经济损失） 教育、培训和宣传（专家和社区） 引进/加强早期预警系统 应对气象灾害的能力建设，包括个人能力建设和组织能力建设

表4-2　气候风险/灾害、适应和减灾措施列表（可根据部门分类，如农业、水资源、扶贫等）

气象风险/灾害	未来的变化	战略和计划	建设性（硬性）	非建设性（软性）
极端事件	目前对气候变化已有的认知，可以作为未来5～10年极端气候发生次数和程度的例证，而且未来的变化率可能会更大	节水型社会建设—农业，水资源	新技术—作物，灌溉	例如，教育
高温	目前已经感受到的气候变暖很可能会持续，且变暖幅度加大，这会使蒸发强度有所提高，土壤湿度下降		抗旱物质储备	预警预报
干旱/土壤缺水	降水的变化程度还不确定，但目前的模型研究表明，雨季的降水量会略微增加（雨季降水减少的概率很小，但不妨对这种情形的适应对策也做讨论）。蒸发量的加大可能使可用水量减少	水资源调配和水价调控	生态移民—扶贫 封山禁牧—农业	干旱应急预案
可供水量/洪涝强度和次数	由于融化加强，未来新疆[①]河流来水量会增加，由此导致的主要干、支流洪灾风险可能增加	防洪抗旱	水库建设	
其他的部门灾害				

在对各利益相关者调研中，本部分需简要介绍各地方与气候变化相关的一些机构和部门，并对这些机构受到的气候变化影响以及适应措施进行概括和总结。一般而言，大部分机构的工作或多或少都受到了气候变化的影响，因此未来的气候变化对这些机构的影响依然存在。气候变化不仅影响到一些和气候关系紧密的部门，如农业和水资源，同时对地方性的发展战略也提出了新的挑战，例如贫困人口的移民安置等问题。目前干旱成为

① 新疆维吾尔自治区简称，全书同。

全国各地很突出的社会问题，生产发展以及连续干旱也促成了很多适应措施的出现，近年来针对气候变暖也采取了一些适应技术，例如作物种植结构和制度的调整。地方机构已经采取了一系列的政策措施来应对气候变化，如我国青海、广东、江西等省分别建立的省级气候变化应对方案，其中一些措施是需要部门之间的联合行动。目前采用的大多数适应措施，对于适应未来的气候变化仍然具有参考和借鉴作用，当然具体的适应效果还需要深入的研究和分析。近年来，由于气候条件变化和资源的匮乏，一些贫困地区农户出现了庄稼绝收或口粮短缺的情况，部分农户生活艰难，青壮年外出务工非常普遍。

四、适应措施优先等级评估

通过各种信息途径得到的可实施适应技术，由于考虑到诸多的技术类型和利益相关群体，必然是一个纷繁复杂的技术清单，但不同的利益群体考虑适应的角度和实施的能力毕竟有所区别，因此目前国际、国内都在探索一种比较通用的综合评价指标，通过量化或半量化的形式，能够将适应措施分成不同的优先等级。目前在适应措施的等级评估中有多种方法，如综合模型评估法、试验实施效果验证法、评估指标体系法等（Nei等，2009；殷永元等，2004）。适应科学的研究通常运用两种途径来评价适应对策，一种途径是利用气候变化影响评价模型测试技术的有效程度或功能，另一种途径主要是评价预期的或者规划的适应战略和政府政策。因此评估工具总是与政策评价和分析有关。

本研究采用了指标评估体系中的多标准分析方法，并以西北地区的适应技术进行了量化的优先排序分析。该方法具有一定的通用性，并且可以根据不同的利益群体设立各指标的权重系数，从而对不同利益群体提供的不同参考技术进行综合排序。多指标分值的确定可以采用德尔菲法，德尔菲法本质上是一种反馈匿名函询法，是1966年美国兰德公司首先发明的。其利用受访者的知识、经验、智慧等无法数量化的带有很大模糊性的信息，通过交流方式进行信息交换，逐步地取得较一致的意见，达到科学研究的目的。它并不追求唯一确定的答案作为最后结果，只是尽可能使多数的意见趋向集中，而不对回答问题的对象施加任何压力。它有三个明显特点：一是匿名性。从事预测的专家互不相通，在完全独立中交流思想和信息。二是有控制的持续反馈。受访者的交流通过组织者的问题实现，一般要经过2～3轮反馈完成预测和对每轮结果做出统计，提出有关受访对象的论证依据和资料，作为反馈资料发给每位专家，供下一轮参考。三是统计表述专家意见。每一轮预测反馈都采用统计方法对专家意见进行统计。因此，它简单易行、费用低、不需要大量的统计数据。它常用于长期预测，有些预测专家把德尔菲法当作最可靠的预测方法。

采用多标准评估方法，即根据多标准指标体系对具体的适应技术进行分级和分值确定。本研究中分为4级，1～4级分别表示由高至低的分值优先排序。同时，由于具体的措施可能来源于不同的管理部门或机构，要考虑这些指标在不同管理部门的权重指数，以便进行综合计算分析。这种方法可以快速决定同一部门不同技术或不同部门不同技术的优先等级性，分值高低仅作为实施行动的参考，并非是最终的决策结果。在快速判断后，对优势措施再进行细致的效益论证和实践评估。根据适应措施的特殊性，具体多标准指标如表4-3所示，适应措施的综合分值计算公式如下。

$$R_{ij}=\sum A_i(1\cdots j)\times B_i(1\cdots j) \tag{4-1}$$

式中，R_{ij}表示不同措施的综合适应效果快速判断分值；$A_i(1\cdots j)$表示i措施在多标准指标$1\cdots j$中各项对应的分值；$B_i(1\cdots j)$表示i措施对应的多标准指标$1\cdots j$在来源部门的权重指数。

表4-3　气候变化适应措施的多标准分析

标准和指标	标准分值
当前和长远利益的兼顾性 措施是否既适应了当前气候，也适应了未来的气候变化？	1=不确定 2=仅对当前 3=当前和短期（3～5年）内有效 4=中长期内（大于5年）有效
适应的时效性 措施考虑的是适应长期的，中期的还是短期的气候变化？	1=没有 2=短期内一致（极端事件） 3=长期内一致（气候变化） 4=短期和长期都考虑
效益分析 适应措施的成本和效益是否可以较容易的确定？	1=很难 2=难 3=容易 4=很容易
适应措施的灵活性 适应措施是否有灵活性，可以根据具体条件做一定的调整吗？	1=没有，不可逆 2=灵活性很小 3=灵活性较大 4=灵活性很大很容易
连带影响 目标措施是否会对其他行业或领域产生连带的影响？	1=不利影响 2=不确定 3=没有影响 4=有利影响
可操作性 适应措施实施起来是否具有可行性或可操作性？	1=不可行 2=较困难 3=较容易 4=很容易
认知程度 适应措施所针对的气候变化，其预期发生有多大的可信度？	1=非常低（小于10%） 2=低信度（10%～20%） 3=中信度（50%左右） 4=高信度（80%以上）

（续表）

标准和指标	标准分值
是否符合国家、地方需求 适应措施是否和地区或国家的发展规划、适应计划的优先领域一致	1=仅远期需要 2=仅中期需要 3=近期需要 4=国家急需（目前和未来都需要）
总分	

五、适应技术实施和示范

通过适应技术措施优先等级排序后，不同的利益群体可以根据各自的实施能力，参考排序先后确定可以考虑优先实施的适应技术。由于通常所指的气候变化更多的是基于未来气候变化情景的认识，而当前选择的适应技术则更多来自以往的经验总结，因此，在适应技术实施和试验过程中，实施者可首先考虑和推荐一些无悔的技术或双赢的技术，这些技术不仅单纯为气候变化而实施，同时对于解决目前实际的生产问题也具有帮助作用，所以气候变化适应行动，比较理想的适应技术是既考虑了未来的风险预估，也结合了当前的生产实际。

六、适应技术的监测和评估

在适应技术实施过程中，一些技术实际的实施效果和最初的理论分析和设想可能会有出入，这就需要进行再次的评估和分析，分析出问题所在，去解决问题或对技术进行再次的更新和改进，从而进入新一轮的评估体系中。评估过程中需要邀请利益相关者的参与，适应评估不仅是自然科学的认识过程，同时也是一个社会科学范畴，因此要鼓励利益相关部门的广泛参与。适应效果监测包括技术的可操作性、成本效益、推广程度等。

第三节　适应措施遴选及择优方法

目前气候变化适应性和具体适应措施的研究仍比较薄弱，对选择措施的依据、适应性效果分析等的研究都需要继续加强（王雅琼等，2009）。在适应性技术评估中，气候因素并不是单独起作用的，而是与非气候因素（如当地的经济、生态环境等）相互作用，从而影响技术的适用性。气候变化适应性与当前的管理决策有很大关系。提出适应性措施应综合考虑和利用气候与非气候因素的共同作用。国外学者（Fankhauser,

1996；Toman，2006）已经将成本效益分析应用在海平面上升、农业、水资源管理等方面的适应技术评估中；麦肯锡公司（华强森等，2009）在中国农业科学院专家的支持下，利用绘制成本效益曲线对我国东北、华北地区抗旱防旱措施进行了评估，成本曲线的横轴对应的是“灾害减损值”，指的是根据2030年各项措施预测，在只考虑技术局限的前提下，可减少的年均干旱损失；纵轴对应的是“成本效益比”，反映了各措施的潜在经济效益，“成本效益比”为1以下对应于正的净收益。分析认为，从经济效益的角度考虑，除了水利工程措施外，其他措施的净现值为正值，即长远来看能够盈利，这些措施能够实现增加粮食产量及节约成本的效果。但是，在应对气候变化的适应性成本效益方法分析方面的研究和成果还很有限，特别是对适应成本效益分析的全面评估仍然非常缺乏，应推进相关研究，以便为制定和实施适应对策提供科学依据。

在适应技术选择评价的基础上，通过系统分析气候变化的敏感性或影响潜力，选择优先适应的资源领域，分析目前政策对气候变化的敏感性，检验响应计划或适应技术的相对适应效果，进行适应技术的决策。适应技术的决策通常面临两方面的困难，一方面，确定优先领域的难度较大。因为评价标准和利益经常发生冲突，如最有效的技术不一定是最适合的。另一方面，决策面临不确定性。决策者需要考虑一系列清晰的未来情景，以使决策最优，最大限度地降低成本和风险。因此需要合适的决策工具，如成本—效益分析，多目标分析和风险—效益分析等决策工具。本研究设立了适应措施的多标准指标体系，将对气候变化关联的评价要素进行归纳，并确定分值等级以求在定性分析基础上，力求量化分析。由于不同的措施可能来源于不同的部门，因此对每个部门的多标准指标权重进行了归一化处理和排序，从而在技术中体现不同指标的权重指数。在本部分中，根据各部门的决策依据，采用层次分析法确定各指标的权重指数，具体步骤如下。

第一步，建立矩阵（1～9标度法）（表4-4）。

表4-4　C_{ij}赋值方法

序号	重要性等级	C_{ij}赋值
$-1 \le C_j - C_i \le 1$	i，j两元素同等重要	1
$1 < C_j - C_i \le 2$	i元素比j元素稍重要	3
$2 < C_j - C_i \le 3$	i元素比j元素明显重要	5
$3 < C_j - C_i \le 4$	i元素比j元素强烈重要	7
$C_j - C_i > 4$	i元素比j元素极端重要	9
$-2 \le C_j - C_i < -1$	i元素比j元素不重要	1/3
$-3 \le C_j - C_i < -2$	i元素比j元素明显不重要	1/5
$-4 \le C_j - C_i < -3$	i元素比j元素强烈不重要	1/7
$C_j - C_i < -4$	i元素比j元素极端不重要	1/9

用平均值相减，例如$C_1=2.29$，$C_4=7.00$，$C_j-C_i=C_4-C_1=4.71>4$，表明C_1比C_4极端重要C_{14}赋值9。

第二步，建立各部门排序表（表4-5）。

表4-5　各部门排序表

不同部门 标准排序	D_1	D_2	D_3	D_4	D_5	D_6	D_7	平均值	重新排序
C_1	1	2	2	2	3	3	3	2.29	2
C_2	5	5	6	8	6	4	7	5.86	6
C_3	4	3	3	4	1	7	1	3.29	3
C_4	8	8	5	6	8	6	8	7.00	8
C_5	7	4	7	7	5	2	5	5.29	5
C_6	3	7	4	5	2	5	4	4.29	4
C_7	6	6	8	3	7	8	6	6.29	7
C_8	2	1	1	1	4	1	2	1.71	1

第三步，以平均值建立矩阵（表4-6）。

表4-6　平均值矩阵表

	C_1=2.29	C_2=5.86	C_3=3.29	C_4=7.00	C_5=5.29	C_6=4.29	C_7=6.29	C_8=1.71
C_1-C_i	0.00	−3.57	−1.00	−4.71	−3.00	−2.00	−4.00	0.58
C_2-C_i	3.57	0.00	2.57	−1.14	0.57	1.57	−0.43	4.15
C_3-C_i	1.00	−2.57	0.00	−3.71	−2.00	−1.00	−3.00	1.58
C_4-C_i	4.71	1.14	3.71	0.00	1.71	2.71	0.71	5.29
C_5-C_i	3.00	−0.57	2.00	−1.71	0.00	1.00	−1.00	3.58
C_6-C_i	2.00	−1.57	1.00	−2.71	−1.00	0.00	−2.00	2.58
C_7-C_i	4.00	0.43	3.00	−0.71	1.00	2.00	0.00	4.58
C_8-C_i	−0.58	−4.15	−1.58	−5.29	−3.58	−2.58	−4.58	0.00

第四步，构造判断矩阵（表4-7）。

表4-7　判断矩阵

评价指标	C_{i1}	C_{i2}	C_{i3}	C_{i4}	C_{i5}	C_{i6}	C_{i7}	C_{i8}	优劣顺序
双赢C_{1j}	1	7	3	9	7	5	9	1	0.31
C_{2j}	1/7	1	1/3	3	1	1/3	1	1/9	0.04
C_{3j}	1/3	3	1	7	5	1	5	1/5	0.12
C_{4j}	1/9	1/3	1/7	1	1/3	1/5	1	1/9	0.02
C_{5j}	1/7	1	1/5	3	1	1/3	3	1/7	0.04
C_{6j}	1/5	3	1	5	3	1	5	1/5	0.10
C_{7j}	1/9	1	1/5	1	1/3	1/5	1	1/9	0.03
国家政策C_{8j}	1	9	5	9	7	5	9	1	0.34

注：λmax=8.39，C_I=0.056，R_I=1.45，C_R=0.039<0.10；

通过方程核定其合理性C_I=（$\lambda max-n$）/（n−1）=（8.39−8）/（8−1）=0.39/7=0.056。

通常给适应能力定量（适应成本/效益分析）的难度较大，自早期IPCC评价报告以来，在检测生物和自然系统的变化方面取得了一些进展，也采取了一些措施提高对适应能力、极端气候事件的脆弱性和其他关键问题的认识。当前进展表明，需要开始考虑设计适应性战略和适应能力建设的行动。然而，适应行动分析是有一定难度的，主要是因为在多数情况下，难以区分人为活动引起的影响和自然变化造成的影响。需要进一步的研究来加强未来评估能力和减少不确定性，确保政策制定者可以获得足够的信息以响应气候变化可能的后果，包括在发展中国家和由发展中国家主导进行的研究。

通过收入、健康水平、教育的提高，能够提高家庭的气候变化适应能力。通过改善体制机制，也能够提高政府的适应能力。同时，社会发展也能极大地降低洪灾的死亡人数以及受洪灾、旱灾影响的人口数量。但是适应要求我们以不同的方式来发展：种植耐旱或耐洪涝的作物、建设气候防御型的基础设施、降低渔业的产能过盛、在发展规划中考虑未来气候变化的不确定性等；未来气候变化的不确定性是巨大的，必须要有强有力的、灵活的政策及更深入的研究。

本研究的层次分析法也仅是提供了一种可以操作的方式，它可以通过联合多标准指标的关系方程，对适应能力作出基本的判断，但并不全面，还需要再进一步的发展和完善。

第四节　气候变化适应能力分析工具

为方便更多的研究和管理人员能够快速便捷地对区域气候变化风险以及适应措施有个基本的判断，结合适应领域研究的核心问题，本研究开发了气候变化适应性分析工具。程序开发环境采用了Visual C# 2008，是基于ArcGIS平台进行的二次开发，能够对站点数据进行质量控制，并基于站点数据进行各种极端气象指标的运算，提供图表和统计图形的显示功能，能够显示各种情景模式下的气候情景，对各个站点各个年份综合信息进行对比，并通过统计图进行显示。工具运行的硬件环境要求是CPU奔腾1.8GHz以上，内存要求512MB以上，硬盘容量40GB以上；软件环境要求是Microsoft Windows XP以上，ArcGIS 9.2以上。

主菜单包括的内容如下。

基本文件管理（File）：主要包括文件的打开、保存、打印功能。

情景信息模块（Scenarios）：主要涵盖了PRECIS、CMA和IPCC-AR4加权平均的A2和B2情景以及2020s、2050s和2080s的网格化图形展示，能够实现目标用户区域性、整体性的气候变化综合比较判断的要求（图4−2）。

站点气候风险识别（Risk）：极端气候风险主要是基于气候变化情景数据（图4−3），

根据气象学的指标标准实现的站点水平的后台运算，目前包含的气候指标有27个，是国际上通用的指标标准（图4-4）。在本研究中，目前仅对课题涉及区域站点进行了详细的分析，由于时间限制，其他区域的工作目前还未展开。

影响模块：主要包含的领域有农业、水资源、生态和沿海地区，限于以往的研究基础以及和其他模块的匹配原因，目前拥有的信息内容有农业三大作物和水资源的信息。

适应措施遴选：以农业为例，开展了适应措施优化遴选，主要使用的方法是多标准评估，即根据多标准指标体系对具体的适应技术进行分级和分值确定（图4-5）。本研究中分为4级，1～4级分别表示由高至低的分值优先排序。同时，由于具体的措施可能来源于不同的管理部门或机构，要考虑这些指标在不同管理部门的权重指数，以便综合进行计算分析。这种方法可以快速决定同一部门不同技术或不同部门不同技术的优先等级性，分值高低仅作为实施行动的参考，并非是最终的决策结果。在快速判断后，对优势措施再进行细致的效益论证和实践评估。

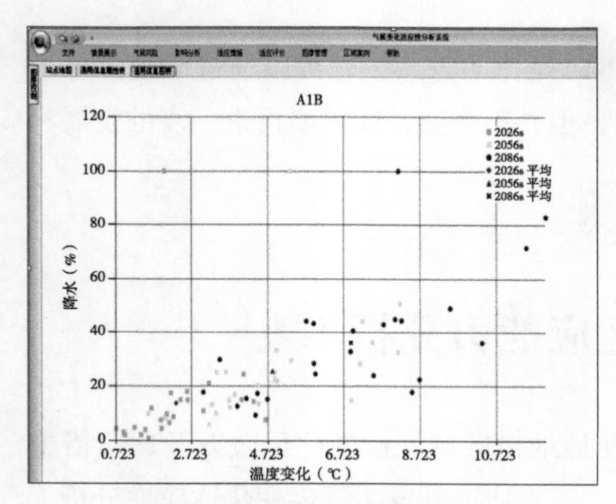

图4-2　不同气候情景展示

气候变化适应性分析系统

文件　情景展示　气候风险　影响分析　适应措施　适应评价　图像管理　区域案例　帮助

站点地图　通用信息属性表　通用信息图表

Type	Experiment	precipitatio...	precipitatio...	precipitatio...	temperature...	temperature...	temperature...
A1B	AR4. BCM2.0.S...	-7.55	-11.84	-21.081	0.695	1.759	2.656
A1B	AR4. CGCM3T47...	-8.507	-21.34	-13.98	1.815	2.974	3.773
A1B	AR4. CGCM3T63...	-0.984	-12.149	-7.233	1.512	3.059	3.763
A1B	AR4. CNRMCM3....	-11.522	-22.763	-26.558	1.305	2.855	3.852
A1B	AR4. CSIROMk3...	-8.836	-17.555	-16.846	0.479	1.16	1.698
A1B	AR4. CSIROMk3...	-0.251	-18.15	-7.762	0.913	1.814	2.679
A1B	AR4. ECHAM5ON...	-16.852	-26.624	-33.076	0.858	2.308	3.608
A1B	AR4. ECHO-G.S...	-1.059	-11.376	-18.286	0.985	2.168	4.108
A1B	AR4. FGOALS-g...	1.44	-11.043	-12.524	0.929	2.195	3.313
A1B	AR4. GFDLCM2...	3.579	-9.126	-24.422	1.221	2.374	3.656
A1B	AR4. GFDLCM2....	-13.78	-20.812	-38.55	1.107	2.314	3.714
A1B	AR4. GISS-AOM...	-0.309	-2.324	-10.399	0.878	1.635	2.277
A1B	AR4. GISS-EH....	-4.807	-11.873	-22.793	1.332	2.105	2.995
A1B	AR4. GISS-ER....	-6.797	-11.8	-21.786	1.587	2.612	3.692
A1B	AR4. HADCM3.S...	-11.701	-14.045	-17.571	1.338	3.07	4.392
A1B	AR4. HadGEM1....	-4.455	-25.636	-37.755	1.408	2.955	4.119
A1B	AR4. INGV-SXG...	-15.899	-24.532	-29.111	0.997	2.037	2.696
A1B	AR4. INMCM3.0...	-16.712	-23.746	-26.263	0.845	1.739	2.112
A1B	AR4. IPSLCM4....	0.318	-21.964	-23.023	1.298	2.795	4.263
A1B	AR4. MIROC3.2...	-13.387	-22.654	-16.726	1.847	3.645	4.659
A1B	AR4. MIROC3.2...	-5.545	-11.663	-18.4	1.434	3.147	4.541
A1B	AR4. MRI-CGCM...	-9.551	-18.606	-12.27	0.949	2.117	2.798
A1B	AR4. NCARCCSM...	-4.98	-16.112	-10.449	1.643	2.89	3.382
A1B	AR4. NCARPCM....	-2.674	-14.11	-10.742	0.74	1.883	2.192
	平均值	-6.701	-16.743	0	1.163	2.4	6.745
	最大值	3.579	-2.324	-7.233	1.847	3.645	4.659
	最小值	-16.852	-26.624	-38.55	0.479	1.16	1.698

图4-3　站点不同气候情景数据

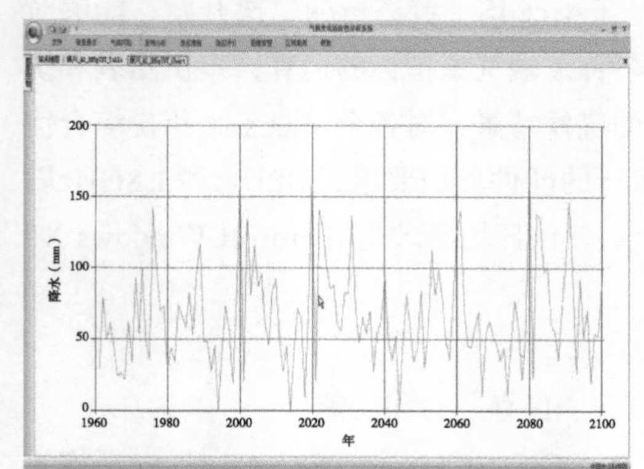

图4-4　站点未来不同时段降水变化

评价对话框

适应措施：

请选择相应部门：

标准和指标：　标准分值

1. 当前和长远利益的兼顾性：　1= 不确定　2= 仅对当前　3=当前和短期(3-5)年内有效　4=中长期内(>5)年内有效

2. 气象灾害防御：　1= 负面作用　2= 没有效果　3=效果较小　4=效果明显

3. 效益分析：　2= 没有效益-投入产出差不多　3=收益一般

4. 适应措施的灵活性：　1=没有，不可逆　2= 灵活性很小　3=灵活性很大

5. 连带影响　1=不利影响　2= 不确定　3=没有影响　4=有益影响

6. 可操作性　1=不可行　2= 较困难　3=较容易　4=很容易

7. 是否符合国家地方的要求　1=仅远期需要　2= 仅中期需要　3=近期需要

8. 应用倾向性　2=比较低(20-50%)　3=一般(50-70%)　4=很高(80%以上)

提交

图4-5　适应措施遴选指标

其他模块：图形展示模块以及其他区域的案例展示模块。

工具待完善的方面：适应技术遴选方法目前只有一种，应该再补充其他的方法以互相参检；影响评估目前只有全国的总略图，区域的具体评估工具还需要进一步的开发，而且目前只有农业和水资源的结果，区域使用还需要补充和深入；工具目前还是开放式系统，须根据研究和部门管理需要进行其他模块的补充。

第五章　气候变化特征及风险预估

第一节　已发生的气候变化特征

气候变化分析采用的主要指标包括年降水量、年均气温、年蒸发皿蒸发量（干燥度由降水量和蒸发皿蒸发量计算得出），并采用Mann-Kendall方法计算各气候要素变化趋势。根据1955—2001年全国671个站点气象观测数据分析表明，全国气温均存在显著升高趋势；降水量东南地区和西北地区存在增加趋势，而东北、华北至川渝一线却存在减少趋势；蒸发皿蒸发量全国大部分地区均存在减少趋势。结合干燥度趋势检验可知，西北干旱脆弱生态区和华南地区气候有暖湿化趋势，而东北、华北（黄淮海）、川渝地区则有暖干化趋势。北方地区的春季增温使春旱加重；新疆地区的融雪期提前，融雪型洪水发生概率增加，对农业生产带来不利影响；华南地区暴雨洪水的风险也可能会增加。

第二节　未来区域气候变化趋势

根据我国地理和行政区划特点，将气候变化划分成了大区域进行未来趋势分析。具体区域划分标准即东北地区（黑龙江、吉林和辽宁三省）；西北地区（陕西、甘肃、宁夏、青海、新疆三省二区）；西南地区（四川、重庆、贵州、云南、西藏三省一区一市）；华东地区（山东、江苏、安徽、江西、浙江、福建、上海六省一市）；华北地区（北京、天津、河北、山西、内蒙古两省一区二市）；华南地区（广东、广西、海南两省一区）；华中地区（湖北、湖南、河南三省）。

时间尺度上以2030s表示2011—2040年；2050s表示2041—2070年；2080s表示2071—2100年。未来情景A2和情景B2数据采用了英国Hadly中心的区域气候模式RCM-PRECIS（Providing Regional Climates for Impacts Studies）结果，数据来自中国农

业科学院农业环境与可持续发展研究所；A1B和B1气候资料数据来自中国气象局气候中心IPCC综合数据集。

一、不同气候情景下的温度变化趋势

从温度变化的不同情景温升来看，2030s全国温度变化幅度1.2～1.4℃，2050s升温2.1～2.9℃，2080s升温2.9～4.5℃。不同的温室气体排放情景，对升温的影响随时间段的加长而差距加大，说明可持续的社会发展路径对放缓全球变暖速率具有一定的积极作用。

2030s东北升温最明显，温升基本达到1.5℃，其次是西北和华北的1.4℃，升温较低的是华南和华东，基本是1℃左右，全国平均升温1.30℃。2050s东北升温最高，达到了2.8℃，华南最低，升温是2.1℃，西北和华北依然升温幅度一致，大约2.7℃，和东北的升温基本保持0.1℃的温差，全国升温大约2.54℃。到21世纪末，东北始终保持全国温升最明显的区域，升温4.14℃，其次是西北3.99℃，较低的是华南3.11℃，全国平均温升3.74℃。

二、不同气候情景下的降水变化趋势

从年代际的降水变化趋势来看，随着气候变化趋势的延续，降水的变化幅度也不断加大。从全国趋势分析，2030s的降水变化基本在5.8%，但西北地区的降水变率较其他地区偏高，降水变率基本可以达到9.1%左右，其次是华北，降水量增量达到约6.3%，变率最小的是华南地区，降水变率约1.0%；2050s降水变率基本维持以往的变化趋势，全国降水变率达到约12.5%，西北>华北>西南，西北地区的降水变率达到19.8%左右，华北和东北地区分别约是12.5%和8.1%，西南地区达到8.3%，最小的是华南地区，降水变率大约5.6%；2080s全国降水变率基本达到19.6%，西北、华北、东北的降水变率依然保持较高的变化幅度，西北变化幅度25%，华北和东北分别约19.2%和12.3%，西南为13.2%，华南虽然变化较小，但也达到了8.6%，全国平均的降水变化大约19.6%。从区域降水变化综合来看，西北、华北和西南地区降水变化较大，居中是华东和华中地区，较小的是东北和华南地区。

第三节　未来气候变化风险

根据区域气候变化趋势评估结果，即基本温升是A2情景最高，因此风险预估情景

采用了英国Hadly中心的区域气候模式RCM-PRECIS（Providing Regional Climates for Impacts Studies）A2情景，并同时利用B2作为比较，情景数据由中国农业科学院农业环境与可持续发展研究所提供。本分析以1961—1990年作为基准年，模拟IPCC《排放情景特别报告》（SRES）中设计的A2和B2排放情景下输出的1991—2100年50km × 50km网格尺度上日最高/最低气温和日降水量作为径流深VIC评价模型输入，模拟计算和绘制不同气候情景下全国各省多年气候风险变化图。

一、气温变化

1. 1991—2100年

气候变化A2和B2情景下，1991—2100年全国年平均气温较基准年（1961—1990年）均呈极为明显的上升趋势（图5-1）。其中，2030s（2011—2040年）两种情景较基准年增温趋势一致，分别增加1.3℃和1.4℃左右；2050s（2041—2070年）A2和B2情景呈较为一致的增温趋势，平均增加2.5℃左右；2080s（2071—2100年），A2情景次之，平均增加4.3℃左右，B2情景平均增加3.3℃左右。

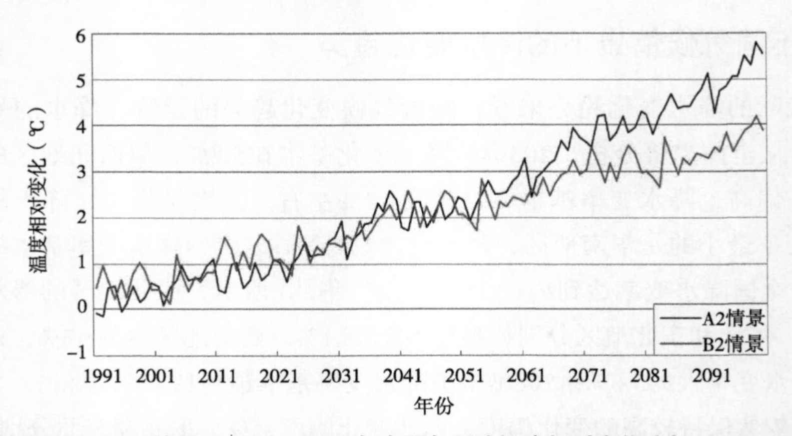

图5-1　气候变化A2和B2情景下1991—2100年全国年平均温度相对变化（与1961—1990年相比）

根据全国1991—2100年月平均气温的Mann-Kendall（以下简称MK）趋势检验（图5-2），可知A2和B2情景下，按季节分析，全国四季气温均呈显著增加趋势，其中夏秋两季（即6—11月）增温幅度较大；全国春季增温幅度相对较小，其中3月增温幅度最小。就空间分布而言，A2和B2情景下，北方、南方地区四季气温变化趋势一致，其中夏秋两季（即6—11月）增温幅度较大；全国春季（即3—4月）增温幅度相对较小，其中3月增温幅度最小；同时，A2情景下增温幅度大于B2情景。此外，同一种情景下，除初夏（6月）和初秋（9月）外，北方地区增温较南方偏多，其他月份，南方地区增温较北方偏多（图5-3）。

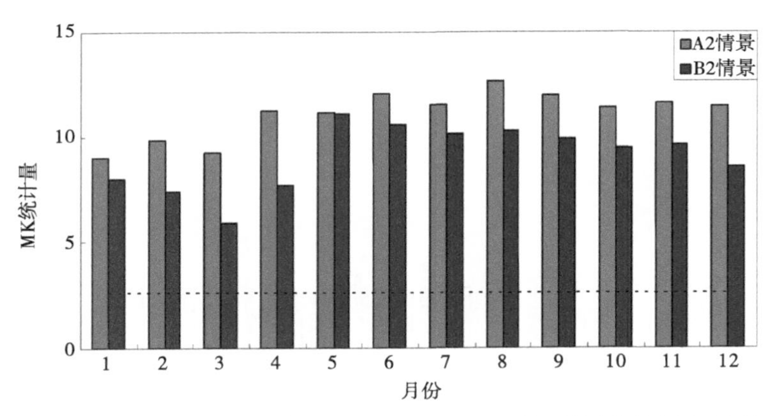

图5-2　气候变化A2和B2情景下1991—2100年全国月平均温度MK趋势
（虚线分别表示α=0.01的显著性水平临界值）

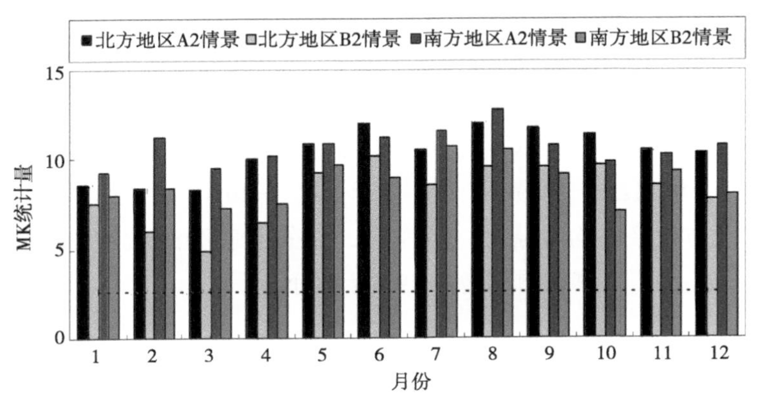

图5-3　气候变化A2和B2情景下1991—2100年北方、南方地区月平均温度MK趋势
（虚线分别表示α=0.01的显著性水平临界值）

综上所述，气候变化A2与B2情景下的1991—2100年，全国范围内夏、秋季节出现高温的可能性增加。

2. 2020s（2011—2040年）

气候变化A2和B2情景下，全国2020s多年平均气温较基准年升高幅度基本相同，为1.3～1.4℃。由图5-4可知：A2情景下，全国2020s多年平均温度比基准年偏高1.2℃左右。其中，北方地区平均增温在1.3℃左右，以西北地区增温1.4℃为最大；南方地区平均增温在1.1℃左右，以华东南部增温1.0℃左右为最小。B2情景下，全国2020s多年平均温度比基准年偏高1.3℃左右。其中，北方地区平均增温在1.5℃左右，以东北地区增温1.7℃左右为最大；南方地区平均增温在1.2℃左右，以华东南部增温1.1℃为最小。

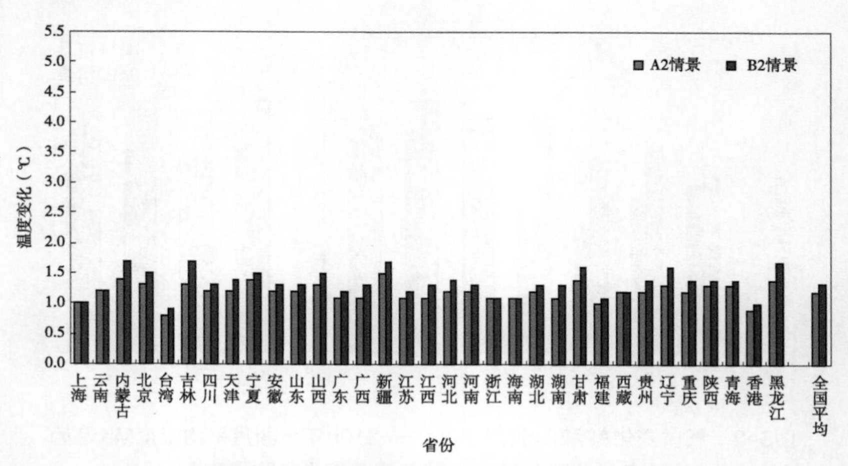

图5-4　气候变化A2和B2情景下2020s（2011—2040年）全国各省温度相对变化（基准年：1961—1990年）

3. 2050s（2041—2070年）

由图5-5可知：A2情景下，全国2050s多年平均温度比基准年偏高2.4℃。其中，北方地区平均增温在2.7℃左右，以西北地区增温2.8℃为最大；南方地区平均增温在2.3℃左右，以华东南部增温2.1℃为最小。B2情景下，全国2050s多年平均温度比基准年偏高2.3℃。其中，北方地区平均增温在2.6℃左右，以东北地区增温2.8℃为最大；南方地区平均增温在2.1℃左右，以华东南部增温1.9℃为最小。

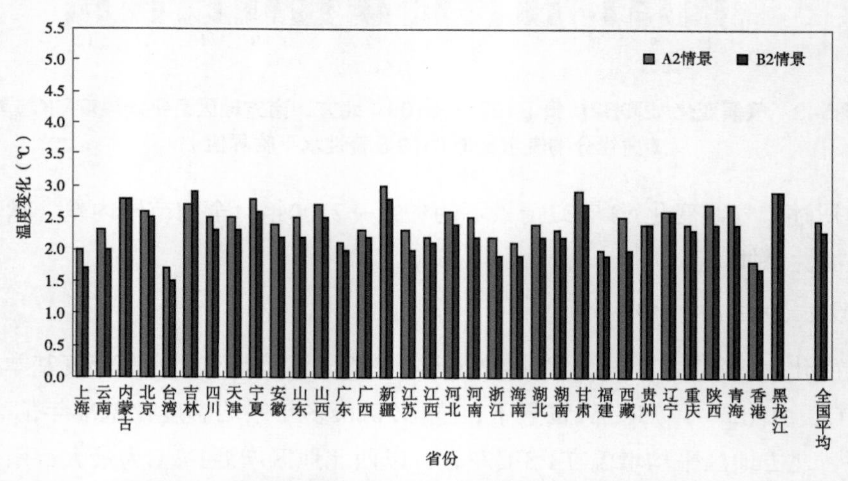

图5-5　气候变化A2和B2情景下2050s（2041—2070年）全国各省温度相对变化（基准年：1961—1990年）

4. 2080s（2071—2100年）

由图5-6可知：A2情景下，全国2080s多年平均温度比基准年偏高4.2℃。其中，北方地区平均增温在4.7℃左右，以西北地区增温4.8℃为最大；南方地区平均增温在3.9℃左右，以华东南部增温3.6℃为最小。B2情景下，全国2080s多年平均温度比基准年偏高3.2℃。其中，北方地区平均增温在3.6℃左右，以东北地区增温3.9℃为最大；南方地区平均增温在2.9℃左右，以华东南部增温2.7℃为最小。

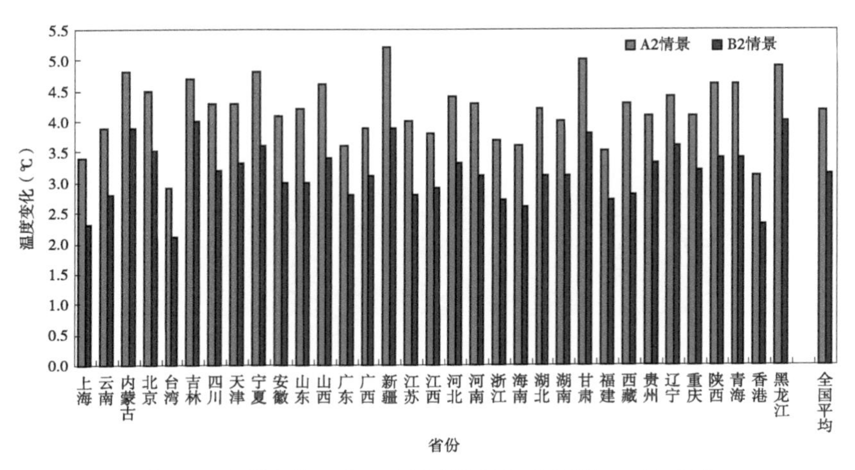

图5-6　气候变化A2和B2情景下2080s（2071—2100年）全国各省温度相对变化（基准年：1961—1990年）

综上所述，气候变化A2和B2种情景下，1991—2100年全国多年平均温度较基准年持续偏高，特别是2080s增温更为显著且以北方地区更为剧烈，其中以东北和西北地区为大，南方地区增温相对较小，且以华东南部和华南地区增温为最小。

二、降水量变化

1. 1991—2100年

气候变化A2和B2情景下，1991—2100年全国多年平均降水量较基准年（1961—1990年）分别增加10.4%～5.5%（图5-7）。

A2情景下，全国除海南减少、吉林基本不变外，其余各省多年平均降水量均有不同程度的增加，以新疆为最大。全国1991—2100年多年平均降水量比基准年平均增加约10%（+98mm）。其中，南方：华东地区增幅显著，平均增加约13%（+167mm），特别是福建、浙江和江西三省，分别增加16%（+250mm）、15%（+219mm）和20%（+300mm）；华中地区平均增加16%（+181mm），特别是湖南省，增加20%（+271mm）；西南地区平均增加10%（+100.78mm），特别是云南、贵州和西藏平均增加13%（+124.4mm），但四川、重庆仅增加6%（+65mm）；华南地区（除海南外）平均增加10%（+157mm），但是海南减少10%（−198mm）。北方：华北地区平均增加约10%（+49mm），除山西增加6%外，内蒙古、天津、北京、河北平均增加10%以上；东北地区中辽宁增加14%（+91mm），黑龙江增加7%（+38mm），吉林基本不变；尽管西北地区增幅明显，平均增加9%，但主要是新疆增加40%（+36mm），青海增加10%（+22mm），而甘肃、陕西分别增加5%（+14mm）和4%（+24mm）左右，宁夏与基准年持平。

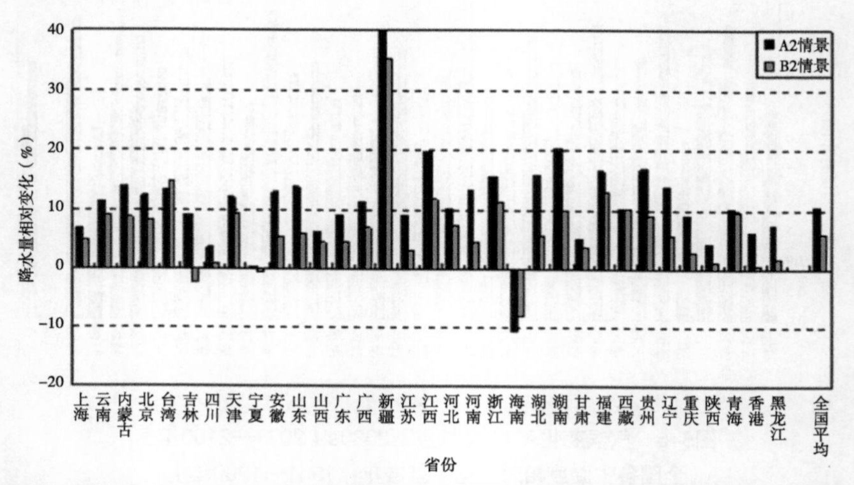

图5-7　气候变化A2和B2情景下1991—2100年全国各省降水量相对变化（基准年：1960—1990年）

B2情景下，全国1991—2100年多年平均降水量比基准年平均增加6%（+55mm）（图5-8）。但由于降水在百年跨度内时程分配极为不均，需按年代季具体分析变化差异。从绘制气候变化A2和B2情景下1991—2100年全国逐年年降水量（图5-8），根据10年滑动平均值可看出全国年降水量是呈增加趋势，以2080s增加较为显著，其中超过P80（80%不超过的概率）的年份即丰水年明显增加且年降水量数值也增大。

根据全国1991—2100年月平均降水量的Mann-Kendall（以下简称MK）趋势检验，可知气候变化A2和B2情景下，全国春、夏季（即3—5月、6—8月）降水量均呈增加趋势，特别是春季增幅显著；B2情景下秋末和冬季（即11至翌年2月）呈减少趋势，特别是1月减少显著，但以上趋势存在较大的地区差异（图5-9）。其中，A2和B2情景下，北方地区除8月降水量增加不明显外，其他季节降水量均呈增加趋势，特别是冬季增幅最大，而南方地区春、夏季降水量呈增加趋势，而冬季B2情景下呈明显减少趋势，特别是1月减少显著。此外，情景之间相比，A2情景下全国降水量增加或减少的幅度略大。

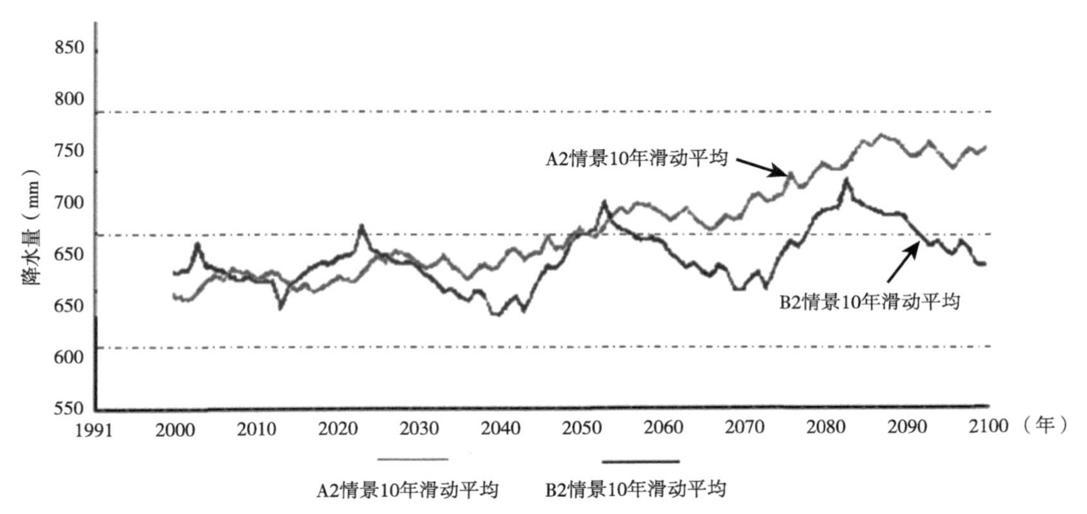

图5-8　气候变化A2和B2情景下1991—2100年全国降水10年滑动平均变化

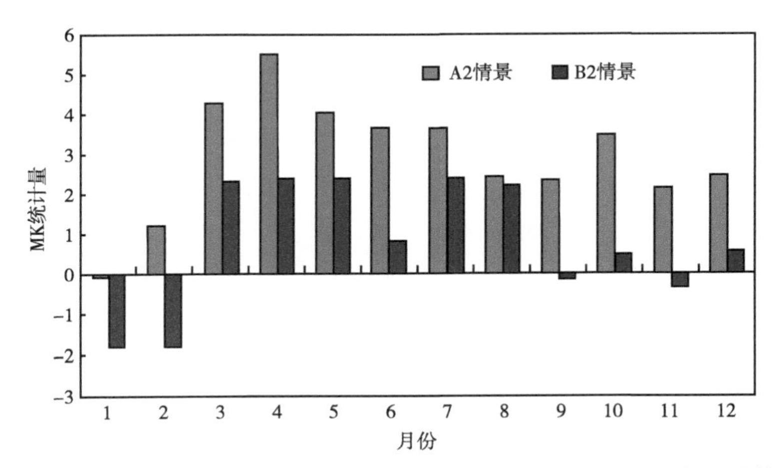

图5-9　气候变化A2和B2情景下1991—2100年全国月平均降水量MK趋势
（虚线分别表示α=0.05的显著性水平临界值）

综上所述，气候变化A2和B2情景下，1991—2100年中全国多年平均降水量较基准年有所增加，但其时空分布变化较大。其中按年代季分析，2080s降水量增加更为显著。按空间分析，降水量增加以华东地区南部为大，其中以江西最大；以东北地区东南部和西北陕甘宁地区为小，其中以吉林为最小。按季节分析，南方地区春、夏季降水量增加明显，特别是华东南部盛夏季节降水量增加显著，而南方地区冬季降水量减少明显，特别是华南地区冬季减少显著；北方地区春、冬季降水量增加明显，特别是华北、东北地区冬季降水量增加显著，而北方地区夏季降水量有所减少，特别是华北地区。此外，按情景分析，A2情景下全国降水量增加或减少的幅度比B2情景显著（图5-10）。

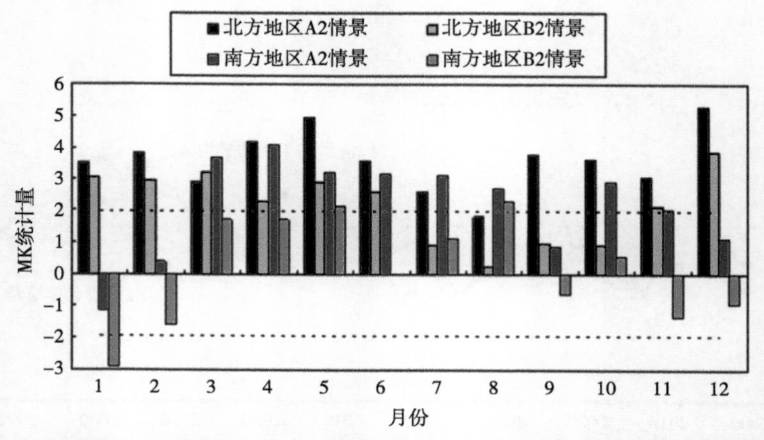

图5-10　气候变化4种情景下1991—2100年北方、南方地区月平均降水量MK趋势
（虚线分别表示α=0.05的显著性水平临界值）

2. 2020s（2011—2040年）

气候变化A2和B2情景下，全国2020s多年平均降水量较基准年（1961—1990年）分别增加为5.5%和3.5%。

B2情景下，全国除海南略有减少、吉林基本不变外，其余各省多年平均降水量均有不同程度的增加，南方地区以福建为最大，北方地区以新疆为最大。全国2020s多年平均降水量比基准年平均增加4%（+33mm）。其中，南方：华东地区南部增幅显著，平均增加约6%（+91mm），特别是福建、浙江和江西三省，分别增加8%（+119mm）、7%（+98mm）和7%（117mm）；华中地区平均增加4%（+49mm），特别是湖南省，增加6%（+85mm）；西南地区平均增加4%（+38mm），特别是云南、贵州和西藏平均增加6%（+56mm），但四川、重庆仅增加1%（+11mm）；华东地区北部平均增加约3%（+27mm）；华南地区（除海南外）平均增加3%（+46mm），但是海南减少6%（−115mm）。北方：华北地区平均增加5%（+22mm）；东北地区中辽宁增加约3%（+18mm），吉林减少2%（−13mm），黑龙江基本不变；尽管西北地区平均增加7%，但主要是新疆增加25%（+22mm），青海增加7%（+14mm），而陕西、甘肃和宁夏分别增加6mm、7mm和1mm。

A2和B2情景下，全国2020s多年平均降水量比基准年平均增加5%（+43mm）（图5-11）。

综上所述，气候变化A2和B2情景下，全国2020s多年平均降水量较基准年有所增加，增加值以华东地区南部为大，其中以福建最大；以东北地区东南部和西北陕甘宁地区为小。

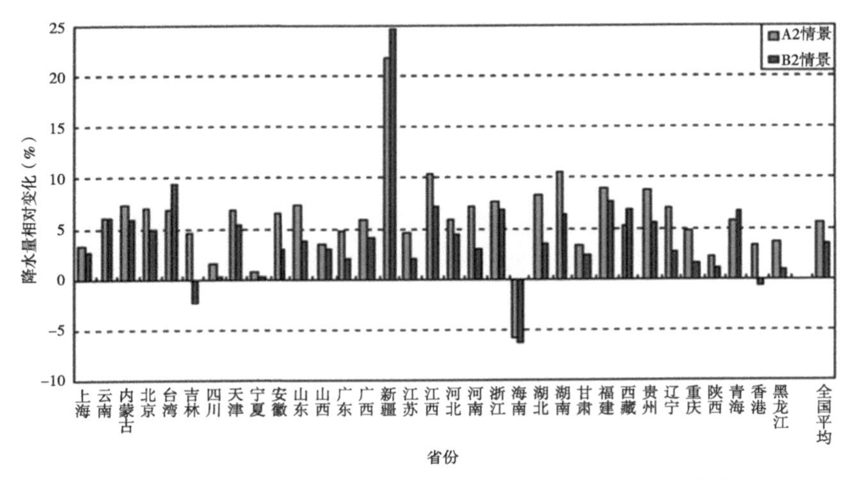

图5-11　气候变化A2和B2情景下2020s（2011—2040年）全国各省降水量相对变化（基准年：1961—1990年）

3. 2050s（2041—2070年）

气候变化A2和B2情景下，全国2050s多年平均降水量较基准年（1961—1990年）分别增加为11.2%和5.9%（图5-12）。

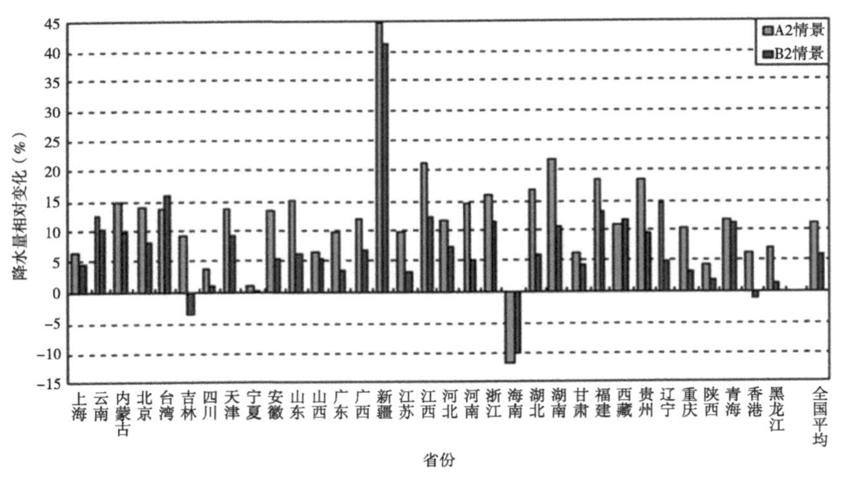

图5-12　气候变化A2和B2情景下2050s（2041—2070年）全国各省降水量相对变化（基准年：1961—1990年）

A2情景下，全国除海南减少明显，宁夏基本不变外，其余各省多年平均降水量均有不同程度的增加，南方地区以福建省为最大，北方地区以新疆为最大。全国2050s多年平均降水量比基准年平均增加11.2%（+106mm）。其中，南方：华东地区南部增幅显著，平均增加约15%（+225mm），特别是福建、浙江和江西三省，分别增加18%（+276mm）、16%（+225mm）和21%（+317mm）；华中地区平均增加约

18%（+194mm），特别是湖南省，增加22%（+291mm）；西南地区平均增加约11%（+112mm），特别是云南、贵州和西藏平均增加约14%（+137mm），但四川、重庆仅增加7%（+73mm）；华东地区北部平均增加约13%（+116mm）；华南地区（除海南外）平均增加12%（+168mm），但是海南减少明显达12%（−223mm）。北方：华北地区平均增加约12%（+55mm）；东北地区平均增加约10%（+63mm），其中辽宁增加明显达14%（+95mm）；尽管西北地区平均增加14%（+23mm），但主要是新疆增加45%（+40mm），青海增加12%（+25mm），而陕西、甘肃分别增加27mm和18mm，宁夏与基准年基本持平。B2情景下，全国2050s多年平均降水量比基准年平均增加约5.9%（+56mm）。

综上所述，气候变化A2和B2情景下，全国2050s多年平均降水量较基准年有所增加，增加值以华东地区南部为大，其中以福建最大；西北陕甘宁地区为小。

4. 2080s（2071—2100年）

气候变化A2和B2情景下，全国2080s多年平均降水量较基准年（1961—1990年）分别增加为19%和8%（图5-13）。

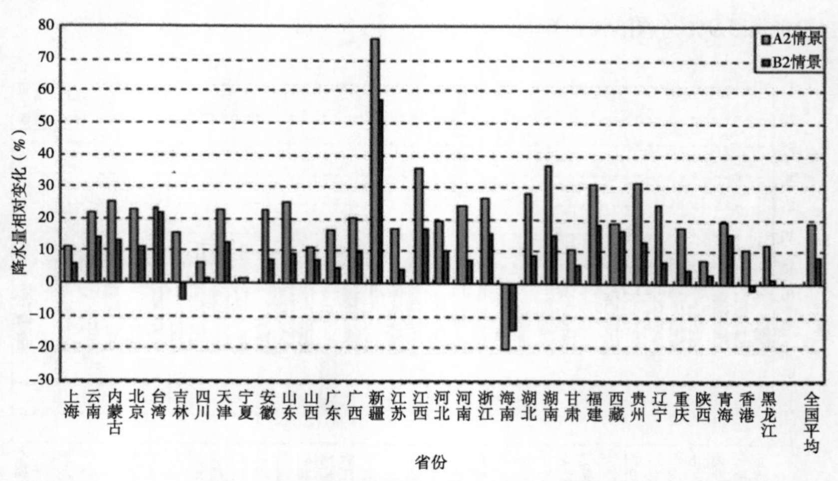

图5-13　气候变化A2和B2情景下2080s（2071—2100年）全国各省降水量相对变化（基准年：1961—1990年）

A2情景下，全国除海南减少显著，其余各省多年平均降水量均有不同程度的增加，以江西省为最大。全国2080s多年平均降水量比基准年平均增加19%（+180mm）。其中，南方：华东地区南部增幅显著，平均增加27%（+385mm），特别是福建、浙江和江西三省，分别增加31%（+470mm）、27%（+386mm）和36%（+542mm）；华中地区平均增加约30%（+331mm），特别是湖南省，增加37%（+497mm）；西南地区平均增加约19%（+192mm），特别是云南、贵州和西藏平均增加约24%（+230mm），但四川、重庆仅增加12%（+127mm）；华东地区北部平均增加约22%

（+198mm）；华南地区（除海南外）平均增加18%（+286mm），但是海南减少显著达21%（−380mm）。北方：华北地区平均增加21%（+92mm）；东北地区中辽宁增加显著达25%（+161mm），黑龙江增加12%（+66mm），吉林增加16%（+96mm）；尽管西北地区平均增加23%（+38mm），但主要是新疆增加显著达76%（+69mm），青海增加明显达20%（+42mm），而陕西、甘肃分别增加7%（+45mm）和11%（+30mm）左右，宁夏增加1.5%（+5mm）。

B2情景下，全国2080s多年平均降水量比基准年平均增加约8%（+78mm）。

综上所述，气候变化A2和B2情景下，全国2080s多年平均降水量较基准年有所增加，增加值以华东地区南部和西北地区西南部为大，其中南方以福建最大，北方以新疆为最大；以西北陕甘宁地区为小。

三、径流深变化

1. 1991—2100年

气候变化A2和B2情景下，1991—2100年全国多年平均径流深较基准年（1961—1990年）分别增加为15.1%和8.9%（图5-14）。

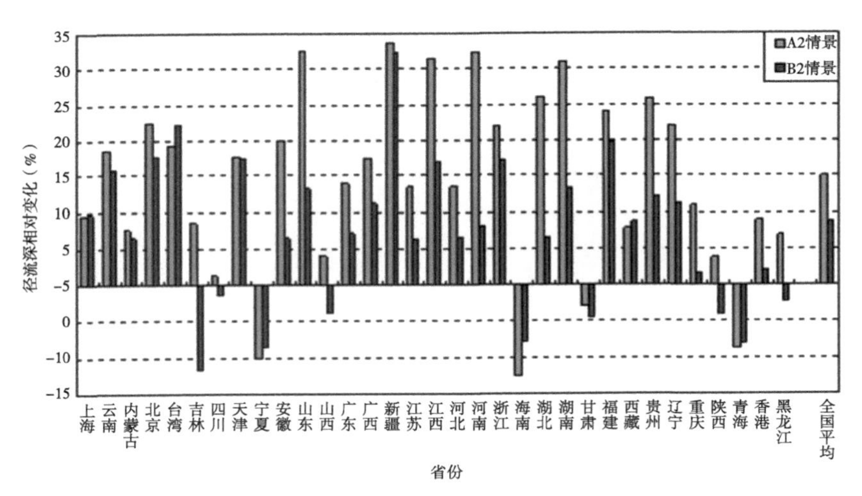

图5-14　气候变化A2和B2情景下1991—2100年
全国各省径流深相对变化（基准年：1961—1990年）

A2情景下，全国除宁夏、海南和青海减少，甘肃及山西基本不变外，其余各省多年平均径流深均有不同程度的增加，以江西省为最大。全国1991—2100年多年平均径流深比基准年平均增加约15%（+69mm）。其中，南方：华东地区南部增幅显著，平均增加约22%（+177mm），特别是福建、浙江和江西三省，分别增加24%（+221mm）、22%（+186mm）和31%（+235mm）；华东地区北部平均增加22%（+68mm）；华中地区平均增加30%（+129mm），特别是湖南省，增加31%（+225mm）；西南地区平均增加13%（+66mm），特别是云南、贵州和西藏平均增加17%（+84mm），但四川仅增加1%（+5mm）；华南地区（除海南外）平均增加16%（+126mm），但是海南减少12%（−150mm）。北方：尽管华北地区平均增加约13%（+11mm），但主要是天津增加18%（+31mm）；东北地区平均增加13%（+23mm），主要是辽宁增加22%（+47mm）；西北地区基本保持不变3%（1mm），新疆增加34%（+8mm），陕西增加4%（+7mm），而甘肃、青海和宁夏分别减少3%（−2mm）、9%（−7mm）和10%（−4mm）。

B2情景下，全国1991—2100年多年平均径流深比基准年平均增加约9%（+40mm）（图5-17）。但由于径流深在时空分配极为不均，需具体分析变化差异。根据未来百年南北方地区月平均径流深的Mann-Kendall（以下简称MK）趋势检验（图5-15），可知：气候变化A2情景下，北方地区春季（即3—5月）、冬季（即12月至翌年2月）径流深呈显著增加趋势，其中3、4月增幅较大；而夏季（6—8月）以及秋季（9—10月）径流深增加趋势不显著。B2情景下，北方地区夏、秋季节（7—10月）径流深呈减少趋势，其他季节呈增加趋势，且春季增幅较大。而南方地区A2情景下，除冬季的1、2月径流深呈减少趋势外，其他季节径流深呈增加趋势，春、秋季增加趋势显著。B2情景下，南方地区除4、5、8月增加外，其他季节径流深呈减少趋势，冬季减少幅度最大。此外，A2情景较B2情景相比，全国径流深增加或减少的幅度最大。

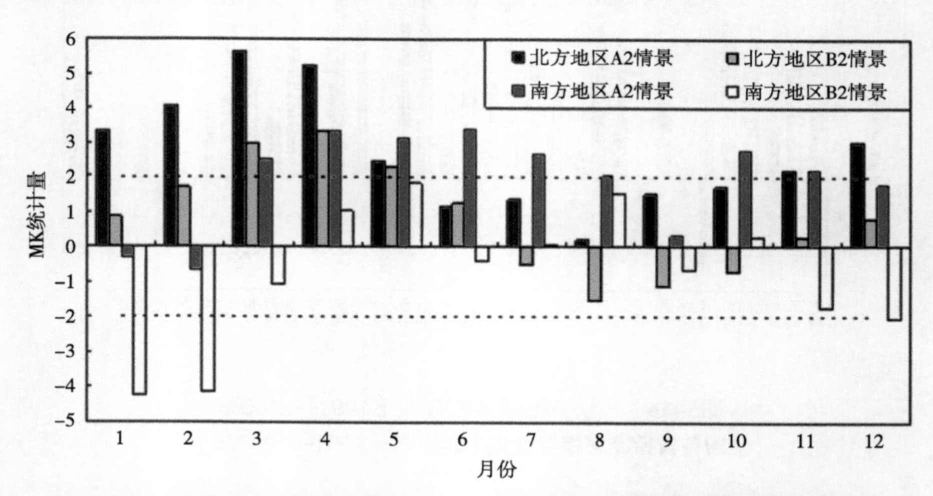

图5-15　气候变化A2和B2情景下1991—2100年全国月平均径流深MK趋势
（虚线分别表示α=0.05的显著性水平临界值）

综上所述，气候变化A2和B2情景下，1991—2100年全国多年平均径流深较基准年有所增加，但其时空分布变化较大。按空间分析，径流深增加值以华东地区南部和西北地区西南部为大，其中南方以江西最大，北方以新疆为最大；西北陕甘宁地区和海南平均径流深减少。按季节分析，北方地区春季（即3—5月）、径流深呈增加趋势，其中华北、西北地区春季增幅最大；A2情景下盛夏季节（即7—8月）以及秋、冬季节径流深呈减少趋势，其中华北、东北地区夏季和西北地区秋季减幅最大。南方地区春、夏季径流深增加明显，特别是华东南部夏季径流深增加显著，而冬季径流深减少明显，特别是华南地区冬季减少显著；此外，按情景分析，A2情景下全国降水量增加或减少的幅度比B2情景略多。

2. 2020s（2011—2040年）

气候变化A2和B2情景下，全国2020s多年平均径流深较基准年（1961—1990年）分别增加8.5%和5.9%（图5-16）。

B2情景下，全国除吉林、海南减少，山西、黑龙江、宁夏、甘肃、四川略微减少外，其余各省多年平均径流深均有不同程度的增加，南方以福建为最大，北方以天津为最大。全国2020s多年平均径流深比基准年平均增加约5.9%（+27mm）。其中，南方：华东地区南部增幅明显，平均增加约11%（+89mm），特别是福建、浙江和江西三省，分别增加13%（+117mm）、12%（+99mm）和11%（+81mm）；华东地区北部平均增加7%（+21mm），特别是山东省，增加11%（+22mm）；华中地区平均增加6%（+30mm），特别是湖南省，增加9%（+64mm）；西南地区平均增加5%（+25mm），特别是云南、贵州和西藏平均增加9%（+39mm），但四川、重庆仅增加0.4%（+3mm）；华南地区平均增加4%（+30mm）。北方：尽管华北地区平均增加约5%（+6mm），但主要是天津增加13%（+23mm）；东北地区略微减少0.8%（−0.4mm），其中辽宁增加7%（+15mm），黑龙江基本不变，吉林减少9%（−13mm）；西北地区平均减少1%（−2mm），除新疆增加10%（+3mm）外，其他地区都有不同程度的减少。

A2情景下，全国除海南减少，内蒙古、宁夏、甘肃、青海略微减少，山西基本不变外，其余各省多年平均径流深均有不同程度的增加，南方以福建为最大，北方以天津为最大。全国2020s多年平均径流深比基准年平均增加约9%（+39mm）。其中，南方：华东地区南部增幅明显，平均增加约12%（+98mm），特别是福建、浙江和江西三省，分别增加14%（+127mm）、12%（+100mm）和17%（+125mm）；华东地区北部平均增加12%（+36mm），特别是山东省，增加21%（+43mm）；华中地区平均增加15%（+67mm），特别是湖南省，增加17%（+120mm）；西南地区平均增加7%（+37mm），特别是云南、贵州和西藏平均增加10%（+47mm），但四川、重庆仅增加0.4%（+3mm）；华南地区平均增加6%（+50mm）。北方：尽管华北地区平均增加约6%（+6mm），但主要是天津增加13%（+23mm）；东北地区平均增加6%（+11mm），主要是辽宁增加11%（+22mm）；西北地区平均减少3%（−1mm），但陕西增加2%（+4mm）。

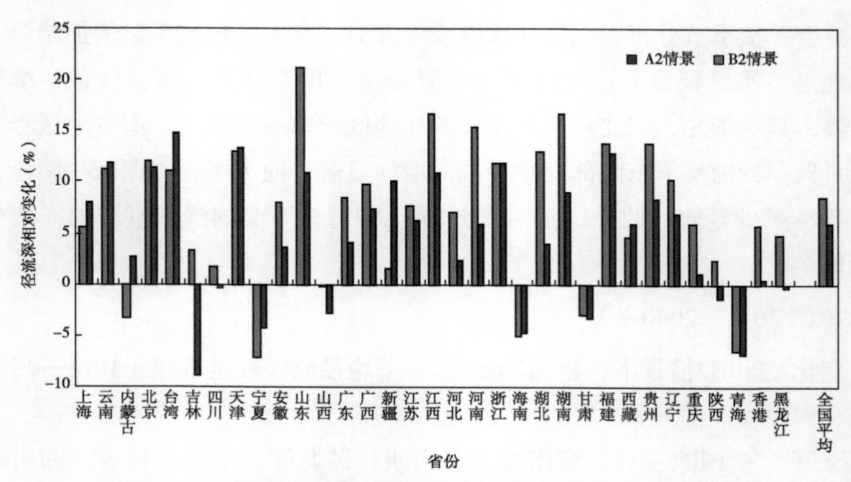

图5-16　气候变化A2和B2情景下2020s（2011—2041年）全国各省径流深相对变化（基准年：1961—1990年）

综上所述，气候变化A2和B2情景下，全国2020s多年平均径流深较基准年有所增加，华东地区南部和华北地区东部增加值明显，其中南方以福建为最大，北方以天津为最大；以东北地区东南部和西北陕甘宁地区为小。

3. 2050s（2041—2070年）

气候变化A2和B2情景下，全国2050s多年平均径流深较基准年（1961—1990年）分别增加为16%和8%（图5-17）。

A2情景下，全国除海南减少明显，宁夏、甘肃和青海略微减少外，其余各省多年平均径流深均有不同程度的增加，南方以江西为最大，北方以天津、辽宁为大。全国2050s多年平均径流深比基准年平均增加16%（+71mm）。其中，南方：华东地区南部增幅明显，平均增加约23%（+186mm），特别是福建、浙江和江西三省，分别增加26%（+241mm）、22%（+188mm）和33%（+248mm）；华东地区北部平均增加23%（+72mm），特别是山东省，增加35%（+30mm）；华中地区平均增加31%（+136mm），特别是湖南省，增加33%（+236mm）；西南地区平均增加14%（+72mm），特别是云南、贵州和西藏平均增加19%（+91mm），而四川基本不变；华南地区（除海南外）平均增加16%（+131mm），但是海南减少15%（-175mm）。北方：尽管华北地区平均增加约14%（+12mm），但主要是天津增加20%（+35mm）；东北地区平均增加11%（+21mm），主要是辽宁增加22%（+47mm）；西北地区基本不变，新疆显著增加33%（+8mm），陕西略微增加4%（+6mm），青海、甘肃、宁夏都有不同程度的减少。

B2情景下，全国2050s多年平均径流深比基准年平均增加约8%（+37mm）。

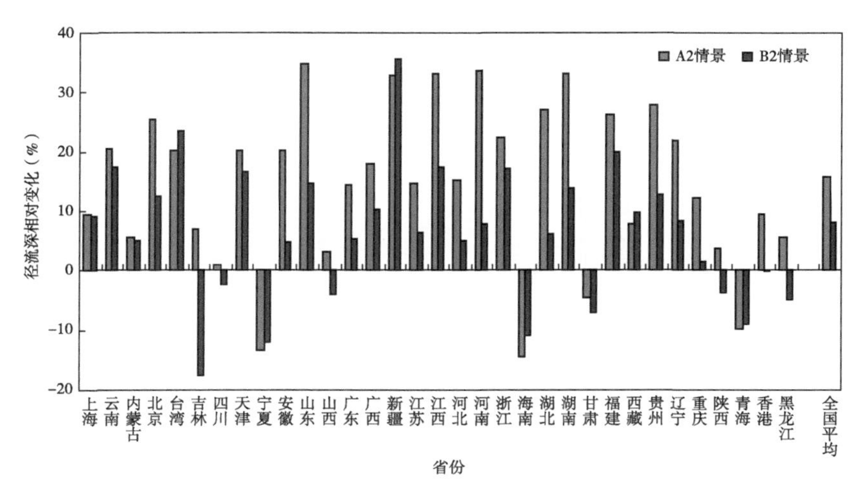

图5-17　气候变化A2和B2情景下2050s（2041—2070年）全国各省径流深相对变化（基准年：1961—1990年）

综上所述，气候变化A2和B2情景下，全国2050s多年平均径流深较基准年有所增加，增加值以华东地区南部、辽宁、天津及西北地区西南部为显著，其中南方以福建为最大，北方以辽宁为最大；以东北地区东南部和西北陕甘宁地区为小。

4. 2080s（2071—2100年）

气候变化A2和B2情景下，全国2080s多年平均径流深较基准年（1961—1990年）分别增加26%和11%（图5-18）。

A2情景下，全国除宁夏、青海和海南减少显著，甘肃略微减少外，其余各省多年平均径流深均有不同程度的增加，南方以江西为最大，北方以辽宁为最大。全国2080s多年平均径流深比基准年平均增加26%（+118mm）。其中，南方：华东地区南部增幅明显，平均增加约38%（+313mm），特别是福建、浙江和江西三省，分别增加44%（+404mm）、37%（+315mm）和56%（+423mm）；华东地区北部平均增加38%（+121mm），特别是山东省，增加54%（+110mm）；华中地区平均增加54%（+232mm），特别是湖南省，增加56%（+398mm）；西南地区平均增加23%（+120mm），特别是云南、贵州和重庆平均增加34%（+186mm），但四川基本不变；华南地区（除海南外）平均增加26%（+212mm），但是海南减少27%（−326mm）。北方：华北地区平均增加约27%（+21mm），但主要是天津增加32%（+57mm）；东北地区平均增加19%（+37mm），主要是辽宁增加38%（+82mm）；尽管西北地区平均增加11%（+3mm），但主要是新疆增加显著，高达84%（+15mm），陕西增加6%（+11mm），甘肃基本不变，而青海和宁夏减少明显达12%（−10mm）、18%（−7mm）。

B2情景下，全国2080s多年平均径流深比基准年平均增加约11%（+48mm）。

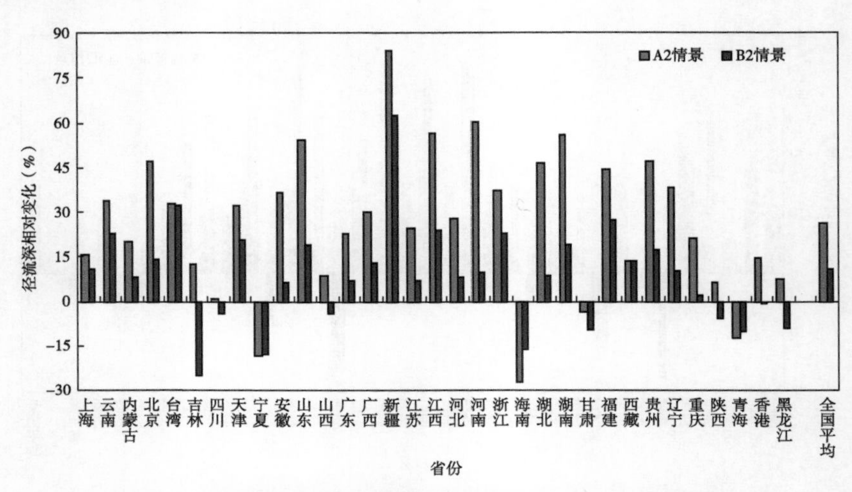

图5-18　气候变化A2和B2情景下2080s（2071—2100年）全国各省径流深相对变化（基准年：1961—1990年）

综上所述，A2情景与B2情景下，2080s全国多年平均径流深较基准年有所增加，华东地区南部和西北地区西南部增加值显著，其中南方以江西为最大，北方以辽宁为最大；以东北地区东南部和西北陕甘宁地区为小。

四、综合分析

综合分析气候变化A2和B2情景下的气温、降水、径流深等模拟结果，可知未来百年全国多年平均温度与多年平均降水量、径流深、蒸发量较基准年有所增加，但其时、空分布差异较大（表5-1和表5-2）。

如果按年代季分析，2080s气温、降水量、蒸发量和径流深增加更为显著。其次按空间分析，全国多年平均气温普遍增加明显，特别是北方地区更为显著，以西北地区增幅最大。降水量增加以华东地区南部和西北地区西南部及辽宁和天津为大，其中南方以江西为最大，北方以新疆、天津和辽宁为大；以东北地区东南部和西北陕甘宁地区为小，其中宁夏和吉林为小。全国多年平均蒸发量普遍加大，特别是西北、华北、西南地区更为显著，以西北地区增幅最大。多年平均径流深在北方部分地区（吉林、黑龙江东部、青海及陕甘宁地区）明显减少，而部分省份局部地区（新疆局部、辽东半岛、天津东部、山东半岛）有所增加；同时，多年平均径流深在南方华东南部和华南的大部分省份（福建、浙江、江西、湖南、云南、贵州、广西、西藏）明显增加而部分地区（海南、四川盆地、重庆）有所减少。

再者按季节分析，全国四季气温呈增加趋势，特别是夏、秋季增幅最大；春季气温增幅较小。春季全国降水量呈增加趋势，以华北和西北地区增幅显著；夏季南方地区降水量增加明显，特别是华东南部盛夏季节降水量增加显著，而北方地区夏季降水量有所减少，特别是华北和东北；冬季南方降水量减少明显，特别是华南地区冬季减少显著；而北方地区冬季降水量增加明显，特别是西北、东北地区冬季降水量增加显著。全国春、秋、冬季蒸发量呈增加趋势，特别是北方地区冬季和南方地区秋季增幅显著；而冬季南方地区蒸发量减少显著。春季全国径流深呈增加趋势，其中西北地区春季增幅最大；夏季南方地区径流深增加明显，特别是华东南部夏季径流深增加显著（洪涝加重），而北方地区盛夏季节即8月以及秋、冬季节径流深呈减少趋势（暖干加重），其中东北地区夏季和西北地区秋季减幅最大。冬季南方地区径流深减少明显，特别是华南地区冬季减少显著（干旱加重）。从不同情景分析，气象水文要素变化还随着气候变化的速率和程度而增加，即A2情景下2080s的变幅最为剧烈，气温、降水量、蒸发量、径流深增加或减少的幅度较其他情景显著。

以上分析表明，未来东北、华北地区夏季增温幅度较大而降水量和径流深呈减少趋势，其中东北地区（黑龙江和吉林）夏季减少明显，这些地区夏季高温少雨日可能增多，将出现暖干化趋势；西北地区主要以新疆西南部（塔河流域）冬、春季降水量和春、夏季径流深增加为主，可能出现湿化趋势，西北其他地区降水量和径流深变化不明显，可能维持暖干现状；华东地区北部主要以山东半岛春季降水量和径流深增加为主，华东北部其他地区降水量和径流深变化不明显，可能维持现状；华东地区南部、华中、华南、西南西部等南方地区夏季降水量和径流深均呈增加趋势，特别是华东南部增加显著，这些地区夏季洪涝将加重；而南方地区冬季气温增幅较明显而降水量和径流深呈减少趋势，特别是华南地区减少显著，这些地区冬季干旱将加重。

综上所述，气候变化将可能进一步增加我国洪涝和干旱灾害发生的概率，进一步加剧我国北旱南涝的现状。特别是海河、黄河流域所面临的水资源短缺问题以及浙闽地区、长江中下游和珠江流域的洪涝问题难以从气候变化的角度得以缓解。这将给水资源的综合管理提出更加严峻的挑战。

表5-1 气候变化A2情景下2020s、2050s和2080s全国各大区多年平均温度、降水、蒸发和径流季节变化（相对于1961—1990年）

年代	分区	温度变化（℃）					降水变化（%）					径流变化（%）					蒸发变化（%）				
		年	春	夏	秋	冬	年	春	夏	秋	冬	年	春	夏	秋	冬	年	春	夏	秋	冬
2020s	东北	1.3	1.1	1.7	1.3	1.3	5	4	3	7	24	6	25	1	11	−6	5	7	2	10	9
	华东	1.2	1.0	1.2	1.2	1.0	7	7	7	8	0	10	10	20	3	−4	4	3	2	12	1
	华中	1.1	1.2	1.3	1.2	1.1	9	11	9	14	−1	16	14	26	14	−2	4	3	1	14	3
	华北	1.4	1.1	1.6	1.3	1.3	7	8	4	14	19	6	4	7	11	−9	6	8	3	13	17
	华南	1.0	1.0	1.2	1.0	1.0	5	9	5	6	−8	9	7	17	6	−9	1	2	0	5	−6
	西北	1.4	1.2	1.6	1.5	1.4	9	10	6	11	17	−2	6	−3	0	−15	11	10	10	13	13
	西南	1.2	1.1	1.2	1.2	1.2	5	6	4	7	7	6	13	9	3	−2	5	3	5	6	9

（续表）

年代	分区	温度变化（℃）					降水变化（%）					径流变化（%）					蒸发变化（%）				
		年	春	夏	秋	冬	年	春	夏	秋	冬	年	春	夏	秋	冬	年	春	夏	秋	冬
	东北	2.8	2.3	3.3	2.8	2.7	9	9	6	15	49	10	31	3	17	3	9	12	6	18	13
	华东	2.4	2.1	2.4	2.5	2.1	13	15	15	15	−1	20	20	33	12	−3	8	6	5	17	11
	华中	2.3	2.3	2.6	2.5	2.2	19	23	19	28	−4	32	31	43	35	0	9	8	5	20	17
2050s	华北	2.8	2.3	3.2	2.7	2.7	13	17	8	28	41	16	14	14	26	0	12	15	7	22	27
	华南	2.1	2.0	2.4	2.1	2.0	11	18	11	11	−17	16	18	26	11	−14	4	5	4	8	−4
	西北	2.9	2.5	3.3	3.0	2.8	17	19	13	22	36	5	19	−1	7	−5	20	20	19	25	23
	西南	2.4	2.3	2.4	2.5	2.5	11	13	8	15	14	12	23	12	9	1	12	9	12	14	16
	东北	4.7	3.9	5.7	4.7	4.7	16	15	11	25	83	17	41	7	25	20	16	20	10	30	19
	华东	4.0	3.6	4.1	4.3	3.5	23	26	26	26	−2	34	36	53	24	0	13	11	10	23	23
	华中	4.0	3.9	4.4	4.2	3.8	33	39	32	47	−7	54	56	67	64	2	16	14	11	28	34
2080s	华北	4.7	3.9	5.5	4.6	4.6	23	30	13	48	68	31	30	24	50	14	20	24	13	34	44
	华南	3.6	3.5	4.0	3.7	3.4	19	31	19	19	−28	26	33	38	19	−20	9	9	10	13	−2
	西北	5.0	4.3	5.6	5.1	4.9	30	33	21	38	61	17	39	6	20	13	32	34	28	42	38
	西南	4.2	3.9	4.2	4.2	4.3	18	22	14	25	24	19	36	18	18	4	20	16	20	24	24

表5-2　气候变化B2情景下2020s、2050s和2080s全国各大区多年平均温度、降水、蒸发和径流季节变化（相对于1961—1990年）

年代	分区	温度变化（℃）					降水变化（%）					径流变化（%）					蒸发变化（%）				
		年	春	夏	秋	冬	年	春	夏	秋	冬	年	春	夏	秋	冬	年	春	夏	秋	冬
	东北	1.7	1.4	2.1	1.6	1.7	0	−1	−1	2	22	0	6	0	−2	−13	1	2	0	3	9
	华东	1.3	1.0	1.3	1.3	1.2	4	7	6	−1	−2	8	8	15	7	−7	1	2	−2	7	3
	华中	1.3	1.2	1.4	1.3	1.3	6	11	6	2	−6	8	12	12	6	−9	3	2	0	14	6
2020s	华北	1.6	1.3	1.9	1.4	1.6	5	10	2	11	31	5	1	6	10	−9	4	8	1	10	17
	华南	1.2	1.3	1.3	1.0	1.3	4	5	9	1	−19	7	3	16	6	−16	0	−1	1	2	−7
	西北	1.6	1.3	1.8	1.6	1.5	9	12	9	4	25	−1	6	4	−6	−15	11	11	12	7	15
	西南	1.2	1.1	1.3	1.2	1.3	5	7	3	7	8	6	15	5	5	−4	5	3	5	7	8
	东北	2.8	2.3	3.5	2.7	2.9	1	−1	−1	4	38	−4	4	−5	−5	−12	3	5	1	7	12
	华东	2.1	1.8	2.1	2.2	2.0	7	12	10	−1	−4	13	13	22	6	−11	4	4	1	9	10
2050s	华中	2.2	2.0	2.4	2.2	2.3	9	18	10	3	−11	20	20	18	9	−15	6	5	3	17	16
	华北	2.7	2.1	3.2	2.4	2.7	8	17	2	9	51	8	8	6	16	−6	8	12	3	15	26
	华南	2.0	2.2	2.1	1.7	2.1	6	9	5	2	−32	10	5	24	8	−23	2	1	4	4	−7

（续表）

年代	分区	温度变化（℃）					降水变化（%）					径流变化（%）					蒸发变化（%）				
		年	春	夏	秋	冬	年	春	夏	秋	冬	年	春	夏	秋	冬	年	春	夏	秋	冬
2050s	西北	2.6	2.2	3.0	2.7	2.6	15	21	14	7	41	4	17	9	−6	−11	18	17	19	13	21
	西南	2.1	1.8	2.2	2.0	2.2	8	11	5	12	13	9	22	7	9	−4	10	6	10	12	12
2080s	东北	3.9	3.2	4.8	3.7	4.0	1	−1	−2	6	41	−8	1	−9	−8	−10	4	6	2	11	16
	华东	2.9	2.5	3.0	3.0	2.8	10	17	14	−2	−5	14	18	29	6	−14	6	6	2	12	15
	华中	3.0	2.8	3.4	3.0	3.2	13	25	14	5	−12	18	29	25	11	−19	9	8	5	19	25
	华北	3.7	3.0	4.5	3.4	3.8	11	24	3	26	58	11	13	7	22	−1	11	16	5	20	33
	华南	2.8	3.0	3.0	2.4	2.9	9	12	21	2	−36	13	6	32	9	−30	4	2	7	5	−8
	西北	3.7	3.0	4.2	3.8	3.7	21	29	20	9	45	9	29	14	−4	−4	24	23	26	19	29
	西南	2.9	2.6	3.1	2.7	3.1	12	15	8	17	14	11	29	8	12	−2	14	9	14	17	16

第六章　东北水稻适应气候变化技术实践

东北地区位于38°30′N～53°30′N，113°E～134°30′E，包括辽宁省、吉林省、黑龙江省以及内蒙古东北部的赤峰市、通辽市、兴安盟和呼伦贝尔市四个盟市，地处北半球中高纬度，是我国纬度最高的地区，同时也是我国气候变化最明显的地区之一。作为重要的商品粮基地，东北地区是玉米、水稻等粮食作物和大豆等经济作物的主要产区之一，在我国粮食安全保障体系和农业生产中占有重要地位，研究东北地区区域气候变化特征及风险分析，对实现国家粮食增产总体目标起着至关重要的作用。

第一节　气候变化特征及风险

一、过去气候变化特征

东北地区的气候和环流系统具有明显的特殊性，受全球变暖和人类活动的影响，东北地区是中国冬季变暖最明显的地区之一，近百年（1905—2001年）升温趋势明显，但增温过程有强有弱，冬季增温较为明显，夏季基本持平。降水呈减少趋势，除夏季降水有微弱增加趋势外，其余三季降水均为减少趋势，而以秋季降水减少趋势最为明显（孙凤华等，2006）。降水的区域性差异明显，1951—1980年东北平原（属半湿润气候）、辽东半岛和长白山区（属湿润气候）降水量逐渐增多，且水分需求量比1950年以前减少，因此这部分地区变得相对湿润；而东北平原以西的地区（属半干燥气候区），虽然在此30年中水分需求量没有显著变化，但是降水量显著减少，因此该部分区域气候则略有变干（张庆云等，1991）。徐南平等（1994）研究了1800—1991年黑龙江省的旱涝变化特征，发现20世纪出现旱涝灾害的年份占总年份的63.4%，比19世纪多了5.0%，20世纪干旱的趋势明显，旱灾的增长幅度超过洪灾10%；19世纪平均每10年出现一次重旱（涝）灾，20世纪平均每 5 年出现一次。总体而言，东北地区气候变化具有明显的暖干化趋势，但气候暖干化趋势具有季节和地域的差异，暖干化趋势夏季表现最为明显，秋季次之。

由于东北地区的干旱加剧，随着水资源短缺日益严重，城市生活用水和工业用水挤占农业用水，农业用水又挤占生态用水，导致河枯湖干、地下水位大幅度下降、地面沉降、海水入侵、水质日趋恶化、水土流失和土地荒漠化严重等一系列生态环境问题，甚至导致一些湿地、盐沼的退化、消失。反过来这些生态环境的恶化，更加加剧了东北的干旱化进程。从河流径流量而言，区域内的主要江河都出现过连续枯水年的现象。如松花江出现过连续枯水期，西辽河断流日数增加（张郁等，2005；杨恒山等，2009）；从地下水开采而言，区域内许多地区地下水超采，如大连、锦州、营口、盘锦、葫芦岛等沿海城市由于地下水采补失调，导致海水倒灌面积达728km^2，严重影响了地下水水质（张郁等，2005）。干旱也造成生态环境趋于恶化，西部的松嫩沙地出现了沙漠化，同时使科尔沁沙地和北部的松嫩沙地的盐渍化现象，荒漠化问题严重（李宝林等，2001；张柏等，2002）。

气候变化对湿地生态系统的物质和能量循环、湿地植物生产力、动植物分布及湿地功能也产生了重大影响（宋长春，2003；佟守正等，2008）。地处松嫩平原西部的扎龙湿地，随着20世纪90年代以来持续多年的干旱少雨，该地区地表水位持续下降，使得湿地内的许多湖泊干枯，河道断流（佟守正等，2008）。地处松嫩平原嫩江下游地区的莫莫格湿地，由于气候连续干旱，加上人为因素，湿地地表已经完全干涸，地下水水位从3～5m下降到了12m左右，大片的芦苇、苔草湿地退化为碱蓬地甚至盐碱光板地（潘响亮等，2003）。辽河三角洲湿地同样反映出由于气候变化和人类活动造成的湿地面积减少，部分水面积的沼泽转化为水田或退化成草地等类型；湿地生态系统的退化，使湿地芦苇产量和质量、鱼类产量、鸟类的种类和数量都明显减少，而且其中许多退化过程是不可逆的（佟守正等，2008；周广胜等，2006）。

二、未来气候变化风险

IPCC报告中指出，气候变化将使中高纬度地区的增温幅度大于低纬度地区。采用英国PRECIS模式预估结果表明，到21世纪末A2情景下东北增温幅度将达到6.1℃，B2情景下达到4.5℃；两种情景下，东北地区平均降水量增加，但增大幅度不明显（表6-1）。赵宗慈等（2007）利用IPCC第四次科学评估报告中多个气候模式组，并考虑人类排放情景的预估表明，未来中国东北地区气温升高明显，到21世纪末可能达到3.5～4.0℃，且降水也可能增加，尤以夏季降水增加明显；另东北地区径流量将略有增加，蒸发将可能加大，整体土壤湿度将减少。可以看出，无论是哪种气候情景或全球气候系统模式下，我国东北地区未来地面气温呈上升的趋势，降水量虽然增加，增温幅度大于降水量的增加幅度，东北地区暖干化趋势比较明显。利用1951—2000年全球平均气温资料和东北地区25个站的大气干旱指数进行线性回归，结果表明在全球平均温度上升1℃的情况下，东北地区干旱化程度要增加5%～20%，最大的达到22%（谢安等，2003）。

综上所述，未来东北地区增温明显，综合各类气候情景及气候系统模式的模拟结果，至21世纪末，东北地区将增温4.5～6.0℃，降水略有增加，但整体干旱风险将越来越严峻，极端温度和暖干化将是东北地区气候变化的主要风险。

表6–1　东北地区未来地表气温（℃）/降水量（mm）变化

时间	A2		B2	
	全国	东北	全国	东北
2011—2040年	1.4/1	1.7/1	1.5/3	2.1/3
2041—2070年	3.0/5	3.8/5	2.7/5	3.4/8
2071—2100年	4.9/11	6.1/13	3.6/9	4.5/12

注：相对于1961—1990年30年气候平均值（《气候变化国家评估报告》，2007）。

第二节　气候变化对农业生产的影响

东北地区是我国重要的商品粮基地，是玉米、大豆等粮食作物的主产区，气候变暖为农业生产既带来了机遇，也带来了挑战。气候变暖使东北热量资源增加，为种植生育期长、产量潜力大的作物提供了可能，同时农业种植带可向北移动、种植面积增大，生产潜力增加。但是由于不同作物对于温度和降水的匹配要求各异，气候变暖会诱发和强化自然灾害，极端气候灾害频率和强度都可能加强，造成产量变率加大，农业不稳定性增强。

增温有利于改善当前的热量条件，作物生长期延长，种植面积扩大。随着气候的变暖，吉林省玉米品种熟期较以前延长了7～10d，生育期长、成熟期晚的玉米种植面积迅速增加。分析显示，吉林省作物生长季≥10℃积温年变幅增大，但总积温有逐年增加的趋势。全省稳定≥10℃的初日的年变化幅度较大，极差大概为20d左右，有提前的趋势，且初日提早日数比终日较多，因而农作物有效生育日数（≥10℃间日）有延长的趋势，延长了1～4d。气候变化带来了有利的气候资源，但也需要品种改良、管理配套等必要的技术保证。近年来辽宁省昌图县、吉林省梨树县玉米产量大面积超过1 000kg/亩（1亩≈667m^2，全书同），其中品种改良也起到了重要的作用。2007年黑龙江三江平原水稻小面积单产达997kg/亩，创历史最高纪录，这也是由于当年夏季连续40d的晴天提供了充足的热量资源，人工灌溉满足了水稻的需水要求，所以在大旱之年创下了高产纪录。

东北季节间温度增高以冬季最为显著，冬季增温改进了热量资源的可利用性，使得设施农业有条件发展壮大。特别在辽西地区冷棚的面积增加显著，蔬菜产业得到发展，土地利用效率提高，复种指数有所提高，农业生产结构和布局得到新发展和调整。此外，冬季平均温度和极端最低温度增高，使冬小麦在辽宁省大部分地区安全越冬成为可能。金之庆等（2002）利用GISS Transient B气候模式和CERES作物模型相结合，研究冬小麦在东北地区向北扩展的安全种植北界，认为随着气候不断增暖，2030年冬小麦安全种植北界将移至通辽—双辽—四平—抚顺—宽甸一线，2050年将移至扎鲁特旗（鲁北）—通榆—长岭—集安—安图—延吉一线，冬小麦的种植区域明显北移。当然在作物北扩过程中，仍需注意气候变暖必然带来气候变率增大，该区域的干旱、洪涝、低温冷害等灾害的发生概率和受灾程度都可能增加。根据模型模拟研究的东北水稻、玉米、春小麦产量，都表现出了不同程度下降，分析认为由于温度升高，作物的生长发育速度加快，目前采用品种的实际生育期缩短，同时温度升高带来土壤蒸发和作物蒸腾都明显提高，降水增加不足以补偿蒸发蒸腾消耗，作物缺水量较当前气候也有一定增加，作物水分匮缺造成产量降低。

张建平（2008）使用WOFOST作物模型在东北地区玉米适应性验证的基础上，结合气候模型BCC-T63输出的未来60年（2011—2070年）气候情景资料，模拟分析了未来气候变化情景下我国东北地区玉米生育期和产量变化。结果显示未来气候变化情景下，当前玉米品种的生育期将缩短，其中中熟玉米平均缩短3.4d，晚熟玉米平均缩短1.1d；玉米产量将相应下降，中熟玉米平均减产3.5%，晚熟玉米平均减产2.1%。居辉等（2008）研究表明，未来气候变化将对东北的春小麦生产带来不利影响，东北西部地区产量下降明显，灌溉春麦的产量降低幅度小于雨养春麦，雨养春麦的单产下降幅度为43%，灌溉春麦的下降幅度为30%左右；CO_2的肥效作用可以缓解产量的降低幅度，同时通过品种更换以及灌溉等措施也可以降低不利影响，综合的适应措施较单一措施的补偿效果更好。气候变化造成农业生产环境恶化，科学的适应技术可以降低不利影响。由于温度和热量条件的变化，作物生长发育进程也会发生变化，需要开展适应新条件下的作物栽培研究，对作物田间管理措施做出及时相应调整，发展高产优质、抗逆作物生产模式，调整作物布局和种植制度，积极开展适应气候变化的作物栽培技术和作物新品种选育工作。

第三节　适应目标及战略

一、适应目标

作为我国重要的商品粮基地，东北地区适应气候变化的总体战略应该结合气候变化的事实及其发展趋势，充分利用热量资源改善的有利条件，有效防御低温冷害，趋利避害，提高粮食单产水平和稳产能力。由于东北农业受气候变化影响明显，尤其黑龙江省水稻扩种发展迅速，针对气候变化的现实和未来趋势，东北适应实践以水稻生产为主，具体的适应目标为两头防霜，中期防冷，常年防旱；根据气温增高、无霜期拉长、气候变率增大、灌溉用水紧张、（春秋）冷害频繁等气候问题提出以抗旱节水增温促熟为中心的适应技术体系。

《全国新增1 000亿斤粮食生产能力规划（2009—2020年）》中，东北地区承担至少1/3的增量任务，因此在东北开展适应实践具有一定的代表性，也是适应气候变化农业技术示范主要基地，可以巩固和加强国家商品粮基地的生产能力，为国家粮食安全和社会稳定做出积极的贡献。

二、区域适应战略

1. 趋利避害高效利用气候资源

温度的升高增加了东北地区作物生长季的热量资源，为作物布局和种植制度的调整提供了可能。整体上中国东北地区土地肥沃，作物生长季节的水、光、热资源匹配较好，可以充分发挥热量资源潜力，稳固农业的战略地位。近年来黑龙江省针对温度增高的气候变化条件，选育了适宜的水稻品种并配套适应气候变化的田间管理措施，种植扩展迅速，2008年种植面积达245万hm^2，总产量达到1 835万t，成为我国水稻第一调出大省。但是水稻是需水量大的作物，每亩水田一般需水600～800m^3。随着气温升高，田间蒸腾潜力增大，需水量进一步增加，水分不足将成为限制热量资源利用和产量提升的重要因素，并进一步影响水稻扩种和高产稳产。干旱、洪涝以及由气候变化引发的病虫草害，不仅可能减少甚至抵消热量资源改善带来的积极影响，而且可能严重威胁粮食产量的稳定性。研究表明，调整作物播期，改变作物品种类型，选择适合长生长季的高产品种，调整种植制度并积极开展示范，可以有效地适应未来气候变化。因此只有科学适当地采取适应措施，才能够达到趋利避害的目标，实现东北地区粮食的高产稳产。

2. 科学规划和利用水资源

由于温度增高及热量资源增加，东北地区水稻扩种明显，而降水减少及增长的水分需求，导致地下水超采现象较为普遍，沈阳、大庆、四平、哈尔滨等城市出现了不同程度的漏斗。此外，有限的水资源还存在各种污染，比如生活垃圾、农药、化肥等，使紧张的水资源供需矛盾日益突出。由于气温变化与地表水资源密切相关，预计2020—2030年，气温升高使蒸发量增大，该区农业用水更趋紧张。与此同时，农业水利设施老化破损严重，对降水的调蓄能力差，农业用水效率低，气候变化的适应能力较弱，客观上加剧了旱涝灾害的影响和损失。为适应未来东北地区降水变化及水资源供需矛盾，要科学规划和分配水资源，提高水分利用效率；大力推广作物节水灌溉技术，尤其对于东北地区水稻生产，采用综合节水技术是适应气候变化的重要举措；增强水资源的调蓄能力，通过加强水利基础设施建设，提高农业旱涝灾害的抵御能力；科学规划和管理水资源，增强水资源调控能力，扩展适应气候变化的时间和空间；通过宣传教育和科技创新，提高节水意识和用水效率，巩固东北地区国家商品粮基地的地位、保证水资源供给能力。气候变化加剧水资源供需矛盾，农业用水又常常被社会用水挤占，诸多因素要求必须关注农业用水保障问题。

3. 加强对气候变化的科学研究和认知

针对东北地区气候变化趋势，提高科学认识并做好技术储备，是保证区域持续发展的必要条件。东北地区应当加强农业适应气候变化的科学研究，掌握气候变化主要风险对农业的影响程度和发展趋势，研究并总结适应气候变化主要风险的生产措施和技术集成方案，促进东北地区农业持续增产增收，实现农业可持续发展。近年来黑龙江省水稻扩种是充分利用气候变暖，并大力调整农业生产管理措施，包括改进水肥的田间管理，实施保护性耕作，建立病虫害监测网络，建设农业技术示范基地，以及提高农业生态系统的综合适应能力。

加强抗逆性作物品种的选育和培育工作。未来气候变化对作物育种工作在耐高温、耐干旱、抗病虫害等方面的抗逆性提出了新的要求。培育高光效、低呼吸消耗作物品种，即使生育期缩短也能取得高产优质。加强农田水利基础设施的建设与完善，增加灌溉抗旱的面积比例，提高防御干旱、洪涝的能力，以减小粮食产量的年际波动。这是适应未来气候变化、解决农业用水不足以及水热配合受限问题的必要措施。

4. 维护良好的生态环境

气候变化与人类活动会进一步影响东北地区森林、草地与湿地。气候变暖使草原区干旱出现的几率增大，持续时间延长；草地土壤侵蚀危害严重，土地肥力降低，潜在荒漠化趋势增大。东北的沼泽、湿地大面积被围垦，长期耕种造成水土流失，淤塞湖泊，农田施用的化肥、农药等通过地表径流对湿地造成了污染，加速了湿地的演替和萎缩退化。1986—2000年东北地区的天然湿地、沼泽面积减少最多，滩涂减少最快，分布在辽宁的滩涂湿地，15年面积减少了近1/2。森林草地及湿地的萎缩和退化将加剧旱涝灾害及病虫害的发生和为害，也会给农业可持续发展带来影响和制约。

气候变化和粮食增产计划在不同程度上将给东北地区林地、草地、湿地等布局和结构带来新的压力和挑战。良好的生态环境是粮食生产的基本保证，应保护现有的林业、草场、湿地等生态资源，保持各个生态系统的功能和平衡，保证粮食生产和人类生活环境健康友好；加强生态建设，保障东北地区良好的自然环境，发挥生态功能潜力；通过倡导节约社会，发展资源节约型和环境友好型经济、支持发展循环经济，减少污染物的排放，建立生态安全档案和管理体制，实现资源、环境、生态和谐。

5. 加强农田基础设施建设

基础设施建设是农业生产高产稳产的保证，是适应气候变化影响的重要措施，特别是农田水利基础设施建设尤须加强。目前农业用水效率偏低、水质恶化、过度开采地下水，严重影响了水资源的持续利用和正常循环。加强水资源管理和水利基础设施，可提高防御干旱、洪涝的能力。作为全国重要的商品粮生产基地，东北地区要大力加强农田基础设施建设，建设一批具有长期调蓄功能的防洪、防涝骨干工程，并提高现有水利设施的调节和保证功能，减少干旱洪涝等灾害的损失。与大的水利工程同步，改善农田配套工程设施，拦蓄降水，减少地表径流和土壤渗漏，增加降水就地入渗量，提高保水保土保肥能力。开源节流，发展节水农业新技术，提高水资源的利用效率。

第四节　农业适应技术措施策略

一、区域水稻生产适应技术策略

针对东北地区温度增高、干旱风险加剧的气候变化趋势，同时面对承担增产500亿kg粮食的1/3的战略任务，对东北地区水稻生产提出以节水灌溉、品种选育、水利工程为核心的适应技术措施体系。

1. 优选抗逆高产品种

针对气温升高，无霜期增加，水稻发育加快的气候背景，为了有效地利用有效地热量条件，需要选育或引入生育期稍长的水稻品种。生产实践表明，黑龙江省各地种植的水稻品种的生育期增加，以八五零农场为例：2000年以前，主要种植生育期在127～130d的品种，如合江19、空育131等，而目前则可以种植生育期在130～135d的品种，生产中生育期长的品种种植面积逐年扩大。为了保持水稻高产优质，需要加强生育期较长的优良品种培育，南部以晚熟品种为主，中部以中晚熟品种为主，北部和东北部以中早熟品种为主。

2. 推行节水灌溉制度

自2000年以来，黑龙江省水田面积新增87万hm^2以上，井灌面积大幅增加。但随着河道来水量逐年减少，地下水位逐年下降，供需矛盾日益突出。据2009年黑龙江省水利厅统计，黑龙江省现有水田灌溉面积262万hm^2，地表水灌溉面积占38.5%，地下水灌溉面积占61.5%，全省水田用水量占农业用水总量的95%，大中型灌区灌溉水利用系数0.5左右。目前工程节水得到长足发展，灌溉面积已达20万hm^2以上，浅型节水灌溉制度已全面推广，大水漫灌现象基本消除，田间净灌溉定额从过去的7 500～8 250m^3/hm^2，降到了目前的6 300～6 750m^3/hm^2，下降15%～20%。特别是近年推广的水稻节水控制灌溉技术，在浅型节水灌溉技术的基础上再节水30%～40%，净灌溉定额可降到4 500m^3/hm^{2}以下，地表水毛灌溉定额由12 000m^3/hm^{2}降到9 000m^3/hm^{2}以下。

3. 调整水稻适宜种植区布局

东北地区水稻调整和扩展区主要在黑龙江省。根据中国气象局国家气候中心提供的数据分析表明，黑龙江省近几十年积温和积温带都发生了变化，1961—2005年全省≥10℃积温呈现增加趋势，特别是1993年后积温增加显著；≥10℃积温存在明显的年代际变化，1970年代有小幅下降，比1960年代下降14℃·d，随后其他年代都在逐渐增加，1990年代比1980年代增加125℃·d；≥10℃积温在45年中发生了一次增暖突变，突变开始的年份在1993年，显著变暖开始于2000年。随着积温的增加，黑龙江省积温带出现明显的北移和东扩。预估2030年全省年平均气温将升高1.94℃（与1961—1990年均值相比），生长季5—9月平均气温升高1.2℃，与2002年生长季气温升幅1.0℃很接近，且空间分布北部升幅高于南部。由于积温的变化，黑龙江省农作物生长期的热量资源增加，有利于农作物耕种范围扩大，喜温作物面积增加，中、晚熟品种的适宜区增多，可以大幅度提高作物产量。

二、区域旱田主要适应策略

长期以来旱地种植是等雨播种，农民往往被动选择生育期短的作物品种进行种植，而气候变化背景下旱灾风险仍在加大，这就要求进一步加强抗旱防旱工作，集成北方旱区减缓和适应气候变化增效种植技术。旱田适应技术核心是有效地减少土壤风蚀和水蚀，增强土壤蓄水保墒，改善田间小气候环境，增强作物抗逆能力，节本增效，提高作物产量，有效规避干旱所造成的灾害损失，提高生态脆弱区农业抗风险能力，为北方旱区农业实现可持续发展提供一种途径。

1. 节水灌溉和水利工程

气温增高将加大农田蒸腾，从而加剧农业水需求的矛盾。而农田水利建设、节水农业体系、农田防护林等都有利于农业适应气候变化能力的提高。要加强节水灌溉技术研究示范和推广，推进节水灌溉示范，在粮食主产区进行规模化建设试点，发展节水旱作农业，建设旱作农业示范区；加强小型农田水利建设，使库、坝、堤、渠完好有效，节水、保水、用水、集水协调一致，田间灌排工程、小型灌区、非灌区抗旱水源工程完好；加大粮食主产区中低产田盐渍治理力度，加快丘陵山区和其他干旱缺水地区雨水集蓄利用工程建设。使用水库和塘堰大坝储水，以备旱季灌溉。集雨蓄水，即使用微型集雨蓄水设施储水，以备山区应急。

2. 保护性耕作措施

以保护性耕作措施为核心技术。其中包括地膜覆盖，在土壤上敷设保护层来防止水分挥发，保持恒温，以及少耕、免耕，减少田间耕作等措施，保持土壤湿度。适当考虑增加熟制调整，增加复种指数，土地用养结合；推广行之有效的保护性耕作措施和配方施肥技术，确保氮、磷、钾等肥力的均衡，提高氮肥利用效率；加强东北粮食主产区适应气候变化的农田管理技术的研发、集成、示范与推广。针对未来气候变化对农业的可能影响，根据未来气候资源重新分配和农业气象灾害的新格局，改进作物品种布局。

3. 种子选育措施

主要是通过传统栽培方法提升作物抗旱能力。充分利用积温增加、生长季延长的有利条件，在品种选育上，培育生育期长的中晚熟品种；选育光合能力强、产量潜力高、品质优良、综合抗性突出和适应性广的优良新品种，不仅提高抗逆性，还能充分利用CO_2浓度增加带来的施肥效应；采用防灾抗灾、稳产增产的技术措施，预防可能加重的农业病虫害。从而确保在气候变化条件下，农业生产的高产、优质、高效。

4. 预警预报

气候变化导致农业气象出现了一些新的变化，必须加强天气预测系统才能及时地避免农业遭受巨大的损失。增加农业科技创新的投入，为农业粮食生产提供有力的保障，提高预警预报能力，建立应急方案，有效的应对极端天气事件的后果；加强人工控制天气的能力和应急反应能力建设，特别对突发的洪灾、干旱、暴雪等天气事件能够及时处理。加强气候预测预报及其对农业影响的评估研究，防御或避免气候变化不利影响，避免或减少损失。以改土治水为中心，加强降水和径流的预报研究，不断提高对气候变化的应变能力和抗灾减灾水平；在气候变化背景下，研究作物病虫害可能发生的趋势，做好预测预报工作。气候变暖会影响到作物病虫害发生的规律和特点，加重病虫害发生程度。病虫越冬存活量将增加，发生期会提前，发生程度加重，因而要加强病虫测报及防治工作。农业生产上采取必要的应对措施：如加强对田间害虫天敌的保护，发挥天敌对害虫的控制作用；研制高效、低毒、无毒农药，减少用药量；合理施用高效、低毒、低残留的新型化学农药，保护生态平衡；培育抗病虫良种，减轻害虫为害。

5. 合理的土地管理与利用

科学合理使用土地、科学规划城市发展规模是保持生态系统的平衡、维护生物多样性的关键所在，也是提高适应气候变化能力的必要条件。单一的种植制度不利于农业生态的维护，过度种植势必影响生态环境。有计划地开垦使用湿地荒地，适当退耕还湿、还林还草，维护良好的生态环境，保护生物多样性，从而稳定良好的气候条件，生态环境与气候变化相互影响、相互作用。只有在保证耕地面积的条件下，才能保证粮食生产的高产优质高效，才能有条件发展农业现代化，只有农业现代化才有农村的现代化。加强土地利用的管理，保证耕地、林地、草地、湿地等适当的比例，加大植树造林，增加土壤植被的覆盖率，不仅有利于吸收利用大气中的CO_2，也有利于防止土壤退化和沙漠化。

三、区域综合应急预案

在区域气象灾害应急预案的实施中，首先应明确具体的气候风险等级。气候风险的确定通常需要结合垦区气象记载资料及未来气候情景，对发生极端性天气/气候事件进行概率分析，确定可能的灾害等级，明确防御对象及预防措施。如对于水稻适应技术示范区，同样需要对气候变化趋势进行系统分析，明确影响水稻的危险性天气发生概率，有针对性地做出短期危险性天气预报，提出切实可行的防御措施。

以黑龙江垦区气象灾害应急预案为例，应急预案主要包括明确气象灾害预警信息来源的可靠性，保证预警预防行动和预警支持系统有效运转。其中信息来源包括各气象台站辖区内的气象灾害监测、信息收集、预报和评估等工作，气象灾害发生后，受波及单位或个人及时通过多种途径向当地气象部门报告有关气象灾害信息；预警预防行动包括各级气象台站根据气象灾害监测、预报信息，对可能发生气象灾害的情况，立即进行更为严密的监测和预警等方面的工作部署，并上报本级气象灾害应急指挥部，各级气象灾害应急指挥部对气象灾害信息进行分析评估，达到预警启动级别的，发布启动预警命令，并向上级气象灾害应急指挥部报告；预警支持系统包括加强垦区气象体系建设，建立和完善以气象灾害性天气监测、气象信息传输、气象预报分析处理和气象灾害预警信息发布为主体的气象灾害预警系统，提高气象灾害预警能力。建立气象灾害信息综合收集评估系统，为各级行政部门决策提供科学依据。建立和完善气象防灾减灾综合信息平台，实现气象灾害信息资源共享。各成员单位应按照各自职责分别做好启动应急预案的各项准备工作。有关部门及社会公众应按照气象灾害预警信号和应急预案的要求，积极采取措施防御和避免气象灾害可能造成的损失。中国气象局气象灾害应急指挥部应根据需要进行检查、督促、指导，确保预案的顺利实施。相关部门按照职责分工和各级行政部门的统一部署，建立和完善本部门气象灾害应急处置系统。

第五节 适应技术及其效果评价

一、水稻田间适应技术

针对东北地区气候背景和气候变化趋势，参照示范点的现有生产技术，以生产环境温度为主线、以节水为手段、以叶龄动态诊断预测调控为基础，集成一套品种适应技术、大棚育苗无纺布覆盖增温技术、高留茬搅浆平地机整地技术、大苗摆栽技术、井水增温技术、节水灌溉技术、秸秆还田技术、生育测报技术等8项技术为一体的气候适应型水稻生产技术。

1. 适应品种选择

选用耐阶段性低温生育期延长至130～135d可代表三江平原第二、第三积温带的基本种植品种，随着无霜期的延长，在示范区开展适应品种的试验、示范和推广，每年平均承担水稻区试、生试、预试品种200多个。目前，农场优选出主栽品种5个，推广面积已覆盖农场水田全面积，并辐射至周边农场、市、县。目前主要适应品种：龙粳26、空育131、龙粳20、垦鉴稻6、垦鉴稻11。

2. 大棚育苗无纺布覆盖增温

整个农业生产必须紧紧围绕抢农时、夺积温、促早熟来进行。扣大棚、早扣棚有利于加速水稻苗床冻土融化，保证苗床干燥、平整，同时也为水稻早摆盘、早播种赢得充裕的时间，可以避免倒春寒和早霜危害，确保水稻安全成熟。从实践看，大中棚加无纺布覆盖争抢积温120～180℃，通过争抢积温，实现了育壮苗，创高产，而且及早扣棚使置床化透，提高地温，减少立枯病的发生。2003年、2006年、2009年黑龙江省东部地区水稻空瘪率较高、品质下降的一个很重要的因素就是部分品种的水稻育苗插秧晚，赶上了7月下旬的障碍型冷害。

3. 高留茬搅浆平地机整地技术

农场稻田由于连年耕翻及施用化肥，土壤有机质呈逐年下降趋势，破坏了土壤的团粒结构，耕地板结，肥力下降，影响粮食产量的提高和农业可持续发展。为此，在示范区推广搅浆平地技术，通过两遍交叉搅浆整地，即可完成旋翻、搅浆，同时将根茬、杂草旋压入泥浆中，并拖平地表，使多遍复式作业一次完成，杂草、根茬旋压入泥浆中可达4～12cm泥浆状，达到插秧、抛秧和水田直播状态。把碎稻草均匀混入耕层，实现大面积直接还田，补给土壤大量有机质、矿物质养分，改善土壤结构，培肥地力，改善稻田生态环境，解决直接还田的飘草问题。同时有效解决沙壤地块渗漏问题，实现节水增效的目的。

4. 钵育大苗摆栽技术

为抢抓积温，提高水稻抗逆性和适应性，在示范区示范推广大棚钵育苗、摆栽技术，通过钵育，秧苗根系发达、叶片有弹性、带蘖多，秧苗素质好，成苗率高。移栽后，返青快，分蘖多，提前成熟3～5d，并能提高米质和成熟度，出米率高，实现了增产增效的目的。

5. 井水增温技术

井水温度低，成为影响东北地区井灌稻生产的主要矛盾，水稻是感温性强的作物，温度的高低直接影响水稻的产量和品质，目前农场水稻井水灌溉面积占86.7%，示范区主要采取晒水池、延长渠道增温、高台散水板、利用白龙打孔喷水、滚水坝，采用表层水等井水增温措施，通过井水增温技术，增加了田间灌溉水的热容量，减缓了冷害的发生，同时利于促进分蘖，提高养分利用率。

6. 节水灌溉技术

由于水稻的连年种植，形成降水与种稻用水的不平衡，致使示范区地下水位呈下降的趋势，为提高水稻生产的可持续性，示范区一是采取渠道防漏技术，采取渠道衬膜措施，利用渠道灌溉，达到了节水功能，提高了渠水利用率。二是采用间控灌溉技术，在返青及长穗开花期保持水层，其他时期保持湿润，增加了水稻根系的通透性，增加根系长度、数量、根体积及干物质的重量，同时能够增强水稻根系活力，提高水稻单产。三是利用保水剂吸水后，形成凝胶状，再缓慢释放供植物根部吸收生长，在土壤里形成团粒结构，起到防漏作用并改良土壤的透气性，起到节水、抗旱作用，同时提高肥料利用率，实现节肥目的。

7. 秸秆还田技术

在目前土壤有机质相对不足的情况下，示范区把秸秆还田工作作为恢复地力的一项重要措施来抓。通过每亩还田300kg稻草，实现提高基础地力，降低容量，增加孔隙度和通透性，促进根系生长和微生物活动，补充和平衡土壤养分，促进水稻生长，是改良土壤的有效方法，同时是高产田建设的基础措施，是维持农业可持续发展，生产绿色食品稻米的必由之路。

8. 生育期测报技术

根据当地多年气象资料及多年水稻叶龄进程，总结出日活动积温与叶龄进程的动态关系作为标准，并结合当年气象温度预测叶龄进程，根据预测值，利用水、肥等手段进行纠偏，确保水稻安全抽穗、成熟。

农业生产的过程就是不断适应气候变化的过程，也只有不断地适应气候才能保证粮食生产的高产稳产。黑龙江垦区以水稻为代表的粮食单产水平的不断提高就是适应气候的最好例证。

二、代表技术效果评价

在开展试验示范的同时，根据投入产出，初步分析了品种适应技术和节水灌溉技术等的作用和效果。通过生产上的技术示范，充分展示了适应效果，各级管理部门充分认识到适应气候变化的重要性和紧迫性，积极倡议将适应气候变化纳入黑龙江省农垦总局发展规划及地方政府发展规划；在示范区共开展了9次适应气候变化的宣教活动和3次培训活动，参加农民1 150人次，管理及业务人员120人次，增强了项目区对气候变化的适应意识和适应能力。

1. 节水技术

室内考种情况与实收产量分析得出，控灌和保水剂的处理较常规灌溉对照单位面积穗数高，但空秕率稍高于对照0.7～2.4个百分点。千粒重为间控和保水剂的较高为27.2g，控灌处理的最低为26.7g。最终实收产量常规灌溉的处理最低为亩产565.9kg，间控、控灌和保水剂分别较对照高6.9kg、20.8kg和48.3kg，增产率为1.2%、3.7%和8.5%，保水剂的处理增产率最高。

对不同处理的水稻株高、叶龄和分蘖等进行调查，发现保水剂的处理株高最高，且全生育期植株叶色和茎秆颜色深绿，其次是控灌，其他两个处理则基本无差异。控灌和间控处理与常灌处理相比较，叶龄进程稍快，但总体差异不大。保水剂较常灌平均稍晚0.4个叶龄。3个处理分蘖量均较对照要多，而且是分蘖发生前期较快，后期下降幅度较为稳定，最终使成穗高于对照。

2. 品种选择

结合生产试验选择不同时期主栽品种8个，观测发育进程，产量结构等。分析品种适应趋势及适应性状。发现所有品种都有较高的生产能力，最高的近9.5t/hm^2，最低的也接近8t/hm^{2}的产量，其中垦稻14、垦稻8的产量略高于当家品种空育131。

结合当地气候条件，根据未来气候变化趋势，根据品种多元化、品质优质化的选种标准，采用生产栽培配套化的原则。以早熟（11叶）品种为主，即空育131种植面积为40%，垦鉴稻10号、垦鉴稻13、垦稻11、龙粳14种植面积为30%左右。搭配中熟（12叶）品种，垦鉴稻6和垦鉴稻7号种植面积为30%。扩繁垦鉴稻14、龙盾03-1126、垦02-704和龙盾20-889新品种，并且在扩繁的同时认真观察米质测定，以做后备品种应用。从产量上比较，空育131在防病措施到位的情况下，年间平均亩产量544.7kg，位居第一位，亩产范围469.3～659.5kg，最小值出现在2005年。由于稻瘟病的大发生，在未防病情况下减产严重的可达20%～70%。龙粳14在2005年小区平均亩产514.6kg，位居第二，范围在327.3～614.0kg/亩，最小值出现在2003年。垦鉴稻6号年平均亩产504.2kg，位居第三，但产量稳定范围在437.2～616.6kg/亩，最小值出现在2006年。垦鉴稻7号2002—2006年平均亩产474.8kg，范围365.4～668.7kg/亩，最小值出现在2003年。同时，在栽培上根据各品种的优缺点采取相应的技术措施。

3. 不同插秧期

无论是11叶品种还是12叶品种，高产插秧期仍应是在5月25日前，2009年受4月末低温冻害的影响，5月10日和15日插秧的处理受到较大的影响，产量偏低，但通过生长恢复后，产量仍高于5月30日插秧的处理。5月30日左右插秧虽也能达到正常成熟，但与前期插秧的生育日数相差近一个月，最终产量差异也较大。

从室内考种情况看，随着插秧期的后延，穗长有就短的趋势，穗粒数减少，千粒重降低。对于11叶品种空育131，5月15日插秧的处理受到前期低温冻害的影响较大，有效分蘖量相对较少，单位面积穗数少，千粒重高，但产量偏低。5月10日插秧的处理受到影响稍小，产量不及20和25日的处理。对于12叶品种垦稻12号而言，则前期的低温冻害对分蘖量有影响，但后期各处理的产量仍然是早插产量居于前列。

空育131在5月20日的处理株高始终处在较高的位置，且全生育期内分蘖发生相对要早，能稳定增长；7月2日后分蘖量降低比例小。5月15日和5月25日两个处理则由于受前期低温的影响，株高增长较慢，5月15日后期恢复株高增长加快，而5月25日的处理则始终增长缓慢。这两个处理分蘖发生晚，分蘖量少，最终使产量受到了影响，尤其是5月15日的处理分蘖量受到影响最大。5月25日的处理株高到后期增长速度加快，逐渐赶上来，但由于生育期较其他处理要少，早期分蘖量小，晚生分蘖量虽然也不少，但对于产量的贡献较少。

垦稻12号在5月20日的处理前期株高增长较快，7月9日后则稍慢于5月15日的处理；5月15日的处理株高增长迅速，最终达到各处理最高水平，5月10日和5月20日的处理则始终处于稳步增长状态。分蘖量的增长情况则为前3个处理前期早生分蘖发生早，增长迅速，但6月25日后，分蘖量的增长趋于减缓，而后两个处理则分蘖量迅速增长，穴分蘖量较大。

两个品种各处理的叶龄增长情况均符合插秧早的叶龄值较大，增长较快。在株高的增长上，由于6月15—20日的高温，使植株迅速增高，5天的增高值两个品种均达到10cm以上，此期前后的5日株高增长量均在5cm浮动。

4. 旱种水稻滴灌技术

旱种水稻是利用地膜（或秸秆）覆盖，进行旱种旱管，以雨浇为主，辅以必要人工灌溉的一种节水栽培技术。这一技术在缺水稻区、温热资源不足地区或灌溉条件较差的旱地、丘陵山区及高沙土区具有广泛的应用前景。水稻生产用水量占全国总用水量的54%，传统淹水种稻的用水量一般为6 000～9 000m^3/hm^2，北方稻区甚至高达15 000m^3/hm^2，但水的利用率仅为30%～40%，水资源严重浪费。因此节水种稻对缓解水资源紧缺，保障粮食安全，促进国民经济持续高效发展具有重要意义。自20世纪80年代起，水稻旱种技术被列为农业部重点推广项目，在京、津、豫、冀、吉、辽、黑等省市大面积推广应用。20世纪90年代以来，随着中国北方持续干旱与南方季节性缺水问题的日趋严重，水稻旱种技术的研究与应用不断加强，这对稳定和促进水稻生产起了积极作用。近年来，该项技术在湖南、安徽、江西和江苏等省逐步示范推广，对稳定上述各省的水稻生产发挥了积极作用。然而，生产实践及研究发现，水稻旱种存在着死苗、分蘖成穗率低和严重倒伏等问题，特别是后期倒伏严重阻碍了该项技术大面积推广应用，亟待研究解决。良好综合性状的共同特点是株高增加，分蘖数减少，成穗率提高，大穗；生物产量与经济系数并重。

为了进一步了解旱作直播水稻在黑龙江省的稳定性、丰产性和适应性，能为今后应用提供依据，2009年在查哈阳农场对水稻品种空育131进行旱田直播和水田移栽小区对比试验，结果表明，不同种植方式的生育特性相近，与移栽稻相比，旱作稻的节水效果明显，达64%。生育期拉长，穗数增多，分蘖成穗率高，但最终结实率变化不大，株高变高，千粒重减少，比移栽稻增产6.7%。通过分析表明，空育131旱种水稻与水种相比，产量增产效果较好且节水效果明显，旱作直播水稻在黑龙江地区具有可行性，株高、成穗率等性状与产量构成因素之间相互作用、协调发展密切相关的，是综合因素发生作用的结果，并且为高生物产量提供了物质基础。在其产量构成因素中，品种的每穗成粒数的可塑性最大，穗数和干物质重对产量的影响效应最大，其次为成穗率、千粒重和株高。适当控制穗数和干物质的增加对旱作水稻产量的增加存在客观空间。旱作株高略高于水种，株高与产量呈显著正相关，说明株高在一定的范围内增加会增加产量，但过低会降低产量，过高会导致倒伏等，都会影响产量。所以在确保不倒伏的前提下，有必要适当增加株高，争取在生物产量方面对产量有所突破。

三、旱田适应技术

针对东北地区西部农牧交错大范围干旱区域，围绕品种技术、节水技术、田间管理、基础设施等方面开展了旱田生产适应气候变化综合技术试验实践。由于东北地区的农业更依赖于降水，面对旱灾更加脆弱，所以建议在推广种子工程和农艺措施的同时，更需加强灌溉面积的增加及水利工程的建设，以期超过预期的干旱减损率45%。

1. 种子工程技术

种子工程技术重点依靠传统育种的耐旱品种。目前耐旱品种可以在旱灾的情形下，平均减少30%的损失。预计2030年，种子工程可以避免干旱损失总量的10%，约18亿元，成本效益比为0.3。目前耐旱品种主要应用于雨养地区，随着水资源的短缺也开始应用于灌区。然而由于耐旱品种在水分供应充足的时候未必会有最好的产量，所以未必是农民的首选。

2. 节水灌溉

节水灌溉技术包括四种，包括两种输水技术，即管道输水和渠道防渗，两种田间灌溉技术，即喷灌和滴灌。到2030年，四项节水灌溉措施总共将旱灾损失减少1/4，约50亿元。其中管道输水可减损8亿元，成本效益比为0.7，渠道防渗可减损17亿元，成本效益比为0.6，滴灌可减损7亿元，成本效益比为0.1，喷灌可减损15亿元，成本效益比为

0.2。管道输水指采用塑料或水泥材质的管道进行水源至田间的输水，从而使水的输送利用率从传统的土渠运输的45%提高到95%左右。渠道防渗是指通过塑料和混凝土材料使输水渠具备防渗漏的能力，从而将水利用率从45%提高到55%～65%。管道输水通常应用于井灌区，因为输水的成本高，输水量较小；而渠道防渗通常用于渠灌区，因为其使用流量较大的运输且成本相对较低。滴灌指通过阀门管道配管和滴灌头构成的网络将水缓慢直接地输送到作物根部进行灌溉，可比传统灌溉节水35%～50%，喷灌指利用洒水装置将水喷洒到空中，使水分散成小水滴以更有效的灌溉作物。可比传统灌溉节水30%～50%。滴灌通常用于经济作物，因为其成本较高而且需要在田间安装滴管带，操作复杂，难以在小麦玉米等大田作物上使用。喷灌则适用于灌区的粮食作物。

3. 保护性耕作技术

保护性耕作技术包括地膜覆盖、免耕少耕、残茬覆盖等，通过在土壤上铺盖塑料薄膜防止水分蒸发并保持相对稳定的温度，具有保持水土、保蓄土壤水分和增加土壤肥力的作用，比传统灌溉节水35%～50%。保护性耕作系列措施适用于粮食作物以及经济作物，推广过程中需要注意残膜污染和病虫草害的发生。

4. 水利工程技术

水利工程措施包括大型水库和小型集雨蓄水。水库是指通过修建或完善水库加大储水，以备旱季灌溉，在东北地区实用性强，可增加15%的灌区面积；小型集雨蓄水是用微型集雨蓄水设施储水，主要用于山区和丘陵地带。预计到2030年二者可避免干旱损失总量4%。其中，水库可避免5亿元的损失，成本效益比为3.7，小型集雨蓄水可避免1亿元的损失，成本效益比为2.7。同时这些措施避免过度开采地下水，保护水源水质，避免地表植物退化和沙化，有利于调节区域气候，减轻生态压力。

四、旱田适应技术效果

适应性措施的成本曲线分析表明，到2030年，综合采取适应措施可削减东北地区预计干旱损失的45%。种子工程和水利工程还有进一步减损的空间。如果种子工程取得技术突破，使种子在干旱时的抗旱效果增加1倍，则可以进一步减损7%；如果灌溉面积再提高5%，则可以进一步减损2%～3%。转基因抗旱种子技术上可行，潜力可观；调整作物结构，实现水资源和作物蓄水量之间的最优匹配，也卓有成效。

未来20年，为适应1℃增温水平，东北地区采用综合适应措施需要额外投资400亿～500亿元，年均投资20亿～25亿元。投资最大的是节水灌溉类，预计到2030年可以避免干旱损失40亿元，且大部分措施能够产生经济收益。在此基础上进一步降低损失的潜力取决于技术突破等其他条件。但是即使各项措施到位，极端干旱的不可预测性仍然存在较高的灾害风险，有必要借助保险来转移风险。

五、示范的面积与效果

1. 水稻节水抗旱技术示范

适应东北地区气候变化的“水稻节水灌溉防旱综合技术”连续3年在黑龙江省农垦局典型农场进行了示范，取得了良好的经济效益。其中在八五零农场核心示范区3 000亩，辐射示范区35 000亩。平均每亩新增纯效益70～80元，其效益主要来源于节水20%～30%，节肥5%～10%，增产6%～9%。在查哈阳农场核心示范区3 000亩，辐射示范区30 000亩。平均每亩新增纯效益60～70元，其效益主要来源于节水20%～30%，节肥4%～8%，增产4%～7%。

在辽宁省水稻主产区新民、辽中、盘锦等地区（辽河中下游平原）示范推广3年。平均每亩新增纯效益60～70元，其效益主要来源于节水25%～35%，节肥5%～7%，增产3%～6%。通过选用光和能力强、产量潜力高、节水潜力大的水稻品种辽星1号，亩产量一般为650～700kg，高产田可达800kg以上。配之以管道输水、渠道防渗、间歇控灌、使用保水剂等田间管理技术，节水的同时减少了肥料的流失，调控土壤温度和湿度，提高了肥料利用效率而最终实现的。水稻综合节水技术实现水稻单产增加3%～6%，即每亩增产20～40kg，并且该技术在东北地区有广泛的使用空间和推广潜力。仅辽宁省水稻面积为1 000万亩，该技术的实施，有望使辽宁水稻年增产20万～40万t，对保证未来粮食需求和国家粮食安全具有重要意义。并且随着气候的持续变化，该技术将显示更强的适应效果和经济效益。

水稻综合节水技术的实施，适应了区域增温的变化，增加了水稻产量。同时综合利用节水技术，节约了灌溉水，提高了肥效利用，具有重要的生态环境效益，对适应和减缓未来区域气候变化都具有正面的作用。是一种增产与增效、适应与减缓双赢的农业技术措施。

2. 旱田保护性耕作措施技术示范

2009年和2010年在内蒙古赤峰市松山区太平地镇郎君哈拉村，开展玉米秸秆还田保护性耕作技术示范。种植的玉米品种有郑单958、先锋335、金玉6等。技术要点是免耕施肥播种镇压一体完成，基肥施沃夫特缓释肥30kg/亩，种植密度4 200株/亩。经过2009年和2010年的试验示范，采取保护性耕作技术进行生产，生态效益、经济效益和社会效益都非常显著。2009年当年实施保护性耕作技术示范面积10 000亩，单位面积平均增收11.25元/亩，节约作业成本12元/亩，单位新增纯效益23.25元/亩；2010年继续实施该项技术，示范面积10 000亩，由于燃料和农资等涨价因素影响，节约成本有所下降，总经济效益增加22.16万元。两年共增加经济效益45.41万元。

2009年开始在赤峰市松山区当铺地满族乡当铺地村进行谷子留茬少、免耕播种技术模式示范，面积40亩，到2010年示范面积80亩。方法是前茬秋季采用机械或人工收割，收获后作物留茬高10cm，第一年春季播种时采用免耕播种机进行播种，田间管理采用人工除草，并进行病虫害防治工作。秋季采用机械或人工收割，第二年春季用免耕播种机播种。两年的试验示范证明，采用留茬少、免耕播种技术模式种植谷子，2009年示范面积40亩，每亩平均产量为280.47kg，比习惯种植每亩增加产量42.02kg；2010年示范面积达到80亩，经过测产每亩平均产量为364kg，比习惯种植每亩增产23.5kg。

保护性耕作技术实施可提高土壤肥力，减少土壤的风蚀水蚀，保护耕地，提升土地的生产能力，对农业可持续发展和农业机械化水平提高，以及农村劳动力的转移，加快城镇化建设有促进作用。

第六节　适应技术效益核算

针对东北地区气候变化的特点和趋势，围绕品种技术、节水技术、田间管理、基础设施等方面开展了东北地区水稻生产气候变化适应综合技术。主要内容包括品种适应技术、大棚钵育苗摆栽技术、井水增温技术、渠道防漏技术、打浆整地技术、秸秆还田技术、间控灌溉技术、生育测报技术等 8 项技术集合组装而成，以应对东北地区气候变化带来的升温干旱等气候问题、农田耗水加剧等不利条件，充分利用无霜期增加，作物生产潜力增强等有利条件使水稻增产增效。

一、品种适应技术

要求栽种品种具有高产特性，能够充分利用增加的热量资源，具有良好的抗病性，同时也要兼顾耐低温能力，要达到或超过空育131，生育期比空育131略长。

黑龙江省生产上使用的新品种有生育期延长的趋势，这已经成为东北地区育种者和生产者的共识。就11片叶品种来说已从130d延长至135d左右，随着生育期的延长，光合作用时间增加，增产作用达3%～5%，无需额外增加生产成本。

总体上看来，品种适应需要的直接投入少、见效快、方法简便、容易推广。随寒地温度的进一步提高，寒地水稻的生育期在未来20年还可以延长3～5d，产量潜力还可以提高。

二、间控灌溉技术

除分蘖期、减数分裂期、抽穗开花期保持水层外其他时期保持田面湿润。因稻田土壤有较长的时间通氧换气，对释放甲烷气体有一定的抑制作用。

三、滴灌种稻技术

现代滴灌技术与稻作技术相结合，较传统稻作节本增效3 000元/hm^2以上。2009年，在查哈阳农场进行旱地滴灌种稻研究示范，示范面积10亩，较旱改水田节水60%；大幅度地降低了单位面积稻田的用工量，降低稻作的劳动强度及劳动力成本；实现旱田种稻，极大的降低甲烷气体的排放，因为消除了产生甲烷气体的条件。旱地滴灌种稻有700kg/亩以上的生产潜力，随着劳动力价格及稻谷价格的提升，旱地滴灌种稻将有更大的经济效益。

四、井水增温技术

晒水池增温、滚水增温、瀑布增温、小池快灌少灌增温等综合增温技术。总体上是通过增加晒水面积延长晒水时间来实现的。大体上每延长100m增温1℃。每延长100m渠道需占地150～250m^2，漏水增加3%～5%，因此要将渠道长度控制在500m以内。适当缩短灌渠、提高耕地利用率、减少单灌时间是发展方向。

五、渠道防漏技术

渠道内衬膜防漏既能提高灌溉效率又能降低冷水对渠道两侧水稻的影响。

渠道使用防漏衬，可减少输水损失30%～50%，渠道越长损失越多，不仅造成无效水分浪费和提水能源浪费，又因冷水浸泡对渠道两侧水稻冷害加重，是井灌稻作区重要的发展方向，因此，需要研发低成本灌渠防漏技术。

六、打浆整地技术

目的主要是防止田面漏水，平整田面，兼有秸秆还田后深埋利于插秧的作用。不增加整地成本，但能提高水田防漏能力和平整度，减少灌溉量和灌水次数10%左右，有利于保水保肥，提高泥温，对增产有利。2008年，在八五零农场及查哈阳农场打浆整地技术示范同步进行，在八五零农场示范668亩，在查哈阳农场示范1 162亩。

七、秸秆还田技术

减少秸秆焚烧、运输，增加土壤有机质含量，水稻生长期增加CO_2的释放，提高水稻的光合速率。秸秆还田在机械收割、机械翻耕的过程中基本不增加作业成本，但能提高土壤的透气性，增加有机质，减少CO_2的排放，通过多年试验证明可增产1%～10%。2008年，在八五零农场及查哈阳农场秸秆还田与打浆整地技术相结合进行示范，在八五零农场示范474亩，在查哈阳农场示范725亩。

八、生育测报技术

利用温度与水稻发育进程的关系及7～14d的天气预报，预测水稻发育进程，通过水肥管理进行纠偏。结合农场气象站日常工作不需额外增加成本，种植户可免费获得气象信息及生产指导。

第七节　适应技术趋势潜力

一、种子选育

一个种子产品往往具有多种特性，而抗旱性只是其中之一，具有抗旱特性的种子市场份额将越来越快地增长。这主要是由于水资源短缺，以至于除了雨养地区外，灌溉地区也开始使用抗旱种子；创新技术突破得到的新品种抗灾能力很强，可大大降低灾害气候下的产量损失。分子育种技术已被证实可进一步改善抗旱种子的特性。初步研究结果显示，在干旱条件下目前的分子育种抗旱玉米可使减产幅度降低一半，并且其在干旱条件下的产量潜力也高于其他种子。

二、节水灌溉

节水灌溉主要是滴灌和喷灌两种技术在实施过程中面临的挑战。过去输水技术、防渗渠道和防渗管道主要由政府支持，目前中国将农业GDP的0.42%用于农业技术推广，而发达国家这一比例达到0.6%～1.0%。在财务支持和培训教育方面，还有许多方法将有助于节水灌溉措施的实施和推广。结合现代灌溉技术，进行滴灌种稻，免除常规水田的池埂水渠等固定占地的灌溉设施，降低水田建设成本；实行水旱轮作，改善土壤生态环境，由于无需大量的设施设备投入，发展空间大。需要成本投入的两个方面：一方面是滴灌种稻技术中变量供水、米质提高、残膜收回等问题；另一方面是水田覆盖直播技术中的米质提高、残膜收回等问题。目前的钵育摆栽技术增产不增效，主要原因是育苗成本高，插秧机械设备昂贵，投入人工多，近年来劳动力价格攀升，加剧了这项技术的推广难度。因此，急需研制低成本、少劳型钵育摆栽技术。

三、水利工程

大型水库和小型集雨蓄水将是调节未来水利资源、淡水供需以及农业用水的重要手段。加大水库建设，一是可以增加水库储水，以备旱季灌溉，可增加15%的灌区面积；二是增加储水能力，便于蓄水防洪，有力抵御极端降水等天气事件，这在东北地区尤其必要。小型集雨蓄水及沟渠灌溉主要用于山区和丘陵地带，同时这些措施避免过度开采地下水，保护水源水质，避免地表植物退化和沙化，有利于调节区域气候，减轻生态压力。

四、农业保险

无论采取何种风险防范措施，难以预测的极端天气事件仍会给农民带来巨大经济损失，而农业保险作为重要的风险转移机制，可为政府和个人减缓极端事件带来的波动和严重负面影响。在过去保险实践中，政府通过补贴和试点项目大力推行农业保险，使中国的农业保险市场急速增长，2008年总规模已达到约110亿元人民币。气候变化适应过程中，要继续扩大农业保险覆盖范围，使最脆弱的人们能得到保障。

第七章　西北黑河绿洲农业适应气候变化技术实践

第一节　黑河流域地理区位

黑河流域是我国西北地区第二大内陆流域，黑河发源于南部祁连山区，流域东起山丹县境内的大黄山，与石羊河流域接壤，西以黑山为界，与疏勒河流域毗邻，北至内蒙古自治区额济纳旗境内的居延海，大致介于97°20′E～101°30′E，37°50′N～42°40′N，涉及青海、甘肃、内蒙古三省区，河流全长821km，流域面积14.3万km^2。流域内辖青海省祁连县，甘肃省永昌、山丹、民乐、肃南、张掖、临泽、高台、酒泉、金塔、嘉峪关、玉门、肃北12县（市）和内蒙古自治区额济纳旗共14个县（市、旗）。

一、气候条件

黑河流域位于欧亚大陆腹地，远离海洋，周围高山环绕，流域气候主要受中高纬度的西风带环流控制和极地冷气团影响，气候干燥，降水稀少而集中，多大风，日照充足，太阳辐射强烈，昼夜温差大。由于受大陆性气候和青藏高原的祁连山-青海湖气候区影响，中下游的走廊平原及阿拉善高原属中温带甘-蒙气候区。根据干燥度，可进一步分为中游河西走廊温带干旱亚区及下游阿拉善荒漠干旱亚区和额济纳荒漠极端干旱亚区。

黑河流域气候具有明显的东西差异和南北差异。南部祁连山区，降水量由东向西递减，雪线高度由东向西逐渐升高。中部走廊平原区降水量由东部的250mm向西部递减为50mm以下，蒸发量则由东向西递增，自2 000mm以下增至4 000mm以上。南部祁连山区海拔2 600～3 200m地区年平均气温2.0～1.5℃，年降水量在200mm以上，最高达700mm，相对湿度约60%，蒸发量约700mm；海拔1 600～2 300m的地区，气候冷凉，是农业向牧业过渡地带。中部走廊平原，光热资源丰富，年平均气温2.8～7.6℃，日照时间长达3 000～4 000h，是发展农业理想的地区。南部山区海拔每升高100m，降水量增加15.5～16.4mm；平原区海拔每增加100m，降水量增加3.5～4.8mm，蒸发量减小25～32mm。下游额济纳平原深居内陆腹地，是典型的大陆性气候，具有降水少、蒸发强烈、温差大、风大沙多、日照时间长等特点。据额济纳旗气象站1957—1995年资料统计，年平均降水量仅为42mm，年平均蒸发强度3 755mm，年平均气温为8.04℃，最高气温41.8℃，最低气温-35.3℃，年日照为3 325.6～3 432.4h，相对湿度32%～35%，年平均风速4.2m/s，最大风速15.0m/s，8级以上大风日数平均54d，沙暴日数平均为29d。

二、水文特征

根据近代地表水、地下水的水力联系，黑河流域可划分为东、中、西三个子水系。其中西部水系为洪水河、讨赖河水系，归宿于金塔盆地；中部为马营河、丰乐河诸小河水系，归宿于明花、高台盐池；东部子水系包括黑河干流、梨园河及东起山丹瓷窑口、西至高台黑大板河的20多条小河流，总面积6 811km^2。在历史上，东支流山丹河，西支流梨园河以及北大河曾分别于高崖、临泽、营盘等三处注入黑河，后来随着水资源利用和环境演变，许多支流水量减少甚至断流。现在，除梨园河外，黑河干流已无支流汇入。流域中集水面积大于100km^{2}的河流约18条，地表径流量大于1 000万m^{3}的河流有24条。

流域地表水时空分布规律主要取决于祁连山大气降水和冰雪融水的时空分布以及祁连山区水文气象垂直分带性、下垫面条件等。一般来说，山区地表径流年内分配与降水过程和高温季节基本一致，径流量与降水量集中于暖季，春季以冰雪融水和地下水补给为主，夏秋季以降水补给为主，具有春汛、夏洪、秋平、冬枯的特点。年内变化受气温、森林植被的影响，呈明显的周期规律，冬春枯水季节（10月至翌年3月）黑河径流量占年径流总量的19.73%，降水以固态形式蓄存，占年降水量的5%～10%。春末夏初，随气温升高，地表径流量上升，占全年总流量的24.55%，雨季（7—9月）降水量增加，冰川融水量大，地表径流达55.71%。

黑河干流出山后进入走廊平原，受人为因素的强烈影响，至正义峡断面，径流年内分配明显发生变化，3—5月，中游地区进入春灌高峰，正逢河水枯水期，黑河下泄水量很少，甚至出现河床断流现象，因而正义峡以下，地表径流量处于年内最低值；6月河水开始增加，7—9月出现夏汛，9月灌溉回归水和地下水大量溢出，形成年内径流高峰，10月随冬灌和降水量减少，河流量再度减少，至11月达到最低值，12月至翌年3月为非农业用水季节，中游用水量减少，地下水（泉）补给稳定，河流量平稳。黑河下游水量年内分配已完全受制于人类活动，年内径流量变化过程是：5—7月河水断流，8月出现径流直至9月夏汛，11月后气温下降，河水封冻，中游来水减少，直至翌年2月下旬开始融冰，3—4月形成春汛。上游山区为地表径流形成区，径流量的大小受降水、融冰及森林植被覆盖度等影响，径流年内分配不均匀，年际变化较大，但变幅比单一降水补给型小。中游走廊平原区为径流利用区，下游尾闾湖段为径流消耗区。

三、农业水资源概况

黑河流域1995年引用地表水和地下水总量为$33.325 \times 10^8m^3$，其中引用地表水占90.5%，开采地下水量9.5%。按用水部门划分，农业灌溉引水量占总量的94.7%，城镇工业引水占4.2%；城镇生活和农村生活引水占1.1%。根据甘肃省水利厅有关部门提供的黑河中游各计算单元平均引水量资料，黑河流域1990—1995年平均引水量为$39.332 \times 10^8m^3$，其中东部子水系占70.1%；中部子水系占7.8%；西部子水系占22.1%。

从绝对数量上看，张掖地区的山丹县和张掖市农业用地最大，分别为1 360.07km^2和1 222.35km^2，占流域同类土地的21.16%和19.02%。张掖市和酒泉市绿洲灌溉农田分别有1 206.13km^2和1 065.16km^2，各占黑河流域行政面积的32.19%和31.17%。林业用地主要分布在肃南县境内，为587.99km^2，占流域同类土地的52.08%；其次为山丹县和祁连县，占流域同类土地18%以下。额济纳旗和肃南县均属牧业县，二者几乎占有黑河流域牧业用地的一半，其中额济纳旗为11 909.49km^2，肃南县为11 136.88km^2；额济纳旗草场质量较低，沙漠和戈壁草场占有较大比例，并且草场的季节性分配不明显，影响草场轮牧，而肃南县以中、高山草场为主，质量较好。

从区域河川径流格局来看，河川径流以降水补给为主，分区明显。黑河流域源头分布有大小冰川100km^2，估计冰储量27.5亿m^3，年平均冰川融水1.0亿m^3，仅占河川天然径流量的4%左右，其余96%的径流量均由降水补给。河川径流可划分为径流形成区、径流利用区和径流消失区。上游祁连山区降水较多，又有冰川融水补给，下垫面为石质山区且植被良好，是黑河径流形成区。祁连山出山口以上径流量占全河天然水量的88.0%。山区径流深自山岭向山脚递减，自东向西递减，山岭径流中心位于大渚麻河上游，径流深约500mm，逐渐向山口减至5mm。中游河西走廊和下游阿拉善高平原南部，降水少而蒸发强烈，下垫面是深厚的第四系沉积层，成为良好的地下贮水场所，一般强度的降水均耗散于蒸发，偶而一次强度较大的降水，也下渗补给了地下水，所以基本上不产流。上游来的河水被大量引用，河川径流沿程减少，属于径流利用区。最下游河流尾闾附近，地下径流和余留的河川径流以土壤潜水层蒸发和流入居延海水面蒸发的形式，为尾闾地区生态所消耗，属于径流消失区。

河川径流年际变化不大，径流年内分配集中。由于河川径流受冰川补给的影响，径流年际变化相对不大，干流莺落峡站多年平均径流15.8亿m^3，最大年径流23.2亿m^3（1989年），最小年径流11.2亿m^3（1973年），年径流的最大值与最小值之比为2.1，年径流变差系数Cv值为0.15左右。河川径流年内分配不均匀。10月至翌年2月，为径流枯水期，莺落峡站该时期径流量占年径流量的17.4%；从3月开始，随着气温的升高，冰川融化和河川积雪融化，径流逐渐增加，至5月出现春汛期，3—5月径流量占年径流量的14.8%；6—9月是降水最多的季节，而且冰川融水也多，其径流量占年径流量的

67.8%，其中7—8月径流量占年径流量的41.6%。

整体中游地表水与地下水转换频繁。地表水和地下水多次转化和重复利用，是内陆河最为独特的水文现象。河流出山后，流入山前冲积扇，一部分被引入灌溉渠系和供水系统，消耗于农、林业的灌溉以及人畜饮用、工业用水，其余则沿河床下泄，并沿途渗入地下，补给了地下水。被引灌的河水，除作物吸收蒸腾、渠系和田间蒸发外，相当一部分下渗补给了地下水，地下水以远比地面平缓的水面坡度向前运动，在细土平原一带出露成为泉水，或者再向前回归河流，或者再被引灌，连同打井抽取的地下水，再进行一次地表、地下水转化。在中游非灌溉引水期的12月至翌年3月，由于前期灌溉水回归河道，正义峡断面的径流量较莺落峡断面大2.5亿～3.0亿m^3。水资源多次转换并被多次重复利用的同时，也增加了无效消耗的次数和数量。

四、水利基础设施

根据莺落峡水文站资料统计，黑河上游流冰时间最早为11月上旬，1月初至2月底河封冻，3月中下旬开始解冻。最大岸冰厚度为1.14m，最大河冰厚度为0.88m。1958年以来，随着区域经济的不断发展，黑河流域修筑了大量水利工程，为工农业供水，特别是农业供水创造了良好条件。据统计，目前全流域已兴修大小水库98座，多为中小型平原水库，其中大型水库1座，中型水库9座，小型水库88座，概化总库容$4.567\times10^8m^3$，兴利库容$3.942\times10^8m^3$，现状年供水能力$10.471\times10^8m^3$。黑河流域中游张掖地区、酒泉地区和嘉峪关市的走廊部分，共有干渠192条，总长度2 545km，平均衬砌率为57.5%；支渠731条，总长度2 927km，平均衬砌率65.5%；斗农渠11 772条，总长度8 406km，平均衬砌率36.4%。除额济纳计算单元以外，黑河流域其他计算单元渠系综合利用率都比较高，张掖盆地内各计算单元引河水和泉水的渠系利用率可以达到0.49～0.57，平均为0.55，西部子水系各单元均为0.6。据不完全统计，黑河流域现有机电井6 484眼，年开采能力达$5.115\times10^8m^3$。其中，东部子水系4 334眼，年开采能力$3.16\times10^8m^3$；中部子水系926眼，年开采能力$0.730\times10^8m^3$；西部子水系1 224眼，年开采能力$1.225\times10^8m^3$。

第二节　黑河流域气候变化特征

一、数据资料及研究方法

黑河流域水文站、雨量站分布如图7-1所示。三角代表水文站，圆圈为雨量站。

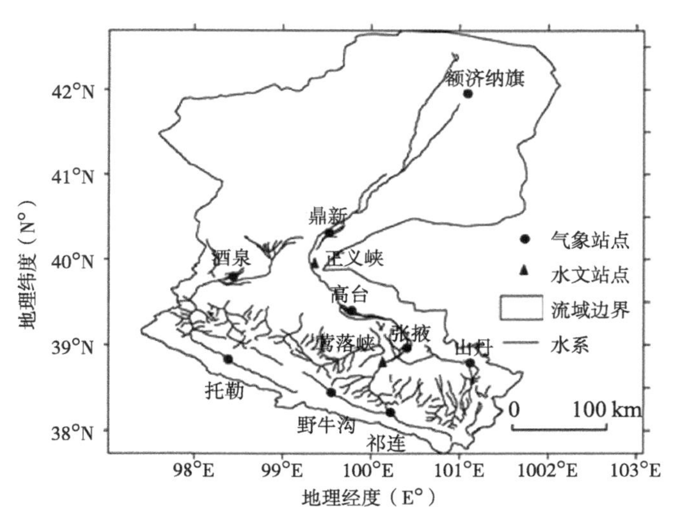

图7–1　黑河流域主要水文站、气象站分布

气温资料：收集到札马什克、祁连、莺落峡、高崖、正义峡5个水文站的气温观测资料，其他气温资料相对较少。

降水资料：黑河流域产流区降水观测站点较多；消耗区降水观测站点较少。产流区有观测站点15个，站点分布不均匀，莺落峡以上为产流区，面积约1.09万km^2，每站控制面积约727km^2。消耗区有观测站点9个，站点分布也不均匀，其中荒漠区占了绝大部分，这些地方没有雨量资料。

蒸发资料：仅收集到9个观测站蒸发资料。札马什克、祁连、肃南、瓦房城、李桥、双树寺位于产流区，莺落峡、高崖、正义峡位于消耗区，蒸发观测站点少且观测手段不同。

流量资料：黑河流域产流区流量控制水文站为莺落峡水文站，消耗区流量控制水文站为正义峡水文站。莺落峡和正义峡站很好地控制了产流区和消耗区的来水流量。两站流量系列较长，莺落峡有近60年的资料，正义峡有近50年的资料。

采用Excel电子表格对收集和整理的气温、降水、蒸发、流量的水文系列数据进行统计计算，图表制作。

降水和蒸发的分析中，根据资料所属测站的地理位置划分到产流区或消耗区，采用算术平均进行计算分析，并绘制了各观测站气温和流量的年平均值、多年平均值、不同年代平均值过程线；绘制产流区、消耗区降水、蒸发的年总量、多年平均值、不同年代平均值过程线图；年内分配、计算了不同年代平均值对多年均值的距平百分数。

Mann-Kendall统计检验方法是一种非参数统计检验方法。非参数检验方法亦称无分布检验，其优点是不需要样本遵从一定的分布，也不受少数异常值的干扰，更适用于类型变量和顺序变量，计算也比较简便。由于最初由Mann和Kendall提出了原理并发展了这一方法，故成其为Mann-Kendall统计检验法。

对于具有n个样本量的时间序列x，构造一秩序列：

$$S_k = \sum_{i=1}^{k} r_i \quad (k = 2,3,4,\cdots n) \tag{7-1}$$

式中，$r_i = \begin{cases} +1 & 当x_i > x_j \\ 0 & 否则 \end{cases} \quad (j = 1,2,\cdots n)$

可见，秩序列S_k是第i时刻大于j时刻数值个数的累计数。

在时间序列随机独立的假定下，定义统计量：

$$UF_k = \frac{\left[S_k - E\left(S_k\right)\right]}{\sqrt{Var(S_k)}} \quad (k = 2,3,4,\cdots n) \tag{7-2}$$

式中，$UF_1=0$；$E(S_k)$、$Var(S_k)$是累计数S_k的均值和方差，在$x_1, x_2 \cdots x_n$相互独立，且有相同连续分布时，它们可由下式计算出：

$$E\left(S_k\right) = \frac{n(n+1)}{4} \tag{7-3}$$

$$Var\left(S_k\right) = \frac{n(n-1)(2n+5)}{72} \tag{7-4}$$

UF_i为标准正态分布，它是按时间序列x顺序$x_1, x_2 \cdots x_n$计算出的统计量序列，给定显著性水平a，查正态分布表，若$\left|UF_i\right| > U_a$，则表明序列存在明显的变化。

按时间序列x逆序$x_n, x_{n-1} \cdots x_1$，再重复上述过程，同时使$UB_k = -UF_k$，$k = n, n-1, \cdots 1$，$UB_1 = 0$。

分析给出的UF_k和UB_k曲线图。若UF_k或UB_k地值大于0，则表明序列呈上升趋势，小于0则表明呈下降趋势。当它们超过临界直线时，表明上升或下降趋势显著。若超过显著性α=0.05的临界值，则说明发生突变的概率很大。

二、气温变化

根据气象资料观测数据，绘制了札马什克、祁连、莺落峡、高崖、正义峡5个观测站的年平均气温变化过程，其中札马什克、祁连、莺落峡3个站位于产流区，高崖、正义峡2个站位于消耗区（图7-2）。从结果来看，随着海拔高程的逐渐降低，年平均温度是一个逐步升高的过程。其中产流区的多年平均气温为2.1℃，消耗区的多年平均气温为9.5℃，消耗区与产流区的多年平均气温相差7.4℃。5个观测站自20世纪80年代至2000年的年代气温升高分别为札马什克0.9℃、祁连0.8℃、莺落峡0.6℃、高崖1.0℃、正义峡0.9℃，且整个年代气温均呈升高趋势。

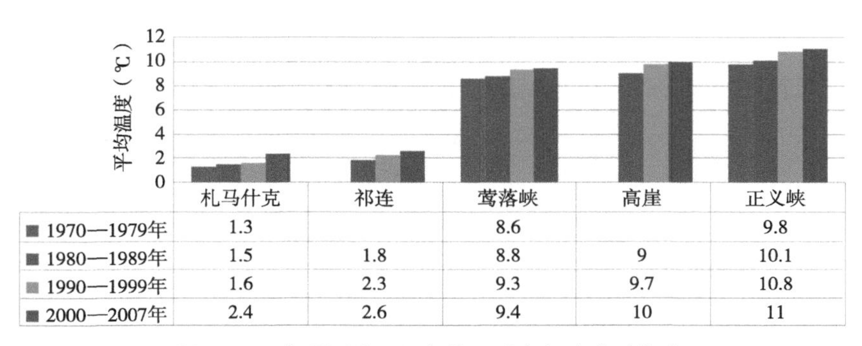

	札马什克	祁连	莺落峡	高崖	正义峡
1970—1979年	1.3		8.6		9.8
1980—1989年	1.5	1.8	8.8	9	10.1
1990—1999年	1.6	2.3	9.3	9.7	10.8
2000—2007年	2.4	2.6	9.4	10	11

图7-2　5个观测站不同年代平均气温变化（℃）

1. 产流区气温变化

气温年内变化：采用MK非参数检验方法对黑河流域产流区月气温变化趋势及其显著性进行分析，表7-1给出了各个月气温的MK统计结果。由表7-1可以看出黑河流域产流区仅5月MK值为-0.72，气温有降低趋势，其余均为升高趋势。气温中在1月、2月、3月、6月、7月、8月、9月、11月升高趋势较明显，趋势值突破了显著性α=0.05的临界值±1.96。4月、10月、12月的气温有所升高但没有超过临界值。

表7-1　黑河流域产流区气温年内MK值

月份	1月	2月	3月	4月	5月	6月	7月	8月	9月	10月	11月	12月
MK值	2.13	3.01	2.13	0.78	−0.72	2.10	3.34	2.64	2.95	1.50	1.97	1.26

气温年际变化：对黑河流域产流区年际气温MK趋势分析表明，产流区气温自1973—2007年为升高趋势，系列平均MK值0.61；1973—2001年平均MK值0.16，气温升高缓慢；2002年开始趋势值突破了显著性α=0.05的临界值，平均MK值2.77，气温升高幅度较大（图7-3）。

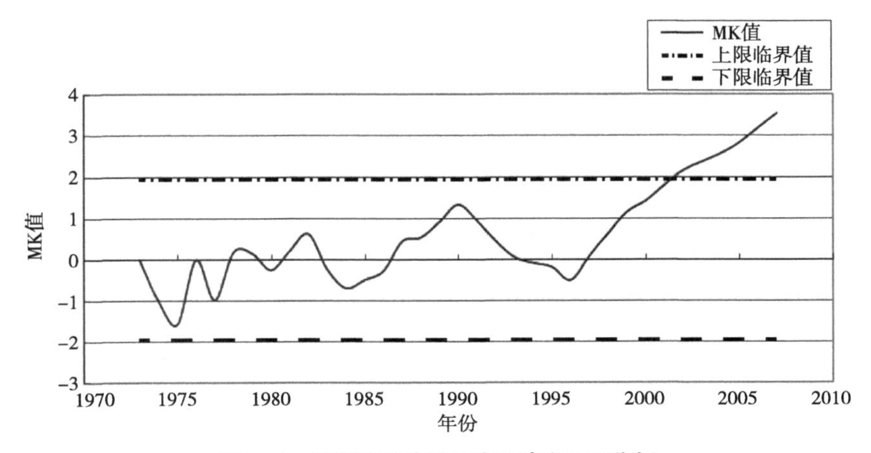

图7-3　黑河流域产流区年际气温MK分析

年代际变化：以札马什克站气温为黑河流域产流区代表站进行分析。札马什克站1970年代气温负距平23.5%，20世纪80年代气温负距平11.8%，20世纪90年代气温负距平5.9%，2000—2007年正距平41.2%。气温自20世纪70年代开始观测至2007年，年代气温一直呈升高趋势，20世纪90年代以前气温升高缓慢，20世纪90年代至2007年气温升高0.8℃，升温幅度很大，20世纪70年代至2007年总计升温1.1℃。

2. 消耗区气温变化

根据黑河流域消耗区各个月气温的MK统计结果（表7-2），可以看出黑河流域消耗区月MK值均为升高趋势。其中2月、3月、5月、6月、7月趋势值突破了显著性α=0.05的临界值，气温升高趋势明显；1月、4月、8月、9月、11月MK值大于1.0，气温有所升高；10月、12月MK值较小，气温升高趋势不明显。

表7-2　黑河流域消耗区气温年内MK值

月份	1月	2月	3月	4月	5月	6月	7月	8月	9月	10月	11月	12月
MK值	1.41	2.72	1.99	1.48	2.20	3.44	2.43	1.50	1.91	0.51	1.94	0.31

年际气温变化：对黑河流域消耗区年际气温MK趋势分析表明，产流区气温自1977—2007年为升高趋势，系列平均MK值1.81；1977—1996年平均MK值0.8。从分析图中看出从1984年开始气温开始升高，1997年开始趋势值突破了显著性α=0.05的临界值，平均MK值2.77，气温升高幅度很大。

年代际气温变化：选取高崖站气温为黑河流域消耗区气温代表站，分析了区域年代际温度变化趋势。高崖站20世纪80年代气温负距平5.5%，90年代气温正距平2.1%，2000—2007年正距平5.3%。气温自20世纪70年代开始观测至2007年，年代气温80年代至2007年气温升高1℃，气温升高明显（图7-4）。

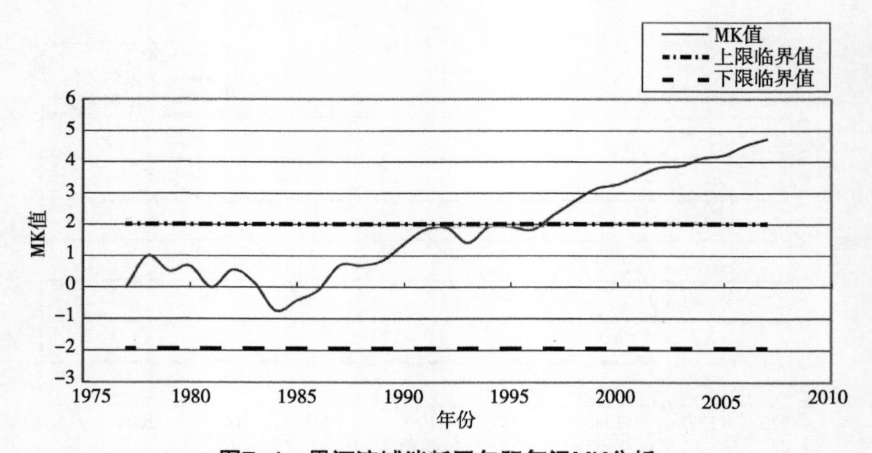

图7-4　黑河流域消耗区年际气温MK分析

三、降水变化

1. 产流区降水变化

选择黑河流域15个雨量站的平均降水量作为黑河流域产流区降水量（红沙河、大河、肃南、鹦鸽嘴、康乐、札马什克、莺落峡、马营、祁连、大野口、瓦房城、双树寺、冰沟台、五道班和扁都口），产流区的多年平均降水量为350.9mm。20世纪60年代降水负距平9.9%，70年代降水正距平4.7%，80年代降水正距平4.8%，90年代降水负距平1.9%，2000—2007年正距平2.8%。产流区年代际水量总体较为平稳，年代平均降水量在多年均值附近。自20世纪60年代至1980年为一个上升阶段，上升趋势明显，90年代有小幅下降，2000年以后略高于多年均值。

对黑河流域产流区年际降水MK趋势分析表明：产流区降水自1960—2007年为增加趋势，系列平均MK值1.71；1960—1976年平均MK值0.83，降水是增加的但幅度不是很大；1977—1990年趋势值突破了显著性α=0.05的临界值，平均MK值2.58，降水增加幅度很大；1991—2007年平均MK值1.59，降水增加幅度较大（图7-5）。

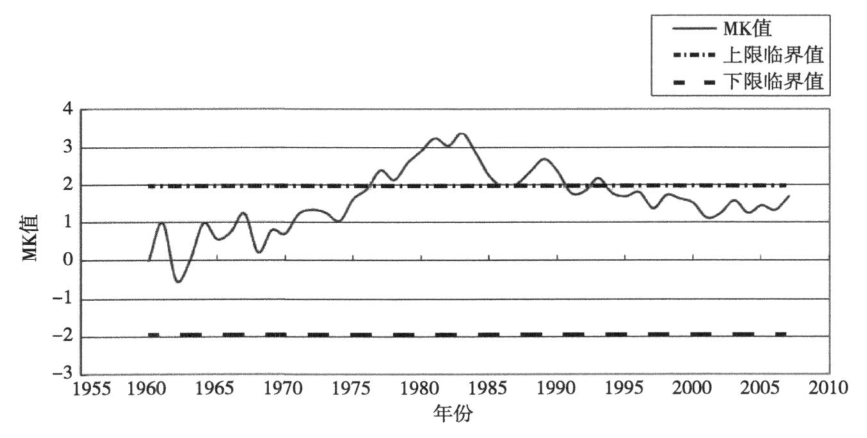

图7-5　黑河流域产流区年际降水MK分析

根据黑河流域产流区年内各个月降水变化趋势的MK统计结果可以看出，黑河流域产流区不同月份的降水有增加也有减少（表7-3）。增加趋势最为剧烈的是7月，MK值2.09超过了显著性α=0.05的临界值；1月、5月、6月增加趋势明显，MK值超过1.0；3月、4月的MK值较小，有增加趋势。10月、11月、12月的MK值超过显著性α=0.05的临界值-1.96很多，降水减少趋势剧烈；2月、8月、9月MK值较小，减少趋势不明显。

表7-3　黑河流域产流区降水年内MK值

月份	1月	2月	3月	4月	5月	6月	7月	8月	9月	10月	11月	12月
MK值	1.55	−0.28	0.83	0.51	1.04	1.74	2.09	−0.20	−0.33	−4.28	−6.88	−7.01

2. 消耗区降水变化

以正义峡、平川、高崖、六坝、霍城、李桥水库、红寺湖、大黄山、硖口驿9个站的平均降水量作为消耗区降水量，消耗区的多年平均降水量为210.3mm。20世纪60年代降水负距平15.3%，70年代降水负距平8.0%，80年代降水正距平4.5%，90年代降水正距平4.1%，2000—2007年降水正距平12.6%。

消耗区年代降水量总体呈增加趋势。其中20世纪60年代至80年代增加趋势明显，90年代有小幅下降，2000年以后降水量大于多年均值。

表7-4给出了黑河流域消耗区年内各个月降水变化趋势的MK统计结果。可以看出黑河流域消耗区各月降水除11月有减少趋势外，其余均为增加趋势。1月、3—7月、9—10月、12月的MK值大于1.0，降水增加趋势明显；2月、8月MK值较小，有增加的趋势。

表7-4　黑河流域消耗区降水年内MK值

月份	1月	2月	3月	4月	5月	6月	7月	8月	9月	10月	11月	12月
MK值	1.39	0.58	1.37	1.34	1.59	1.73	1.69	0.03	1.43	1.17	−0.46	1.11

对黑河流域消耗区年际降水MK趋势分析表明：消耗区降水自1960—2007年为增加趋势，系列平均MK值1.16；1963—1968年平均MK值-0.75，降水减少明显；1969年—1982年平均MK值0.60，降水有所增加；1983—1992年平均MK值1.48，降水增加明显；1993—2007年趋势值突破了显著性α=0.05的临界值，平均MK值2.24，降水增加幅度较大（图7-6）。

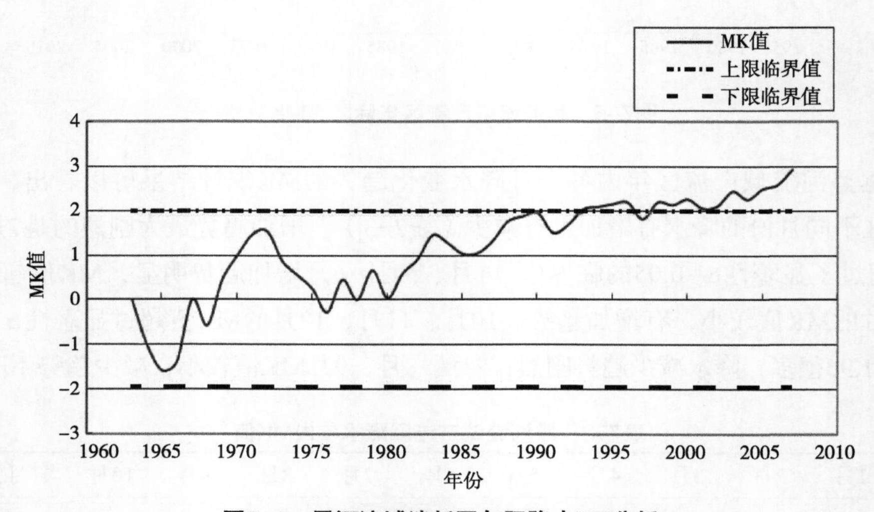

图7-6　黑河流域消耗区年际降水MK分析

四、蒸发变化

1. 产流区蒸发变化

以札马什克、祁连、瓦房城水库、肃南、李桥水库、双树寺水库6站算术平均值为产流区代表蒸发量，多年平均蒸发量887.9mm。20世纪80年代蒸发正距平7.2%，90年代蒸发正距平0.3%，2000—2007年蒸发负距平-10.4%，整体上黑河产流区蒸发为减少趋势，且降低幅度较大。类似变化同见黑河产流区各月蒸发变化，整体均为减少趋势。1月、3月、5月、8—12月的MK值均超过显著性α=0.05的临界值，蒸发减少趋势明显；2月、4月、6月、7月MK值均在-1.96之内，蒸发减少趋势稍缓（表7-5）。

表7-5　黑河流域产流区蒸发年内MK值

月份	1月	2月	3月	4月	5月	6月	7月	8月	9月	10月	11月	12月
MK值	−4.1	−1.9	−2.0	−1.4	−2.2	−1.7	−1.8	−2.6	−3.2	−4.2	−3.1	−3.8

对黑河流域产流区年际蒸发MK趋势分析表明，产流区蒸发自1989—2007年为减少趋势，系列平均MK值-1.50；1980—1988年平均MK值0.88，蒸发增加；1989—1995年平均MK值-0.81，蒸发减少；1996—2007年趋势值突破了显著性α=0.05的临界值，平均MK值-3.69，蒸发减少幅度很大（图7-7）。

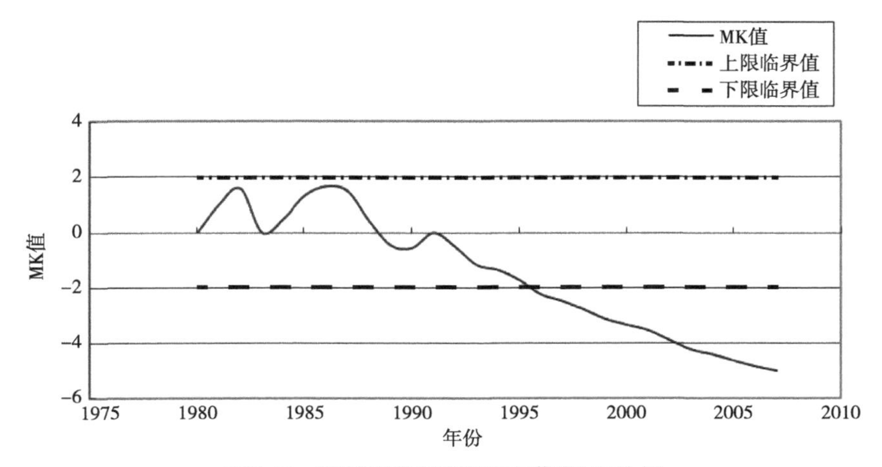

图7-7　黑河流域产流区年际蒸发MK分析

2. 消耗区蒸发变化

以流域3个站点（莺落峡、高崖、正义峡）算术平均值为消耗区代表蒸发量，多年平均蒸发量1 596.1mm。80年代蒸发正距平5.4%，90年代蒸发负距平1.0%，2000—2007年蒸发负距平-5.5%。由以上分析可看出黑河流域消耗区蒸发为减少趋势，且幅度较大。

黑河流域消耗区各个月蒸发变化趋势的MK统计结果表明，黑河流域消耗区各月蒸发均为减少趋势。5—10月MK值超过显著性α=0.05的临界值，蒸发减少趋势很明显；1月、4月、11月、12月MK值在-1.0之内，蒸发减少；2月、3月MK值接近中值，有减少但幅度不大（表7-6）。

表7-6　黑河流域消耗区蒸发年内MK值

月份	1月	2月	3月	4月	5月	6月	7月	8月	9月	10月	11月	12月
MK值	−1.9	−0.5	−0.6	−1.9	−2.9	−2.1	−3.1	−3.8	−3.2	−4.4	−1.0	−1.4

对黑河流域消耗区年际蒸发MK趋势分析表明，消耗区蒸发自1980—2007年为减少趋势很明显，系列平均MK值-2.50；1980—1986年平均MK值-1.1，蒸发减少明显；1987—2007年趋势值突破了显著性α=0.05的临界值，平均MK值-3.0，蒸发减少幅度很大（图7-8）。

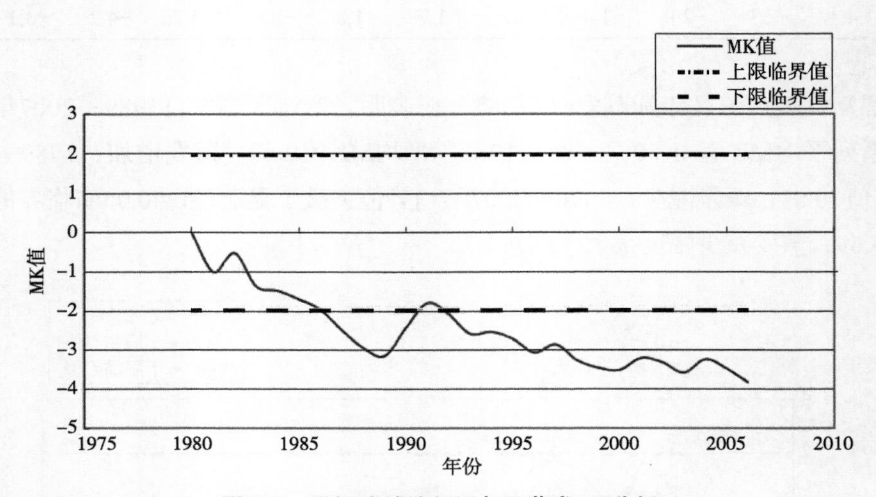

图7-8　黑河流域消耗区年际蒸发MK分析

五、水流量变化

1. 产流区流量变化

选择莺落峡站为代表站点分析区域流量变化。研究结果表明，20世纪40年代该站流量负距平8.0%，50年代流量正距平3.2%，60年代流量负距平2.3%，70年代流量负距平8.5%，80年代流量正距平9.9%，90年代流量负距平0.2%，2000—2007年流量正距平6.2%。山区产流区年代流量总体较为平稳，年代平均流量在多年均值附近。产流区的多年平均流量为50.3m^3/s（图7-9）。

黑河流域产流区各个月降水变化趋势的MK统计结果（表7-7）可以看出，黑河产流区各月流量均为增加趋势。1—4月、11—12月的MK值均超过显著性α=0.05的临界值，流量增加趋势剧烈；5月、6月、10月MK大于1.0，流量增加趋势明显；7—9月MK值较小，流量有增加趋势。

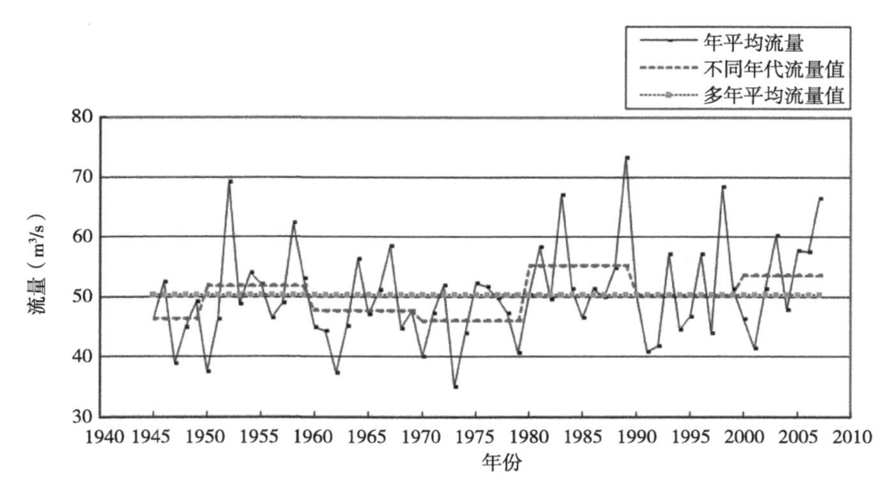

图7-9　黑河流域产流区年平均流量过程线

表7-7　黑河流域产流区流量年内MK值

月份	1月	2月	3月	4月	5月	6月	7月	8月	9月	10月	11月	12月
MK值	3.5	4.6	3.9	2.2	1.1	1.0	0.3	0.8	0.7	1.9	3.3	2.1

对黑河山区产流区年际流量MK趋势分析表明：产流区流量自1945—2007年为增加趋势，系列平均MK值0.58；1945—1951年平均MK值-0.22，流量略微减少；1952—1961年平均MK值1.11，流量增加明显；1962—1963年平均MK值-0.14，流量略微减少；1964—1972年平均MK值0.31，流量增加；1973—1980年平均MK值-0.29，流量减少；1981—2007年平均MK值0.99，流量明显增加。山区年际流量MK值没有超过限值，说明流量比较稳定，变幅较小，系列MK值0.58，流量为增加趋势（图7-10）。

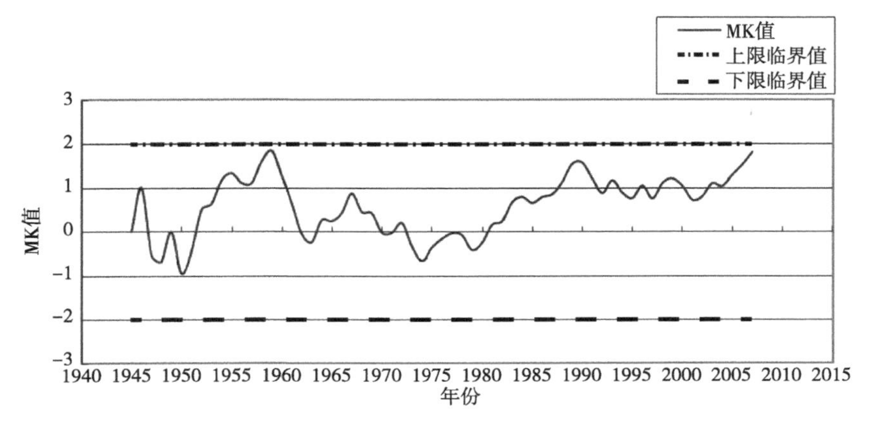

图7-10　黑河流域产流区年际流量MK分析

2. 消耗区流量变化

选择正义峡站为消耗区流量变化代表站点。分析结果显示，20世纪50年代流量正距平25.9%，60年代流量正距平10.3%，70年代流量正距平4.4%，80年代流量正距平8.7%，90年代流量负距平23.4%，2000—2007年流量负距平5.6%。消耗区年代流量总体变化较大，年代平均流量持续减少，进入2000年以后有所增加，流量增加是因为调水的原因。产流区的多年平均流量为32.0m³/s（图7-11）。

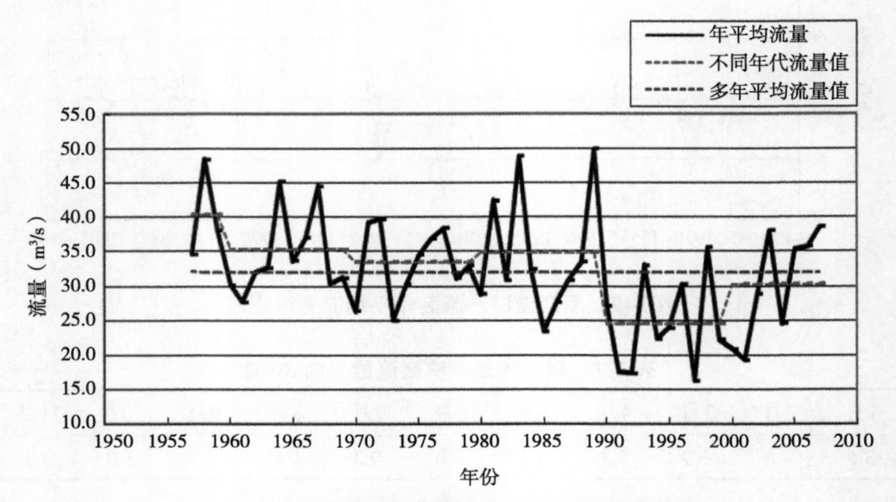

图7-11　黑河流域消耗区年平均流量过程线

根据黑河流域消耗区各个月流量变化趋势的MK统计结果可以看出，黑河消耗区各月流量以减少趋势为主，个别月份有小幅度的增加趋势。1—4月，10—12月MK值大于显著性α=0.05的临界值，流量减少趋势剧烈；7月MK值为-1.7，流量减少趋势明显；5月MK值为-0.8，流量有减少趋势。8月、9月MK为正值较小，流量有增加趋势（表7-8）。

表7-8　黑河流域消耗流量年内MK值

月份	1月	2月	3月	4月	5月	6月	7月	8月	9月	10月	11月	12月
MK值	−2.0	−2.3	−6.6	−5.0	−0.8	−1.7	−0.4	0.4	0.1	−2.5	−5.6	−2.1

对黑河流域消耗区年际流量MK趋势分析表明，消耗区流量自1957—2007年为减少趋势，系列平均MK值-1.2；1957—1969年平均MK值-0.20，流量减少；1970—1993年平均MK值-0.79，流量减少明显；1993—2007年趋势值突破了显著性α=0.05的临界值，平均MK值-2.7，流量减少幅度很大（图7-12）。

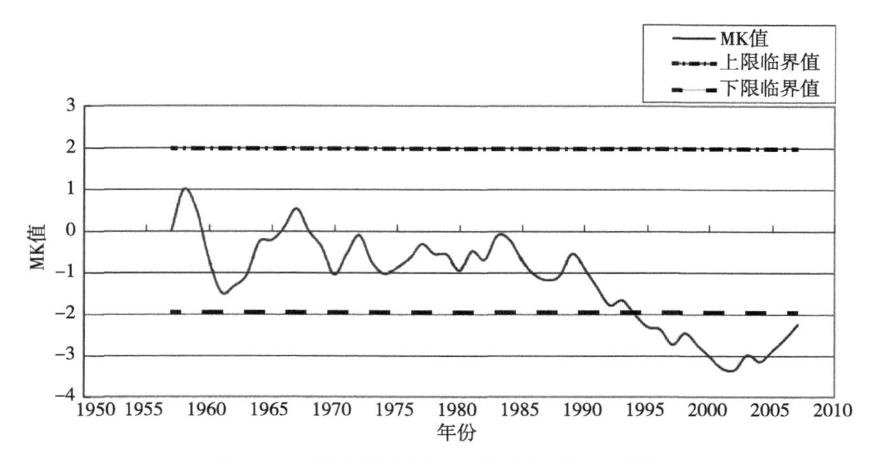

图7–12　黑河流域消耗区年际流量MK分析

六、综合气候特征

为阐明黑河流域气温升高、极端事件发生规律，研究选取了黑河流域莺落峡站年最大洪水流量、枯季最小流量作为研究对象，分析黑河流域洪水、干旱灾害发生的风险程度。基础资料采用莺落峡站1952—2006年年最大洪水流量、年最小枯季流量。可以看出自20世纪80年代以来流域发生10年一遇以上大洪水总计4次；80年代发生1次，90年代发生2次，其中1次为流域实测最大洪水，发生于1996年，2000年以后发生1次（表7–9）。气温升高发生大洪水的风险有加大趋势。

表7–9　莺落峡站年最大洪水流量分析

洪水等级/年代	20世纪50年代	20世纪60年代	20世纪70年代	20世纪80年代	20世纪90年代	2000—2006年
3年一遇	4次	4次	4次	4次	4次	3次
5年一遇	3次	3次	2次	2次	2次	1次
10年一遇	1次	0次	0次	1次	2次	1次

最小枯季流量可以看出，20世纪90年代以后莺落峡站出现最小流量10年一遇以上的次数增加。90年代至2007年，黑河流域气温升高速度最快，气温升高使黑河流域出现最小流量的干旱事件有加大的趋势（表7–10）。

表7–10　莺落峡站年最小枯季流量分析

最小流量次数/年代	20世纪50年代	20世纪60年代	20世纪70年代	20世纪80年代	20世纪90年代	2000—2006年
3年一遇	6次	3次	2次	4次	4次	3次
5年一遇	4次	3次	1次	2次	2次	2次
10年一遇	2次	0次	1次	0次	1次	1次

整体综合而言，从气温变化来看，黑河流域产流区的多年平均气温为2.1℃，消耗区的多年平均气温为9.5℃，消耗区与产流区多年平均气温相差7.4℃。黑河流域气温升高同全球变暖趋势相一致，且升温幅度大于全球平均气温升高值，产流区和消耗区温度相差较大，但两个区域的升温幅度很接近，黑河流域平均气温大概升高了1℃左右。产流区2000年以前气温升高趋势较弱，2000年以后升高趋势很强；年内各月气温变化趋势，除5月为降低趋势，其余月份气温升高趋势很强。消耗区气温90年代以前升高趋势较弱，90年代以后升高趋势很强；年内各月气温均为升高趋势，夏季升温较多，冬季较少。

对降水变化而言，黑河流域产流区和消耗区降水均有增加趋势，且消耗区增加趋势较产流区增加趋势强。产流区降水总体较为稳定，围绕多年均值有增加的趋势；产流区年内降水春、夏两季降水为较强增加趋势，秋、冬有一定的减少趋势。消耗区降水自20世纪60年代至2007年一直增加，其中自90年代以来增加趋势很强，年代降水量由60年代的178.2mm增加到2000年以后的236.8mm；消耗区年内降水除11月为减少趋势，其余月份都为增加趋势，增加趋势比较均化，没有增加特别强烈的月份。随着气温升高，黑河流域极端天气/气候事件增加，洪水、干旱灾害发生的风险加大。

蒸发变化趋势表明，产流区和消耗区的蒸发均为减少趋势，且二者的减少趋势都很强。产流区自20世纪80年代至2007年蒸发一直减少，自90年代至2007年减少趋势很强；年内各月均为减少趋势，春、夏过渡的几个月蒸发减少趋势弱于其余月份。消耗区自80年代至2007年蒸发一直减少，自80年代中期到2007年减少趋势更强；年内各月蒸发均为减少趋势，其中夏、秋两季减少趋势强于春、冬两季。

水域流量变化均显示产流区来水流量有增加趋势，消耗区来水流量有较强的减少趋势，消耗区来水流量减少的主要原因是人类活动造成的。产流区流量1950—1960年和1980—2007年两个时段增加趋势明显；年内各月流量均有增加趋势，非汛期增加趋势强于汛期（5—9月）。消耗区流量自20世纪50年代至2007年总体为减少趋势，90年代以前流量减少趋势较弱，90年代以后流量减少趋势较强；年内各月流量均有减少趋势，非汛期减少趋势强于汛期。

第三节　未来气候变化风险

一、气候变化情景预估

1. 基础数据资料及其订正

气候情景数据来源于中国农业科学院农业环境与可持续发展研究所，该情景数据基于英国Hadley气候中心的GCM模式，利用区域气候PRECIS动力降尺度模型得到中国区域50km×50km网格上的日降水量和日最高、最低气温等数据。

研究发现气候变化情景数据在区域上具有一定的系统误差，如图7-13所示。图7-13（a）是莺落峡以上流域1961—1990年实测和气候变化情景基准年数据（BS）月平均降水量比较，莺落峡以上流域实测多年平均降水量为313.4mm，而BS模式仅为152.4mm，相差较大，特别是6—9月。图7-13（b）和（c）则是最高、最低气温的比较，同样具有一定的系统误差，与实测相比BS的气温模拟偏小，且最高温度偏小幅度大于最低温度。莺落峡以上流域1961—1990年实测多年平均最高温度为3.19℃，最低为-11.88℃；而BS模式多年平均最高温度为-0.22℃，最低为-12.79℃。

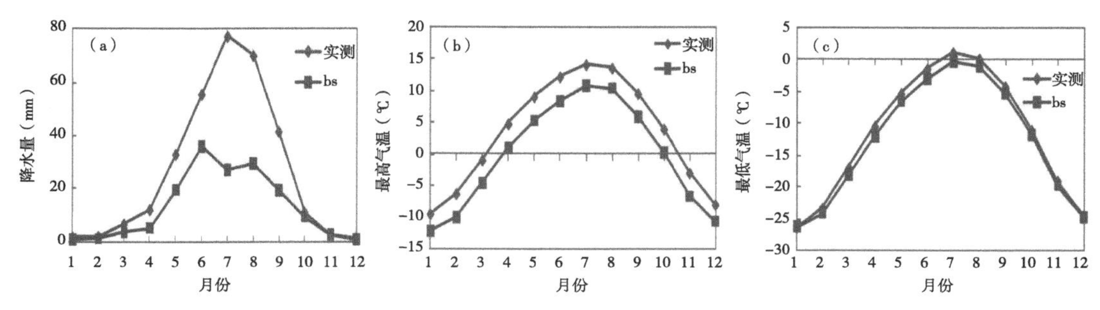

图7-13　莺落峡流域1961—1990年实测和BS月（a）平均降水量、（b）最高气温、（c）最低气温比较

为了减小系统误差对气候变化评估模型的影响，需要对情景数据进行订正，本研究采用常用的修正方法。根据1961—1990年实测的降水、气温资料，对流域内的每个网格的BS和A2、B2的降水进行修正，修正的方法采用逐月同比例放大法，即分别对BS和实测的每个网格求多年月平均过程，求出每个月的修正系数，然后将原情景数值乘以修正系数即为修正后值，分别用于BS、A2和B2。

$$\lambda_{scenario,i} = \overline{x_{obs,i}} \Big/ \overline{x_{scenario,i}} \text{ \\* } MERGEFORMAT \qquad (7\text{-}5)$$

$$x_{scenario修正,i} = \lambda_{scenario,i} \cdot x_{scenario,i} \text{ \\* } MERGEFORMAT \qquad (7\text{-}6)$$

式7-5中，$\lambda_{scenario,i}$表示第i月情景订正系数，$\overline{x}_{obs,i}$表示指定气象要素（降水、气温等）1961—1990年第i月实测数据平均值，$\overline{x}_{scenario,i}$表示气候基准情景（BS，baseline）同期第$i$月气象要素平均值。

式7-6中，$x_{scenario修正,i}$表示未来气候情景模式的第i月气象要素修正值，$\lambda_{scenario,i}$来自式7-5计算气象要素第i月情景订正系数，$x_{scenario,i}$表示未来某年气候情景（如A2或B2）第i月气候模式输出的气象要素预估值。

*MERGEFORMAT代表提示符，表示计算后的数据需要注意格式与情景标准格式匹配。

气温的修正采用差值订正法，将BS和实测的每个网格求多年月平均差值，加上原情景数值即得修正后值，分别用于BS、A2和B2情景。

$$\Delta_{scenario,i} = x_{scenario,i} - x_{obs,i} \backslash * \ MERGEFORMAT \quad (7\text{-}7)$$

$$x_{scenario修正,i} = x_{scenario,i} + \Delta_{scenario,i} \backslash * \ MERGEFORMAT \quad (7\text{-}8)$$

式7-7中，$\Delta_{scenario,i}$表示第i月气候情景的气温订正值，$X_{obs,i}$表示气温要素1961—1990年第i月实测数据平均值，$x_{scenario,i}$表示气候基准情景（BS，baseline）同期第i月气温要素平均值。

式7-8中，$x_{scenario修正,i}$表示未来某年气候情景下（如A2或B2）第i月的气温要素修正值，$x_{scenario,i}$表示未来某年对应的气候情景第i月气温要素预估值，$\Delta_{scenario,i}$表示式7-7中的第i月气温订正值。

*MERGEFORMAT代表提示符，表示计算后的数据需要注意格式与情景标准格式匹配。

图7-14是莺落峡以上流域1961—1990年实测和BS修正前后降水、最高、最低气温月过程比较，从中可以看出，修正后基准年的气候变化情景数据与实测数据的系统误差显著减小。

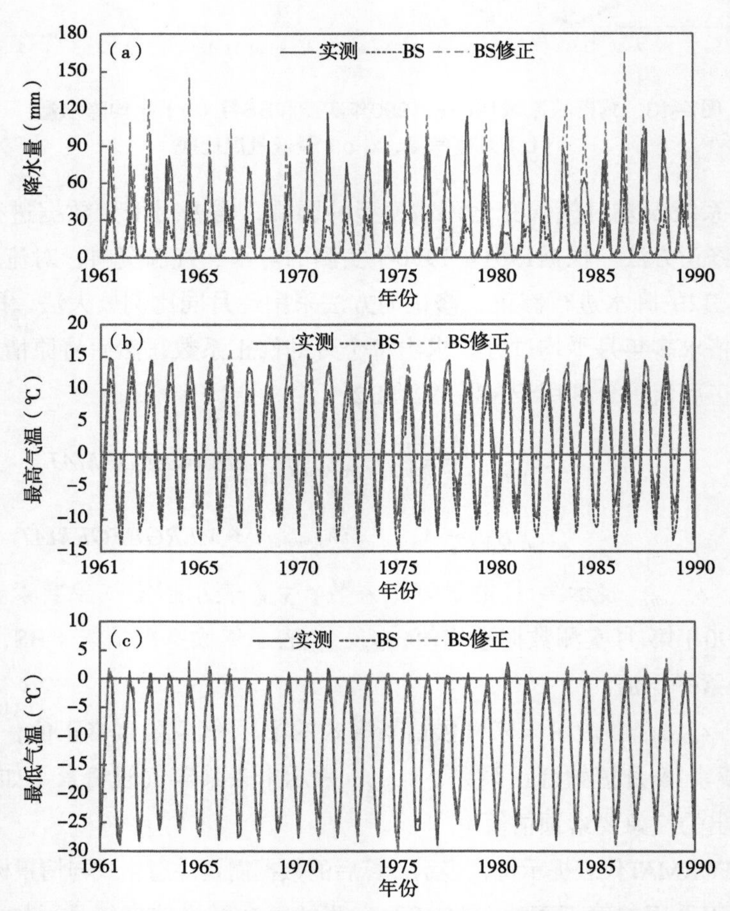

图7-14　莺落峡以上流域1961—1990年实测和BS修正前后（a）降水、（b）最高气温、（c）最低气温月过程比较

2. 气温变化趋势

气候变化A2和B2情景下，1991—2100年黑河全流域平均气温较基准年（1961—1990年）均呈极为明显的上升趋势（图7-15）。按年代季分析，2020s（2011—2040年）A2和B2情景较基准年增温趋势较为一致，平均增加1.6℃左右；2050s（2041—2070年）A2情景增温更明显，平均增加3.1℃左右，A2和B2情景呈较为一致的增温趋势，平均增加3.0℃左右；2080s（2071—2100年）A2情景增温显著，平均增加5.2℃左右，B2情景平均增加4.0℃左右。按季节分析，根据黑河全流域1991—2100年月平均气温的Mann-Kendall（以下简称MK）趋势检验（图7-16），可知：四季气温均呈显著增加趋势，夏季增温幅度最大，春季增温幅度最小；A2情景均比B2情景增幅大。按区域分析（表7-22至表7-24），上游、中游、下游地区温度年代平均增幅递增约0.1℃左右。

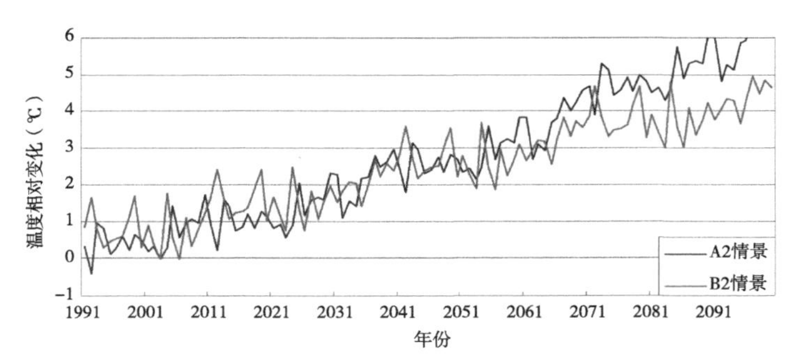

图7-15　气候变化A2和B2情景下1991—2100年黑河全流域逐年年平均温度相对变化（与1961—1990年相比）

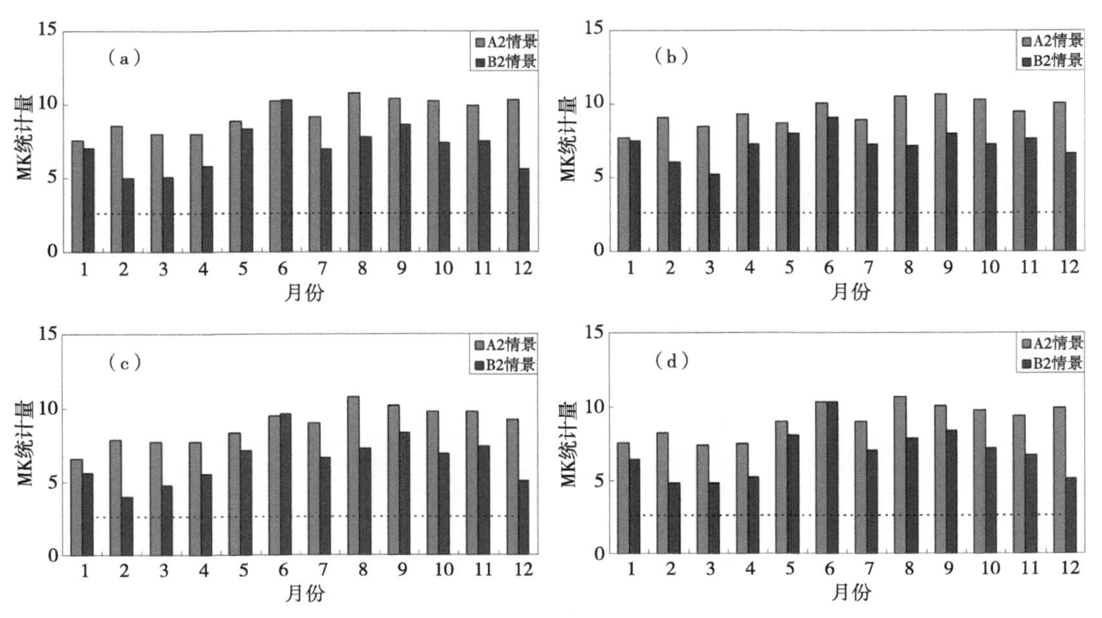

图7-16　气候变化A2和B2情景下1991—2100年（a）黑河全流域、（b）上游、（c）中游及（d）下游地区月平均温度MK趋势（虚线分别表示α=0.01的显著性水平临界值）

由上可见，A2情景作为一种假设的高排放情景，比B2情景增温更为剧烈；气候变化A2与B2情景下的1991—2100年，黑河全流域夏季出现高温的可能性增加；上游、中游、下游地区温度年代平均增幅递增。

3. 降水变化趋势

气候变化A2和B2情景下，1991—2100年黑河全流域年逐年降水量较基准年（1961—1990年）呈明显的上升趋势（表7-21）。按年代季分析，2020s（2011—2040年）A2和B2情景较基准年增加趋势一致，平均增加15%；2050s（2041—2070年）A2情景增加更明显，平均增加30%，A2和B2情景呈较为一致的增加趋势，平均增加27%；2080s（2071—2100年）A2情景增加显著，平均增加51%，B2情景平均增加33%。从绘制气候变化A2和B2情景下1991—2100年黑河全流域逐年年降水量（图7-17），根据10年滑动平均可看出黑河全流域年降水量是呈增加趋势，以2080s增加较为显著，其中超过P80（80%不超过的概率）的年份即丰水年明显增多且年降水量数值也增大。按季节分析，根据黑河全流域1991—2100年月平均降水量的Mann-Kendall（以下简称MK）趋势检验（图7-18），可知：四季气温均呈显著增加趋势，秋、冬季增加幅度大，春、夏季增加幅度小；且A2情景均比B2情景增幅大。按区域分析（表7-22至表7-24），上游、中游、下游地区降水年代平均增幅递增。

综上所述，气候变化A2与B2情景下的1991—2100年，黑河全流域多年平均降水量较基准年有所增加，但其时空分布变化较大，且A2情景均比B2情景增幅大，上游、中游、下游地区降水年代平均增幅递增。

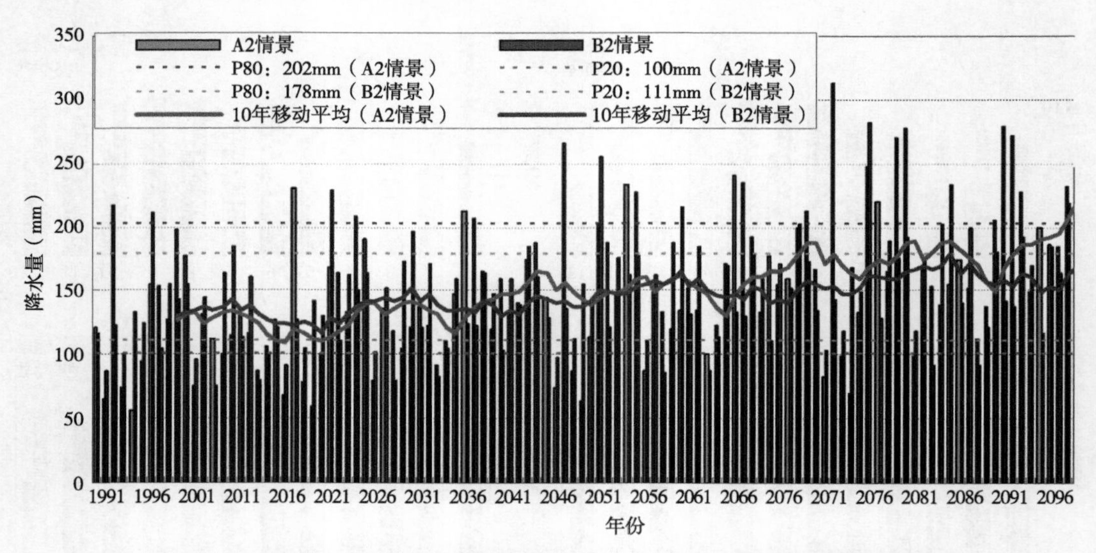

图7-17 气候变化A2和B2情景下1991—2100年黑河全流域逐年年降水量

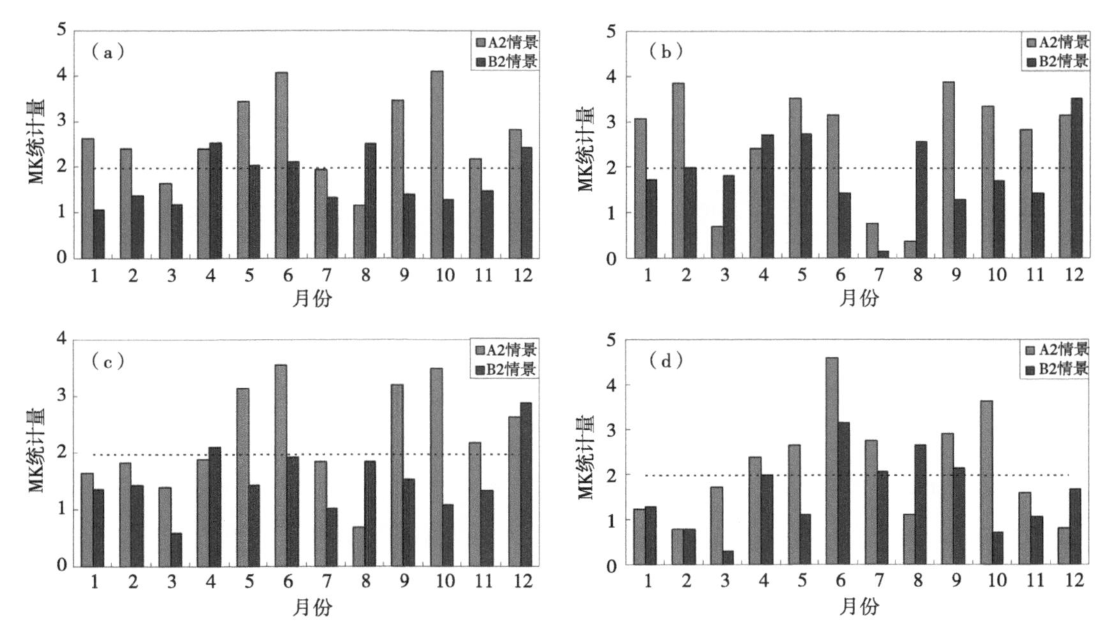

图7-18 气候变化A2和B2情景下1991—2100年（a）黑河全流域、（b）上游、（c）中游及（d）下游地区月平均降水量MK趋势（虚线分别表示α=0.05的显著性水平临界值）

二、水资源变化预估

1. 研究方法

本研究共收集黑河流域及其周边17个气象站点1951年1月至2008年4月逐日降水量、日最高气温、日最低气温值。黑河流域内气象站点包括内蒙古的额济纳旗、吉诃德站点；甘肃省的梧桐沟、鼎新、金塔、酒泉、高台、临泽、张掖、肃南、山丹、民乐站点；青海省的托勒、野牛沟、祁连站点。黑河流域周边站点包括内蒙古的拐子湖和甘肃省的马鬃山站点。

研究采用距离反比加权的方法将站点数据插值到网格上。网格分辨率为0.125°×0.125°，相当于10km×10km。插值中不考虑地形对降水的影响，但考虑了高程对气温的影响，依据高程每增加100m气温约下降0.65℃的关系，先将气象站点处的气温各自垂直演算到与网格同高程处的气温，再将同一高度场上的气温进行插值计算。插值范围采用动态搜索的方法，将距网格中心最近的3个测站作为每个网格的插值站点。如果网格内包含3个以上站点，则取其内所有站点的平均值作为该网格的值。

（1）气候地理参数确定。气候地理参数意义和确定方法见表7-11。

表7-11 VIC模型各计算网格气候地理参数

参数	单位	描述	确定
lat	°	网格中心纬度	根据网格划分设定
lon	°	网格中心经度	根据网格划分设定
elev	m	网格平均高程	由1：25万地形图计算
avg_T	℃	平均土壤温度，土壤热通量的下边界	由1951—2008年实测站点数据计算
annual_prec	mm	年平均降水量	由1951—2008年实测站点数据计算

DEM是基于1：25万地形图制作的，多年平均降水量和多年日平均气温是基于1951—2008年流域17个基本气象站的站点数据，通过距离加权插值而成的。

（2）植被参数确定。模型的植被参数由两部分组成：网格植被类型和植被参数库。

网格植被类型：网格植被类型列出了每个网格所包含的植被类型数目、比例、根系分布及逐月叶面积指数（LAI）过程，见表7-12。网格的植被类型是基于Maryland大学发展的全球1km土地覆盖数据来确定的，分为11种土地覆盖类型，包括常绿落叶林、落叶阔叶林、常绿针叶林、落叶针叶林、混交林、林地、林地草原、密灌丛、灌丛、草原、耕地。不同类型植被的根系分布如表7-13所示。

表7-12 VIC模型各计算网格植被参数

参数	单位	描述	确定方法
Grid_cell	N/A	网格序号	自动分配
vegetat_type_num	N/A	网格内植被类型的个数	由1km×1km土地覆盖类型确定
veg_class	N/A	植被分类号	
Cv	fraction	此类植被覆盖占网格的面积比例	
root_depth	m	根区分层深度	采用植被根系分层比例表的值
root_fract	fraction	根系所占当前层的比例	
LAI		植被类型的叶面积指数	采用植被分类及部分参数表的值

表7-13 植被根系分层比例

序号	植被类型	第一层厚度（m）	第一层的比例	第二层厚度（m）	第二层的比例	第三层厚度（m）	第三层的比例
1	常绿针叶林	0.1	0.05	1	0.45	5	0.5
2	常绿阔叶林	0.1	0.05	1	0.45	5	0.5
3	落叶针叶林	0.1	0.05	1	0.45	5	0.5

序号	植被类型	第一层厚度（m）	第一层的比例	第二层厚度（m）	第二层的比例	第三层厚度（m）	第三层的比例
4	落叶阔叶林	0.1	0.05	1	0.45	5	0.5
5	混交林	0.1	0.05	1	0.45	5	0.5
6	林地	0.1	0.1	1	0.65	1	0.25
7	林地草原	0.1	0.1	1	0.65	1	0.25
8	密灌丛	0.1	0.1	1	0.65	0.5	0.25
9	灌丛	0.1	0.1	1	0.65	0.5	0.25
10	草原	0.1	0.1	1	0.7	0.5	0.2
11	耕地	0.1	0.1	0.75	0.6	0.5	0.3

注：此处的三层厚度与VIC模型中的三层土壤厚度不同。VIC模型通过线性插值重新计算三层土壤中的根系分布，根系超过第三层土壤底部的部分都被记入第三层土壤内。

植被参数库：植被参数库中包含所有植被类型的相关参数，当网格中包含某类植被时，就取用相应的参数，见表7-14。参数的确定参考LDAS（Land Data Assimilation System）的成果，植被分类及部分参数见表7-15。

表7-14　VIC模型植被库参数

参数	单位	描述	确定方法
Veg_class	N/A	植被类型分类号（植被库文件参考指数）	采用植被分类及部分参数表的值
Overstory	N/A	显示当前的植被类型是否有上层树冠（如树木为真，草地为假）	
Rarc	s/m	每种植被类型的建筑阻力（-2s/m）	
Rmin	s/m	每种植被类型的最小气孔阻力（-100s/m）	
LAI		每种植被类型的叶面积指数	
Albedo	fraction	每种植被类型的短波反射率	
Rough	m	每种植被糙率长度（典型的：0.123 × 植被高度）	
Displacement	m	每种植被位置高度（典型的：0.67 × 植被高度）	
Wind_h	m	最高风速所测得值	
RGL	W/m^2	当透射时，最小入射短波辐射。对树木是30，对庄稼是100	
Rad_atten	fraction	辐射衰减因子，一般设置在0.5，对高纬度需要调整	
Wind_atten	fraction	通过上层林冠的风速衰减，缺省值为0.5	
Trunk_ratio	fraction	树干（无树枝）与树高的比率，缺省值为0.2	
Comment	N/A	植被的备注行	

表7-15 植被分类及部分参数

序号	植被类型	反照率	最小气孔阻抗（sm^{-1}）	叶面指数	糙率（m）	零平面位移（m）
1	常绿针叶林	0.12	250	3.40 ~ 4.40	1.476 0	8.040
2	常绿阔叶林	0.12	250	3.40 ~ 4.40	1.476 0	8.040
3	落叶针叶林	0.18	150	1.52 ~ 5.00	1.230 0	6.700
4	落叶阔叶林	0.18	150	1.52 ~ 5.00	1.230 0	6.700
5	混交林	0.18	200	1.52 ~ 5.00	1.230 0	6.700
6	林地	0.18	200	1.52 ~ 5.00	1.230 0	6.700
7	林地草原	0.19	125	2.20 ~ 3.85	0.495 0	1.000
8	密灌丛	0.19	135	2.20 ~ 3.85	0.495 0	1.000
9	灌丛	0.19	135	2.20 ~ 3.85	0.495 0	1.000
10	草原	0.20	120	2.20 ~ 3.85	0.073 8	0.402
11	耕地	0.10	120	0.02 ~ 5.00	0.006 0	1.005

叶面积指数确定方法：本研究利用SPOT-VGT NDVI遥感数据下载自中国西部环境与生态科学数据中心（http://westdc.westgis.ac.cn/），时间范围为1998年4月至2007年12月，共345幅图像。由欧洲联盟委员会赞助的Vegetation传感器于1998年3月搭载SPOT-4升空，从1998年4月开始接收用于全球植被覆盖观测的SPOT Vegetation数据，该数据由瑞典的Kiruna地面站负责接收，由位于法国Toulouse的图像质量监控中心负责图像质量并提供相关参数（如定标系数），最终由比利时佛莱芒技术研究所（Flemish Institute for Technological Research，Vito）vegetation影像处理中心（Vegetation Processing Centre，CTIV）负责预处理成逐旬1km全球数据。预处理包括大气校正、辐射校正、几何校正，生成了10d最大化合成的NDVI数据，并将-1 ~ -0.1的值设置为-0.1，再通过公式$DN=(NDVI+0.1)/0.004$转换到0 ~ 250的DN值。将该345幅空间分布图中同一年中属相同月份的若干幅旬NDVI空间分布图按对应栅格单元进行算术统计平均，以此来表征流域在年内此月的NDVI空间分布。

根据归一化植被指数和叶面积指数的关系研究建立计算叶面积指数经验模型如下：

$$LAI_i = LAI_{max} \times \frac{NDVI_i - NDVI_{min}}{NDVI_{max} - NDVI_{min}} \tag{7-9}$$

式中，LAI_{max}为模型计算范围内最大的LAI，参考VIC模型的参数范围确定；max，min和i分别对应$NDVI$最大值、最小值以及第i月的值。最大、最小归一化值被指数从1998—2007年遥感影像图中获得，最大叶面积指数采用VIC模型提供的参考叶面积指数。根据LAI-NDVI模型计算出黑河流域各月叶面积指数分布。

（3）土壤参数确定。土壤参数的确定采用基于土壤类型查表和直接计算相结合的方法。土壤类型、土壤含砂量及土壤黏土含量基于Reynolds等（1999）发展的10km×10km土壤数据库设定，共分12种土壤质地类型。土壤数据分为上下两层，0～30cm为上层，30～100cm为下层，本研究建立的VIC模型中d1层的参数取上层的值，d2和d3层的参数取下层的值。基于土壤类型查表的参数确定参考了Cosby等、Rawls等的工作，表7-16列出了部分查表参数的取值。表7-17为各计算网格土壤参数表，研究中采用Saxton（1986）的公式计算土壤饱和水力传导度、土壤临界含水量和凋萎含水量。

表7-16　土壤分类及部分参数

序号	土壤质地	饱和水力传导度变率（2b+3）	气泡压力（cm）	总体密度（kg/m^3）	残留含水量
1	沙土	11.20	6.9	1 490	0.020
2	壤质沙土	10.98	3.6	1 520	0.035
3	沙壤土	12.68	14.1	1 570	0.041
4	粉质壤土	10.58	75.9	1 420	0.015
5	粉土	9.10	75.9	1 280	0.015
6	壤土	13.60	35.5	1 490	0.027
7	沙质黏壤土	20.32	13.5	1 600	0.068
8	粉质黏壤土	17.96	61.7	1 380	0.040
9	黏壤土	19.04	26.3	1 430	0.075
10	沙质黏土	29.00	9.8	1 570	0.056
11	粉质黏土	22.52	32.4	1 350	0.109
12	黏土	27.56	46.8	1 390	0.090

表7-17　VIC模型各计算网格土壤参数

参数	单位	描述	确定
expt	N/A	饱和水力传导度变率（2b+3）	采用土壤分类及部分参数表的值
Ksat	mm/d	饱和水力传导率	采用Saxton公式计算
phi_s	mm/mm	土壤含水扩散系数	采用缺省默认值
init_moist	mm	初始含水量	首次运行采用临界含水量
dp	m	土壤热阻尼深度（一年中温度为常数的深度，4m）	取值为4
bubble	cm	土壤气泡压力	采用土壤分类及部分参数表的值
quartz	fraction	土壤含沙量	来自10km×10km的土壤数据

（续表）

参数	单位	描述	确定
bulk_density	kg/m^3	总体密度	采用土壤分类及部分参数表的值
soil_density	kg/m^3	土壤颗粒密度	取2 685kg/m^3
off_gmt	h	时区补偿值	取值为8（东八区）
Wcr_FRACT	fraction	在临界点（70%）每个土壤含水量层的部分土壤含水量（最大含水量因子）	采用Saxton公式计算
Wpwp_FRACT	fraction	在凋萎点每个土壤含水量层的部分土壤含水量（最小含水量因子）	采用Saxton公式计算
rough	m	裸土的地表糙率	取值为0.001
snow_rough	m	雪带的地表糙率	取值为0.000 5
resid_moist	fraction	土层剩余含水量	采用土壤分类及部分参数表的值

注：Saxton公式如下

$A=exp(-4.396-0.0715\times clay-4.88\times10^{-4}\times sand^2-4.285\times10^{-5}\times sand^2\times clay)$；

$B=-3.140-0.00222\times clay^2-3.484\times10^{-5}\times sand^2\times clay$；$SAT=0.332-7.251\times10^{-4}\times sand+0.1276\times Lg(clay)$；

$Wcr=0.75\times(0.3333/A)^{(1.0/B)}$；$Pwp=(15.0/A)^{(1.0/B)}$。

（4）水文参数确定。对于有水文资料的流域，确定水文参数一般采用率定的方法。对于无资料地区水文参数的移植可采用同一气候区相近流域直接移用，也可以通过研究水文参数的区域规律，建立水文参数与土壤、气象因子相关的移用公式来确定。在本研究中先通过有水文资料的流域率定出流域水文参数，再将率定参数移用到整个研究区域范围上，完成各网格水文参数的确定。VIC模型各计算网格水文参数意义，见表7-18。

表7-18　VIC模型各计算网格水文参数

参数	单位	描述	确定
B	N/A	饱和容量曲线参数（B）	采用实测水文资料进行率定或参数移用
Ds	fraction	非线性基流发生时占Dsmax的比例	
Dm	mm	基流日最大出流	
Ws	fraction	非线性基流发生时占最大含水量的比例	
C	N/A	在下渗曲线中所用的指数	取值2
d1	m	第一层土层厚度	取值0.1
d2	m	第二层土层厚度	采用实测水文资料进行率定或参数移用
d3	m	第三层土层厚度	

VIC模型水文参数率定方法：参数率定方案为，以流域日降水量和日最高气温、最

低气温资料作输入，模拟逐个计算网格的蒸散发和产流，并用汇流程序汇集流域内网格的产流，输出流域出口的模拟流量。根据实测日流量资料率定VIC水文模型参数。实测流量系列分为两部分，一部分用于率定，另一部分用于检验率定结果。模型输入的降水和气温数据系列起始时间比率定期提前一年，这一年数据用于初始化土壤含水量，不参加参数率定。

水文参数优化采用基于Rosenbrock算法（Rosenbrock，1960）与人工干预相结合的方法。人工干预就是根据各参数的物理意义和合理的取值范围，结合流域特性确定各参数的初始值，以及对优化结果进行合理性判断和最终参数的选择。

Rosenbrock算法是一种直接的非线性规划方法，通过计算和比较目标函数值，通过迭代步骤比较简单，对目标函数的解析性质没有苛刻要求，甚至函数可以不连续。由于流域水文模型参数的优化具有多参数同时优化、目标函数难以用模型参数表达和不可能通过目标函数对参数求导求解最优值等特点，所以Rosenbrock算法在水文模型参数优选中得到了广泛的应用。Rosenbrock算法把各搜索方向排成一个正交系统，在完成一个坐标搜索循环之后进行改善，当所有坐标轴搜索完毕并求得最小的目标函数值时迭代结束，步骤如下。

第一，根据Rosenbrock方法的原理，将VIC模型水文参数中的6个（B、$D1$、$D2$、Dm、Ds、Ws）对应于坐标轴方向$X1$、$X2$、$X3$、$X4$、$X5$、$X6$，轮流进行搜索寻优。方便起见，采用固定步长（$\lambda 1$、$\lambda 2$、…、$\lambda 6>0$）和固定搜索方向（坐标轴方向）。变量的初值分别为$X1(0)$、$X2(0)$、…、$X6(0)$。变量的取值范围分别为$X1(\min) \sim X1(\max)$、$X2(\min) \sim X2(\max)$、…、$X6(\min) \sim X6(\max)$。将$X1(0)$、$X2(0)$、…、$X6(0)$代入模型，计算初始目标函数值$F0$。

第二，改变$X1$变量，保持其他变量为不变进行搜索，即$X1(1)=X1(0)+\lambda 1$、$X2(1)=X2(0)$、…、$X6(1)=X6(0)$。计算目标函数值$F1$。如果$F1<F0$，则继续改变$X1$，直到$Fk \geqslant Fk-1$或$X1(k)>X1(\max)$；否则，反向搜索，即$X1(1)=X1(0)-\lambda 1$、$X2(1)=X2(0)$、…、$X6(1)=X6(0)$，如果$F1<F0$，则继续改变$X1$，直到$Fk \geqslant Fk-1$或$X1(k)<X1(\max)$。最后令$X1(0)=X1(k-1)$，$F0=Fk-1$。这样就完成了一个变量的搜索。

第三，对$X2$、…、$X6$变量，重复（2）的操作，完成一个阶段的搜索。

第四，基于上一阶段的结果，进行下一阶段的搜索。直到精度满足优化计算收敛标准，退出计算。收敛标准有两个：前后两次寻优的目标函数值之差小于给定的值，如$\Delta F \leqslant 10^{-7}$；等于最大允许迭代次数，如$k$=5 000次。

参数优化的总目标是尽量减少模型模拟的流量和实测流量的相对误差，同时提高日径流过程的效率系数。用Rosenbrock方法调试参数时，输出每一调试结果并绘制模拟和实测日径流的过程线，以便人工判断参数的合理性。

参数优化目标函数计算公式如下。

第一，反映总量精度的多年径流相对误差Er（%）：

$$Er = \left(\overline{Q}_c - \overline{Q}_o\right) / \overline{Q}_o \tag{7-10}$$

式中，$\overline{Q}_o$和$\overline{Q}_c$分别为实测和模拟多年平均年径流量，以深度单位（mm）表示。

第二，反映流量过程吻合程度的模型效率系数Ce：

$$Ce = \frac{\sum\left(Q_{i,o} - \overline{Q}_o\right)^2 - \sum\left(Q_{i,c} - Q_{i,o}\right)^2}{\sum\left(Q_{i,o} - \overline{Q_o}\right)^2} \tag{7-11}$$

式中，$Q_{i,o}$和$Q_{i,c}$分别为实测和模拟的流量系列（m^3/s）。

黑河流域VIC模型水文参数率定结果：本研究利用黑河干流莺落峡水文站的实测流量资料率定水文参数，考虑到黑河流域其他支流流量资料缺乏及流域水文的实际情况，将率定的水文参数直接移用到整个黑河流域。莺落峡以上流域及模拟网格如图7-19所示。研究选用莺落峡站1980—1992年日流量资料进行参数的率定（图7-20），同时选用1993—2000年的资料进行验证（图7-21）。经参数率定，得到黑河莺落峡站以上流域水文参数如表7-19所示，模型模拟结果见表7-20。

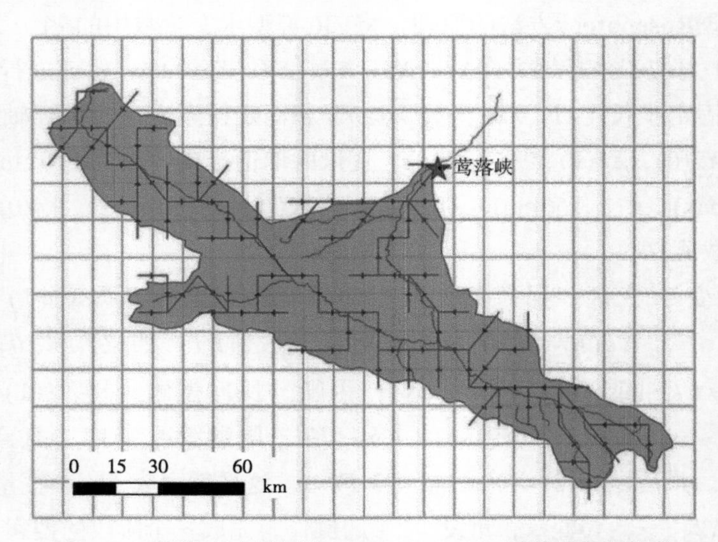

图7-19 莺落峡以上流域、0.125°×0.125°网格及河网概化

表7-19 黑河莺落峡以上流域VIC模型水文参数率定结果

参数	单位	描述	率定结果
B	N/A	饱和容量曲线参数（B）	0.29
Ds	fraction	非线性基流发生时占Dsmax的比例	0.062
Dm	mm	基流日最大出流	26
Ws	fraction	非线性基流发生时占最大含水量的比例	0.8

（续表）

参数	单位	描述	率定结果
C	N/A	在下渗曲线中所用的指数	2
d1	m	第一层土层厚度	0.1
d2	m	第二层土层厚度	0.16
d3	m	第三层土层厚度	0.17

表7-20　莺落峡站VIC模型模拟结果

		相对误差Er（%）	效率系数Ce
日	率定期	5.3	0.74
	检验期	7.3	0.77
月	率定期	5.3	0.84
	检验期	7.3	0.88

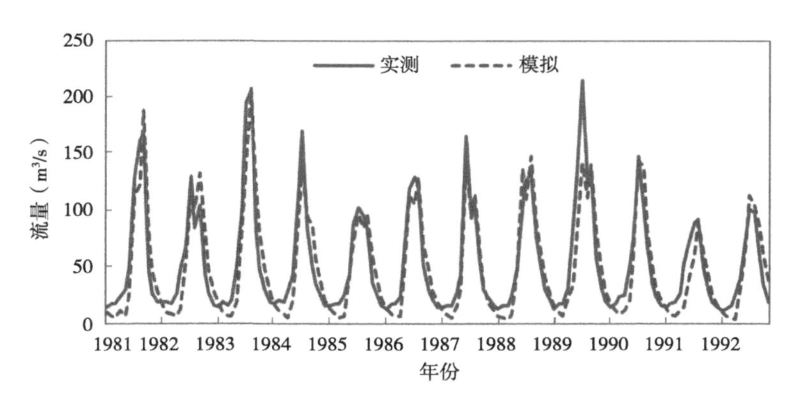

图7-20　黑河莺落峡站率定期（1980—1992年）月流量过程与实测流量过程比较

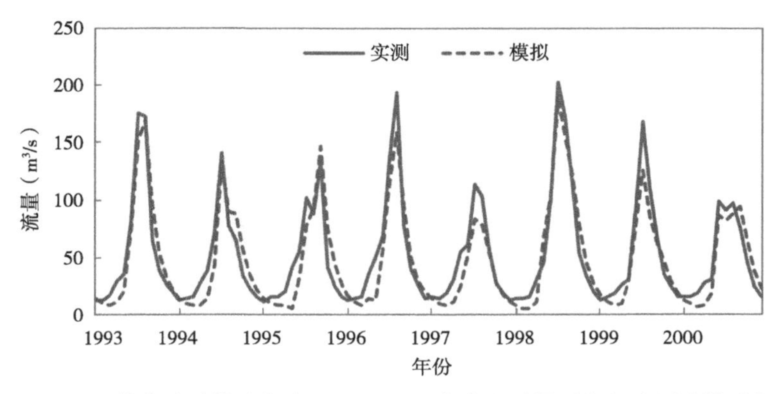

图7-21　黑河莺落峡站检验期（1993—2000年）月流量过程与实测流量过程比较

结果表明，VIC模型率定期和检验期的相对误差分别为5.3%和7.5%，日过程效率系数分别为0.74和0.77，月过程效率系数分别为0.84和0.88。可见，本研究建立的VIC模型能够较好地模拟黑河流域的水文过程，可以基于VIC模型构建气候变化对黑河流域水文水资源影响的评价模型。

2. 水资源变化

根据模型输出结果，采用径流深指标来代表区域水资源变化状况。气候变化A2和B2情景下，1991—2100年黑河全流域多年平均径流深较基准年（1961—1990年）均呈上升趋势（表7-21）。按年代季分析，2020s（2011—2040年）A2和B2情景较基准年增加趋势一致，平均增加4%；2050s（2041—2070年）A2情景增加明显，平均增加18%，B2平均增加8%；2080s（2071—2100年）A2情景增加显著，平均增加42%，B2情景平均增加15%。按季节分析，根据黑河全流域1991—2100年月平均降水量的Mann-Kendall（以下简称MK）趋势检验（图7-22），可知：A2情景平均径流深增加显著，春、秋季增加幅度大；B2情景平均径流深增加不显著，春季增加幅度较大；且A2情景比B2情景增幅大。按区域分析（表7-22至表7-24），上游地区多年平均径流深呈下降趋势，除春季上升外，其他季节多年平均径流深都在减少；而中游与下游地区多年平均径流深A2情景下显著增加，B2情景下也呈增加趋势。

综上所述，气候变化A2与B2情景下的1991—2100年，黑河全流域多年平均径流深较基准年有所增加，但其时空分布变化较大，且A2情景均比B2情景增幅大，上游地区多年平均径流深呈下降趋势，而中游与下游地区多年平均径流深呈增加趋势。

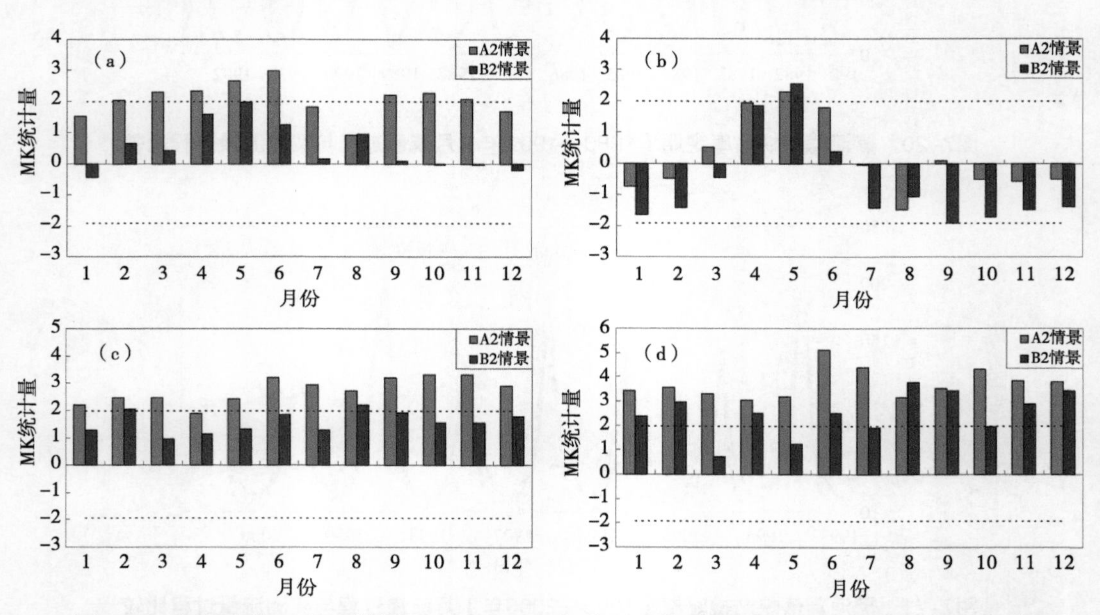

图7-22　气候变化A2和B2情景下1991—2100年（a）黑河全流域、（b）上游、（c）中游及（d）下游地区月平均径流深MK趋势（虚线分别表示α=0.05的显著性水平临界值）

表7-21　气候变化A2和B2情景下2020s、2050s和2080s黑河全流域多年平均温度、降水和径流季节变化（相对于1961—1990年）

气候变化情景	年代	温度变化（℃）					降水变化（%）					径流变化（%）				
		年	春	夏	秋	冬	年	春	夏	秋	冬	年	春	夏	秋	冬
A2情景	2020s	1.5	1.3	1.7	1.5	1.5	15	11	11	33	22	5	5	7	13	−17
	2050s	3.1	2.7	3.4	3.1	3.0	30	17	23	69	47	18	16	14	36	−5
	2080s	5.2	4.6	5.9	5.3	5.1	51	26	40	117	78	42	29	30	76	14
B2情景	2020s	1.7	1.5	1.9	1.7	1.7	15	15	13	18	41	3	11	1	8	−10
	2050s	2.9	2.5	3.3	2.8	2.8	24	24	21	28	63	8	21	5	13	−5
	2080s	4.0	3.4	4.6	4.0	3.9	33	32	29	38	88	15	32	11	19	0

表7-22　气候变化A2和B2情景下2020s、2050s和2080s黑河上游地区多年平均温度、降水和径流季节变化（相对于1961—1990年）

气候变化情景	年代	温度变化（℃）					降水变化（%）					径流变化（%）				
		年	春	夏	秋	冬	年	春	夏	秋	冬	年	春	夏	秋	冬
A2情景	2020s	1.4	1.3	1.5	1.5	1.4	5	9	2	10	16	−4	5	−2	−5	−13
	2050s	2.9	2.6	3.0	3.1	2.9	10	15	6	21	37	−8	8	−6	−11	−17
	2080s	4.9	4.5	5.1	5.3	4.9	17	23	10	35	63	−11	12	−10	−15	−23
B2情景	2020s	1.6	1.4	1.7	1.6	1.7	6	12	4	4	24	−5	8	−6	−6	−10
	2050s	2.6	2.3	2.9	2.7	2.8	10	20	7	8	39	−8	14	−8	−12	−14
	2080s	3.7	3.2	4.0	3.8	3.9	14	28	9	11	57	−10	21	−10	−17	−19

表7-23　气候变化A2和B2情景下2020s、2050s和2080s黑河中游地区多年平均温度、降水和径流季节变化（相对于1961—1990年）

气候变化情景	年代	温度变化（℃）					降水变化（%）					径流变化（%）				
		年	春	夏	秋	冬	年	春	夏	秋	冬	年	春	夏	秋	冬
A2情景	2020s	1.5	1.3	1.7	1.5	1.4	13	12	9	26	15	18	5	24	34	−21
	2050s	3.0	2.6	3.4	3.0	2.9	26	20	19	53	36	45	19	45	79	6
	2080s	5.1	4.4	5.7	5.2	4.9	44	31	33	90	60	84	36	76	147	33
B2情景	2020s	1.7	1.3	2.0	1.6	1.5	13	19	12	8	36	7	7	11	13	−21
	2050s	2.8	2.3	3.3	2.8	2.6	22	31	19	12	57	19	21	24	23	−12
	2080s	3.8	3.2	4.5	3.9	3.6	30	43	26	17	83	32	38	39	35	−3

表7-24 气候变化A2和B2情景下2020s、2050s和2080s黑河下游地区多年平均温度、降水和径流季节变化（相对于1961—1990年）

气候变化情景	年代	温度变化（℃）					降水变化（%）					径流变化（%）				
		年	春	夏	秋	冬	年	春	夏	秋	冬	年	春	夏	秋	冬
A2情景	2020s	1.5	1.3	1.8	1.6	1.5	35	14	69	88	37	48	0	42	220	-21
	2050s	3.1	2.7	3.7	3.2	3.1	71	18	60	181	63	153	33	112	550	36
	2080s	5.3	4.6	6.2	5.5	5.3	120	25	102	308	105	335	75	236	11 30	155
B2情景	2020s	1.7	1.5	2.1	1.8	1.7	32	17	30	54	58	50	17	35	190	0
	2050s	2.9	2.5	3.5	2.9	2.8	52	22	51	86	84	102	42	77	330	45
	2080s	4.1	3.5	4.9	4.1	3.9	72	28	71	115	126	158	58	123	470	91

三、干旱/洪涝风险

研究表明，气候变化不但影响气候均值的变化，对洪水和干旱等极端水文事件发生的频率和强度也有影响。本节将重点讨论，气候变化对黑河流域极端水文事件的影响。黑河为内陆河流域，莺落峡是黑河上游和中游的分界点，也是黑河的出山控制断面，其水文过程的变化有较好的代表性，因此本研究选取莺落峡断面，研究气候变化对黑河流域极端水文事件的影响。同时，还选取位于中游的平川灌区断面进行分析，为试验示范进行适应技术研究提供支持。莺落峡和平川灌区断面位置以及相应的集水区如图7-23所示。

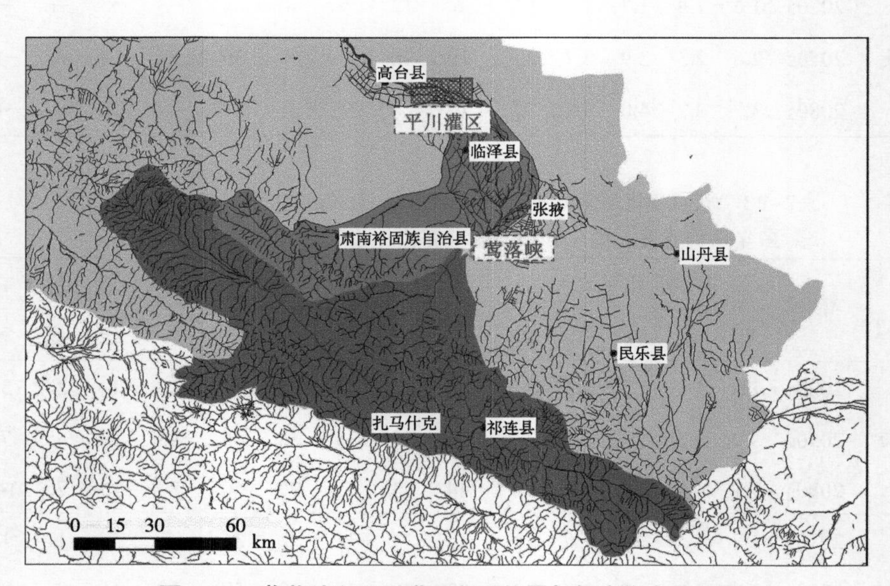

图7-23 莺落峡和平川灌区断面位置与相应集水区分布

注：深灰色代表莺落峡以上断面，中灰色代表平川灌区以上断面，浅灰色代表相应集水区。

1. 气候变化风险

气候情景的分析主要是对A2和B2情景下，2020s（2011—2040年）、2050s（2041—2070年）和2080s（2071—2100）3个30年的平均气候状态与基准年（1961—1990年）的比较。从总体上对黑河干流上中游未来气候的可能变化进行预估。从表7-25中可知，莺落峡和平川灌区断面，未来气候变化的趋势一致；不论在A2，还是B2情景下，就单个气候变量来说，降水、最高气温、最低气温和蒸发都较基准年有所增加，A2情景增加幅度要更大一些。2080s，莺落峡以上流域，A2情境下，降水、最高气温、最低气温和蒸散发可能较基准年分别增加11.2%、4.6℃、4.9℃和34.2%；B2情景下则分别为9.3%、3.5℃、3.7℃和28.0%；平川灌区以上流域，A2情境下，降水、最高气温、最低气温和蒸散发可能较基准年分别增加13.6%、4.8℃、5.9℃和33.9%；B2情景下则分别为11.0%、3.6℃、4.7℃和27.5%。显然A2和B2情景下，降水和蒸散发都在增加，表明黑河流域的水文循环将比基准年更加剧烈，大气陆面水文变量的交换也更加频繁，从而影响该区域的水文和水资源。

表7-25　A2、B2模式下不同年代相对于基准年的降水，最高气温、最低气温、蒸散发的变化

流域	年代		降水（%）	最高气温（℃）	最低气温（℃）	蒸散发（%）
莺落峡以上	A2	2020s	3.2	1.3	1.4	10.1
		2050s	6.5	2.7	2.9	20.8
		2080s	11.2	4.6	4.9	34.2
	B2	2020s	4.0	1.5	1.6	12.5
		2050s	6.8	2.5	2.7	20.7
		2080s	9.3	3.5	3.7	28.0
平川灌区以上	A2	2020s	3.9	1.4	2.3	9.9
		2050s	8.0	2.8	3.8	20.5
		2080s	13.6	4.8	5.9	33.9
	B2	2020s	4.8	1.5	2.5	12.2
		2050s	8.0	2.6	3.6	20.3
		2080s	11.0	3.6	4.7	27.5

2. 流量的年代际变化

河道流量是流域水文循环的重要变量，是气候变化对流域水文循环影响的直接反映，也是流域水资源量直接反映。从表7-26来看，A2和B2情景下，莺落峡和平川灌区断面年径流量和汛期径流量都较基准年呈持续减少态势。2020s，莺落峡断面在A2和B2情景下年径流分别减少6.3%和7.4%；平川灌区断面在A2和B2情景下年径流分别减少6.6%和8.1%。2080s，莺落峡断面在2和B2情景下年径流分别减少19.7%和15.7%；平川灌区断面在A2和B2情景下年径流分别减少20.9%和17.1%。上述结果说明，气候变化情景下，黑河上、中游河道水量总体将减少。

表7-26 各年代际年径流量与基准年比较（%）

断面		年代	年径流量变化	汛期径流量变化
莺落峡		基准年	—	—
	A2	2020s	−6.3	−4.7
		2050s	−12.6	−11.2
		2080s	−19.7	−17.8
	B2	2020s	−7.4	−6.9
		2050s	−12.0	−11.1
		2080s	−15.7	−14.1
平川灌区		基准年	—	—
	A2	2020s	−6.6	−5.2
		2050s	−13.4	−12.6
		2080s	−20.9	−20.0
	B2	2020s	−8.1	−8.1
		2050s	−13.1	−12.9
		2080s	−17.1	−16.4

3. 流量的年内变化

从表7-27、表7-28和图7-24可见，虽然莺落峡和平川灌区断面各年代际年径流总体呈减少的趋势，但是并非所有月份都是减少的，4月、5月、6月3个月的流量是比基准年增加的，其中4、5两个月显著增加。A2情景下4月的增加幅度比5月的大，B2情景下则正好相反。2020s莺落峡断面，A2和B2情景下，4月径流量增加幅度分别为27.9%和10.4%，5月分别为6.3%和17.4%；平川灌区断面，A2和B2情景下，4月径流量增加幅度分别为30.0%和11.6%，5月分别为4.8%和16.1%。2080s莺落峡断面，A2和B2情景下，4月径流量增加幅度分别为44.5%和22.3%，5月分别为17.8%和39.7%；平川灌区断面，A2和B2情景下，4月径流量增加幅度分别为47.4%和23.6%，5月分别为15.8%和37.6%。

从7月到翌年的3月，各气候变化情景下，莺落峡和平川灌区断面的月径流都呈持续减少趋势。2020s和2080s，减少幅度分别在10%和20%左右。

呈现上述变化的原因，可由图7-25给出解释。图7-25为莺落峡以上流域A2情景2080s多年月均降水、蒸散发、地面径流和基流与基准年的差值。从图中可以看出，降水的增加，以4月和9月为最大，蒸散发的增加以6—9月为最大，4月降水增加的量大于蒸散发，而9月则是小于蒸散发，这是造成4、5月径流增加的主要原因。蒸散发的增加主要引起基流的减少，而且基流的减少存在一定的滞后性，这也就是冬季在降水增加大于蒸散发的情况下，径流仍然持续减少的原因。

表7-27　各年代际月径流量与基准年比较（%）

断面	气候情景		1月	2月	3月	4月	5月	6月	7月	8月	9月	10月	11月	12月
莺落峡	A2	2020s	−14.2	−13.0	−9.9	27.9	6.3	5.6	−7.0	−10.8	−6.4	−11.0	−10.8	−9.9
		2050s	−19.6	−18.0	−13.2	35.9	12.1	1.2	−13.7	−19.8	−15.0	−18.9	−18.8	−17.0
		2080s	−27.4	−25.0	−14.9	44.5	17.8	−6.6	−20.4	−27.7	−23.0	−28.7	−28.3	−26.3
	B2	2020s	−12.7	−11.5	−8.2	10.4	17.4	3.6	−19.5	−6.7	−8.5	−8.7	−8.9	−8.1
		2050s	−17.6	−16.3	−11.2	16.8	28.6	2.3	−24.0	−13.3	−16.1	−15.4	−15.7	−14.3
		2080s	−22.4	−20.5	−12.4	22.3	39.7	0.4	−27.2	−17.9	−22.3	−21.7	−21.7	−20.0
平川灌区	A2	2020s	−15.6	−14.2	−11.0	30.0	4.8	6.7	−5.3	−9.9	−5.0	−10.3	−10.1	−9.3
		2050s	−20.3	−18.4	−13.6	38.3	10.2	2.9	−10.9	−17.9	−12.3	−17.3	−17.0	−15.6
		2080s	−26.7	−23.8	−14.0	47.4	15.8	−4.0	−16.2	−24.3	−18.0	−25.6	−25.0	−23.5
	B2	2020s	−13.9	−12.5	−9.0	11.6	16.1	4.1	−19.2	−4.9	−7.5	−7.7	−7.8	−7.3
		2050s	−18.5	−16.9	−11.8	17.9	26.9	3.2	−23.1	−10.5	−14.5	−13.9	−14.2	−13.2
		2080s	−22.8	−20.6	−12.5	23.6	37.6	1.7	−25.7	−14.1	−20.1	−19.8	−19.6	−18.3

表7-28　1991—2100年各月径流的M-K趋势

断面	气候情景	1月	2月	3月	4月	5月	6月	7月	8月	9月	10月	11月	12月
落峡	A2	−1.68	−1.59	−0.24	2.06	1.69	0.34	−0.96	−2.40	−1.57	−1.61	−1.67	−1.55
	B2	−2.00	−1.81	−1.08	2.55	2.11	−0.09	−1.95	−1.72	−2.68	−2.68	−2.14	−2.12
平川灌区	A2	−1.48	−1.27	−0.09	1.94	2.23	0.74	−0.72	−2.60	−1.37	−1.28	−1.37	−1.28
	B2	−2.17	−1.97	−1.42	2.39	2.64	0.11	−2.08	−1.84	−2.91	−2.17	−2.19	−1.97

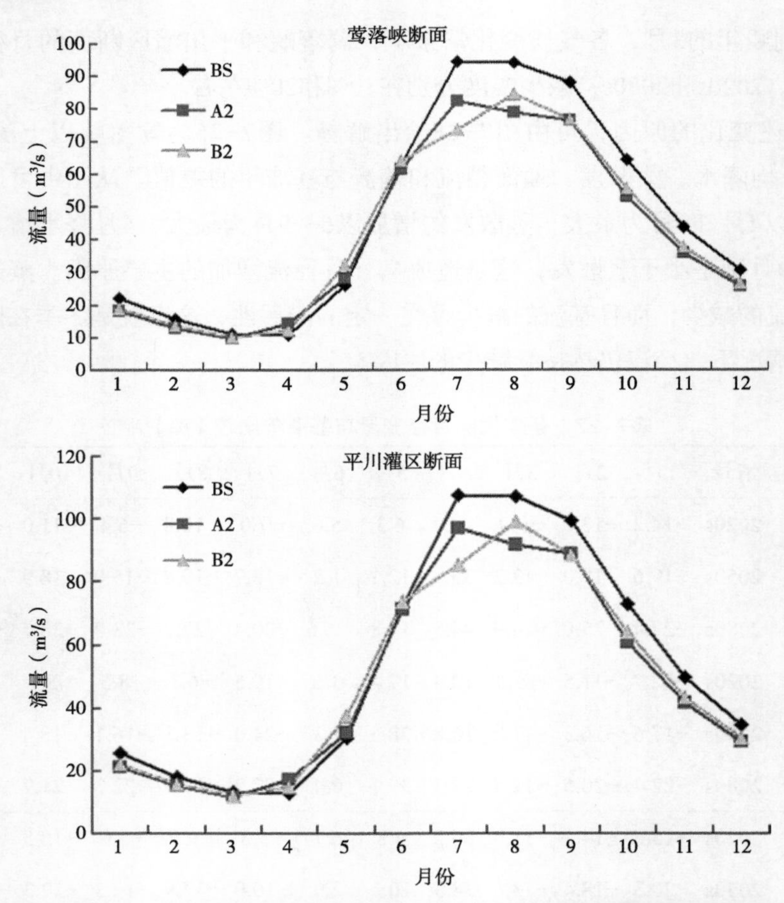

图7-24　基准年、A2和B2（1991—2100）月平均流量过程线比较

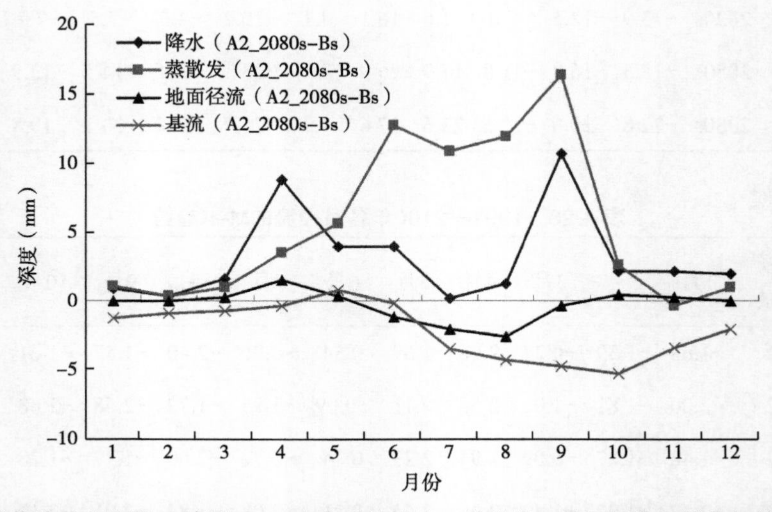

图7-25　莺落峡以上流域A2情景2080s多年月均降水、蒸散发、地面径流和基流与基准年的差值

4. 极端水文事件频次

极端水文事件的分析采用频率分析方法。首先在基准年、2020s、2050s和2080s中选取年最大日流量、年最小日流量和年径流量，各形成30年的分析序列，拟合P-Ⅲ型频率曲线，分析各年代上述变量的频率变化。

（1）年最大日流量。年最大日流量的分析，用于反映未来洪水发生的频率变化。从表7-29和彩图7-1来看，莺落峡和平川灌区断面不论在A2还是B2情景下，未来发生较基准年更大的洪水的可能性加大。例如，莺落峡断面，A2和B2情景下，2020s的20年一遇（5%）洪水的流量将分别比基准年增加41.8%和28.9%，10年一遇（10%）洪水的流量将分别比基准年增加33.2%和22.7%；2050s和2080s与2020s差别不大，略小一些。从另一个角度来看，基准年20年一遇的洪水，在A2和B2情景下，将可能成为10年一遇，这也表明洪水发生将更加频繁。在总体径流减少的情况下，出现洪水发生更加剧烈的情形，进一步表明气候变化将可能导致黑河流域的水文循环的加剧，使得一些集中的强降水出现的可能性增加，从而将可能进一步加剧流域水资源在时程上分配的不均匀性。

表7-29　不同年代际年最大日流量的频率计算结果与基准年的比较

断面	气候情景		5%	10%	25%	50%	75%	90%	95%
莺落峡	BS（m^3/s）		384	339	275	217	172	141	127
	A2（%）	2020s	41.8	33.2	19.5	7.5	1.8	4.1	8.8
		2050s	31.6	24.7	13.6	3.6	−1.6	−0.5	3.0
		2080s	31.3	21.2	5.3	−8.4	−14.7	−12.1	−7.2
	B2（%）	2020s	28.9	22.7	12.8	4.3	0.5	3.0	7.2
		2050s	28.6	21.7	10.7	0.9	−3.8	−1.9	2.0
		2080s	28.5	22.0	11.4	0.9	−6.0	−7.6	−6.2
平川灌区	BS（m^3/s）		556	467	346	250	190	159	148
	A2（%）	2020s	23.3	20.6	15.8	11.2	9.3	10.6	12.3
		2050s	24.0	20.2	13.7	7.8	5.9	8.5	11.0
		2080s	24.5	19.8	11.6	3.7	−0.0	1.5	3.7
	B2（%）	2020s	16.4	15.1	12.2	7.8	2.4	−2.2	−4.3
		2050s	18.6	16.3	11.8	5.9	0.1	−3.5	−4.7
		2080s	19.2	16.1	10.2	3.7	−1.0	−2.4	−2.0

（2）年最小日流量。年最小日流量的分析，用于反映未来枯水发生的频率变化。从表7-30和彩图7-2来看，莺落峡和平川灌区断面不论在A2还是B2情景下，虽然最小日流量的多年平均值略有增加，但是年最小日流量的Cv值也在增加，未来出现比基准年更小流量的可能性在增加。例如，平川灌区断面，A2情景下，2020s、2050s和2080s的90%保证率的最小日流量将分别较基准年变化-0.6%、-6.2%和-19.2%；B2情景下，2020s、2050s和2080s的90%保证率的最小日流量将分别较基准年变化2.6%、-3.2%和-3.9%。从另一个角度来看，基准年95%保证率的流量，在A2和B2情景下，将可能只有90%的保证率，这也表明枯水发生将更加频繁，而且A2情景的影响要比B2情景更大。从时间上看，枯水发生的时间在每年的3、4月，此时正是黑河流域农田春灌的时期，因此，在气候变化的情景下，灌溉用水不足的风险将进一步加大。

表7-30　不同年代际年最小日流量的频率计算结果与基准年的比较

断面	气候情景		5%	10%	25%	50%	75%	90%	95%
莺落峡	BS（m^3/s）		8.99	8.22	7.04	5.91	4.95	4.23	3.85
	A2（%）	2020s	24.4	21.9	17.6	12.3	6.6	1.4	−1.7
		2050s	20.1	17.4	12.3	6.0	−1.1	−8.0	−12.4
		2080s	3.9	4.5	4.4	1.9	−4.4	−14.5	−23.2
	B2（%）	2020s	6.1	4.9	2.6	0.0	−2.9	−5.5	−7.1
		2050s	4.7	4.9	4.6	3.1	−0.1	−5.0	−9.0
		2080s	1.2	1.9	2.4	1.8	−0.8	−5.4	−9.5
平川灌区	BS（m^3/s）		10.7	9.67	8.19	6.79	5.61	4.73	4.29
	A2（%）	2020s	31.3	27.0	19.8	11.8	4.6	−0.6	−2.8
		2050s	25.3	21.8	15.6	8.2	0.5	−6.2	−10.0
		2080s	19.4	15.6	8.7	−0.1	−9.8	−19.2	−25.0
	B2（%）	2020s	8.4	7.6	6.3	4.8	3.5	2.6	2.2
		2050s	2.8	2.5	1.7	0.5	−1.2	−3.2	−4.7
		2080s	2.4	2.3	1.8	0.7	−1.2	−3.9	−6.1

（3）年径流量。年径流量的分析，用于反映未来地表水资源的频率变化。从表7-31和彩图7-3来看，莺落峡和平川灌区断面的年径流量，在A2和B2情景下，有着不同的变化特点：A2情景下年径流的Cv值比基准年增加较大，而B2情景下Cv值接近基准年；A2情景下丰水年年径流量将可能增加，而B2情景下可能减少；对于平水年和枯水年的年径流量两种情景下都可能减少。例如，平川灌区断面，A2情景下，2020s、2050s和2080s的丰水年（10%）的年径流量将分别较基准年增加6.1%、2.3%和1.9%，

B2情景下，则分别减少2.4%、11.2%和17.6%；平水年（50%）的年径流量将分别较基准年减少9.2%、16.2%和21.3%；B2情景下，则分别减少6.2%、12.1%和17.0%；枯水年（75%）的年径流量将分别较基准年减少16.0%、23.6%和30.8%；B2情景下，则分别减少11.4%、13.9%和17.3%。从另一个角度来看，基准年枯水年份的径流量水平，在A2和B2情景下，将可能成为平水年的水平，这也表明水资源量将进一步短缺，而且A2情景的影响要比B2情景更大。

表7-31　不同年代际年径流量的频率计算结果与基准年的比较

断面	气候情景		5%	10%	25%	50%	75%	90%	95%
莺落峡	BS（亿m³）		20.4	19.0	16.8	14.7	12.8	11.4	10.6
	A2（%）	2020s	5.7	2.4	−3.1	−8.9	−14.1	−18.0	−19.9
		2050s	1.8	−2.2	−8.8	−15.9	−22.5	−27.6	−30.3
		2080s	−2.3	−6.4	−13.6	−21.7	−29.8	−36.9	−40.9
	B2（%）	2020s	−5.4	−5.4	−5.9	−7.3	−9.9	−13.5	−16.4
		2050s	−10.6	−10.3	−10.4	−11.6	−14.3	−18.3	−21.6
		2080s	−12.0	−12.6	−13.9	−15.9	−18.7	−21.8	−24.1
平川灌区	BS（亿m³）		24.0	22.2	19.5	16.8	14.5	12.7	11.7
	A2（%）	2020s	10.6	6.1	−1.4	−9.2	−16.0	−20.8	−22.9
		2050s	8.0	2.3	−7.0	−16.2	−23.6	−28.0	−29.5
		2080s	9.1	1.9	−9.7	−21.3	−30.8	−36.8	−39.0
	B2（%）	2020s	−2.4	−2.4	−3.4	−6.2	−11.4	−18.8	−24.7
		2050s	−11.4	−11.2	−11.3	−12.1	−13.9	−16.8	−19.1
		2080s	−17.9	−17.6	−17.1	−17.0	−17.3	−18.1	−18.9

（4）平川灌区断面3—5月径流量。3—5月径流量的分析，用于反映未来春季平川灌区来水总量的频率变化。从表7-32和彩图7-4来看，平川灌区断面的3—5月径流量，在A2和B2情景下，变化趋势类似，丰水年份径流量较基准年可能增加，平水年份与基准年相当，枯水年份较基准年减少。2020s、2050s和2080s的丰水年（10%）的3—5月径流量，A2情景下，将分别较基准年增加23.7%、25.8%和32.6%，B2情景下，则分别增加6.4%、5.1%和4.0%；平水年（50%）的3—5月径流量，A2情景下，将分别较基准年增加4.7%、5.2%和8.0%；B2情景下，则分别减少2.8%、7.2%和9.5%；枯水年（75%）的3—5月径流量，A2情景下，将分别较基准年减少8.1%、9.7%和9.8%；B2情景下，则分别减少5.1%、9.1%和11.6%。

表7-32　不同年代际黑河平川灌区3—5月径流量的频率计算结果与基准年的比较

气候情景		5%	10%	25%	50%	75%	90%	95%
BS（m^3/s）		1.42	1.32	1.17	1.03	0.92	0.85	0.81
A2（%）	2020s	27.7	23.7	15.7	4.7	−8.1	−21.0	−28.9
	2050s	29.9	25.8	17.3	5.2	−9.7	−25.0	−34.7
	2080s	37.4	32.6	22.4	8.0	−9.8	−28.2	−40.0
B2（%）	2020s	9.7	6.4	1.4	−2.8	−5.1	−5.4	−4.8
	2050s	10.0	5.1	−1.9	−7.2	−9.1	−8.1	−6.5
	2080s	9.4	4.0	−3.8	−9.5	−11.6	−10.3	−8.6

四、干旱风险时空分布

干旱是由降水和蒸发不平衡造成的水分短缺。对干旱发生、发展的监测、评价和演变规律的分析，通常是基于干旱指数来研究的。国内外研究人员已提出了众多的干旱指数，其中，帕默尔干旱指数（PDSI）是国际上应用广泛的气象干旱指数之一。近年来，该指数已被应用于气候变化对干旱的影响研究中，例如Rind（1990）和Jones（1996）等利用GCM资料，分别在北美和欧洲进行PDSI计算，并利用PDSI分析这些地区未来的干旱变化，指出这些地区在21世纪中期可能发生严重的干旱；Burke（2006）利用PDSI分析IPCC A2气候情景模式下21世纪全球的气候变化，结果表明21世纪全球整体具有干旱化趋势，到21世纪末期，干旱面积可能从当前的1%增加至30%。本研究将利用PDSI分析气候变化情景下黑河流域气象干旱的可能变化。

1. 干旱等级研究

（1）研究区域划分。为了分析黑河不同区域在未来情景模式下受气候变化的影响气象干旱的演变趋势，按照地形和田间持水量把黑河流域分为三个区域进行研究包括祁连山区（A）、河西走廊平原区（B）和戈壁荒漠区（C）。A区主要包括青海省祁连县和甘肃省肃南县部分地区，该区主要为高寒草原、森林植被及河谷滩地农田。B区为绿洲农牧区，包括甘肃省山丹、民乐、张掖、临泽、高台和酒泉县，是主要的产粮基地，以灌溉农业为主。C区包括甘肃省金塔县和内蒙古的额济纳旗，土地沙漠化与盐碱化较为严重，生态系统极其脆弱，以荒漠牧业为主。

（2）PDSI指数简介。帕默尔干旱指数（Palmer Drought Severity Index，PDSI）是Palmer于1965年提出的、一种被广泛用于评估旱情的干旱指数。它不仅列入了水量平衡的概念，考虑了降水、蒸散、径流和土壤含水量等条件；同时也考虑了水分供需关系，

（续表）

具有较好的时间、空间可比性。该指数的方法基本上能描述干旱发生、发展直至结束的全过程。因此，从形式上用Palmer方法可提出最难确定的干旱特性，即干旱强度及其起讫时间。该指数在美国的干旱事件分析、干旱序列重建以及干旱的监测上应用广泛。

早在20世纪70年代，帕默尔旱度模式就被引入我国。1984年范嘉泉等人简要介绍了帕默尔气象干旱指数的原理和计算方法。1985年安顺清等用济南（1919—1980年）和郑州（1951—1980年）两个气象站逐年逐月气温和降水等作为基本资料，在修正权重因子过程中选用了北京、青岛等12个气象站的有关资料，对帕默尔旱度模式进行了修正，建立了我国的气象旱度模式。1996年，余晓珍在中国黑龙江、吉林、河北、山东、江苏、广西、新疆等7个省和自治区对帕默尔旱度模式进行了适用性检验，在应用过程发现了一些概念性和技术性问题，经修正后，计算的帕默尔干旱指数与当地历史旱情文献记载相对照，得到较为满意的结果。2004年，刘巍巍等在修正的帕默尔旱度模式的基础上，根据我国的实际情况，选取济南、郑州和太原3个站逐年逐月气温和降水等作为基本资料（1961—2000年），以哈尔滨、佳木斯、呼和浩特、沈阳、北京、固原、西安、汉中、青岛、德州、运城、长沙、武汉、南昌、杭州、福州、广州、昆明、南宁、成都和贵阳21个站的有关资料（1961—2000年）为权重因子修正资料，并且在计算可能蒸散时选用了FAO推荐的彭曼-蒙特斯公式，对帕默尔旱度模式进行了进一步修正。

本研究是根据刘巍巍改进的帕默尔旱度模式进行PDSI计算的，此模式的月可能蒸散（PE）是采用FAO推荐的彭曼-蒙特斯（P-M）修正公式计算的。按照FAO的观点，当只有最高最低气温时，与其他只考虑温度的计算可能蒸散的公式相比，P-M能更准确获得PE值。因此，本研究根据其在某些气象资料缺测时推荐的几种相应的计算方法，利用最高最低气温计算PE值，然后输入进行PDSI计算。

为了研究分析未来A2气候情景模式下，气象干旱相对于基准年的变化。在PDSI过程中所需要的系数，如蒸散系数、补水系数、径流系数、失水系数及气候特征值是根据基准年1961—1990年的数据确定的。

（3）Mann-Kendall趋势检验。基于秩次的Mann-Kendall趋势检验法（以下简称MK检验法）是一种非参数统计检验方法，与参数统计检验法相比，非参数检验法不需要样本遵从一定的分布，也不受少数异常值的干扰，计算比较简单，Mann-Kendall统计检验方法简述如下：

对序列X_t=（x_1，x_2，…，x_n），先确定所有对偶值（x_i，x_j，$j>i$）中x_i与x_j的大小关系（设为s）。趋势检验的统计量为：

$$U_{MK}=s/[Var(s)]1/2 \qquad (7-12)$$

式中：

$$s=\sum_{i=1}^{n-1}\sum_{j=i+1}^{n}\operatorname{sgn}\left(x_j-x_i\right);\ \operatorname{sgn}(\theta)=\begin{cases}1 & \text{if } \theta>0\\ 0 & \text{if } \theta=0\\ -1 & \text{if } \theta<0\end{cases} \quad (7\text{-}13)$$

$$Var\left(s\right)=\frac{n\left(n-1\right)\left(2n+5\right)-\sum_{i=1}^{n}t_i\left(t_i-1\right)\left(2t_i+5\right)}{18} \quad (7\text{-}14)$$

式中，t_i为关联数，式（7-14）中的后一项是校准数据项。

当n大于10时，U_{MK}收敛于标准正态分布。根据正态分布表知，当U_{MK}的绝对值大于等于临界值1.96时，就表示通过了置信度为95%的显著性检验，否则不能通过置信度检验，增减趋势不显著。

2. 不同区域气候变化

由表7-33可知，A2气候情景模式下，温度、降水与基准年相比都有增加。并且随着年代的增加，温度和降水增加量也增加。到21世纪末（2080s），各区温度与基准年相比升高了5℃左右。降水各区增加不同，C增加最多，降水量比基准年翻倍，B区次之，增加了将近50%，A区最少，不足20%。

表7-33　A2气候情景模式下，各年代年平均温度和平均降水量相对基准年的变化

	温度（℃）			降水（%）		
	tA	tB	tC	pA	pB	pC
2020s	1.4	1.5	1.6	5.0	13.1	35.5
2050s	2.9	3.0	3.2	10.2	26.1	71.3
2080s	4.9	5.1	5.4	17.4	43.9	120.6

由表7-34可知，B2气候情景模式下，温度、降水与基准年相比均有增加。但与A2气候情景模式相比，增加幅度明显偏小，特别是到21世纪末（2080s），各区温度与基准年相比升高了4℃左右，比A2情景模式下减少了1℃。降水各区增加与A2情景模式下相似，C区增加最多，B区次之，A区最少。但与A2情景模式下相比，各区降水量增加量明显偏少，到21世纪末期，A、B、C三区降水量分别较基准年增加了13.6%、29.7%和72.1%。

表7-34　B2气候情景模式下，各年代年平均温度和平均降水量相对基准年的变化

	温度（℃）			降水（%）		
	tA	tB	tC	pA	pB	pC
2020s	1.6	1.6	1.8	5.9	13.4	32.3
2050s	2.7	2.7	3.0	9.8	21.6	52.3
2080s	3.7	3.8	4.1	13.6	29.7	72.1

3. 干旱趋势空间变化

A2气候情景模式下，黑河流域内大部分区域年平均PDSI呈显著的增加趋势，特别是在C区和B区的北部、A区的西部，年平均PDSI均呈显著的增加趋势；而A区其他地区年平均PDSI具有减少的趋势，特别是在南部，减少趋势显著，通过95%的置信度检验；B区为过渡地带，在北部年平均PDSI值具有显著的增加趋势，中部略有减小，到南部几乎无变化。

B2气候情景模式下，黑河流域年平均PDSI的空间变化与A2情景基本近似。从北部到南部，年平均PDSI具有从显著增加到显著减小的变化过程。但程度和程度明显不同，具有显著增加趋势的区域明显减少。如在B2情景模式下，C区大部分地区年平均PDSI具有减少的趋势，但趋势不显著；B区在东南角处具有干旱化趋势；A区中部和南部均具有显著的干旱化趋势。

4. 干旱频率变化分析

当PDSI达到临界值（−4.0、−3.0、−2.0、−1.0）时，即认为发生一次相应的干旱，分别用ex、se、mo和mi表示不同干旱等级。分别求解每个网格上的干旱频率，再在求面积加权平均的面上的平均干旱频率。表7-35和表7-36为A2和B2情景模式下不同区域的区域平均干旱频率。表中ex、se、mo和mi分别为PDSI<−4.0、PDSI<−3.0、PDSI<−2.0、PDSI<−1.0时A、B、C三区平均干旱频率（下同）。

和基准年相比，A2情景下，A区在2020s的极端干旱发生频率比基准年偏低，但随后逐渐增加，到2080s超过基准年的极端干旱发生频率。其他等级的干旱频率均具有增加的趋势，如在基准年轻微干旱的发生频率为38次/100年，到21世纪末（2080s），干旱频率达到52次/100年，平均两年一次；B区极端干旱频率与A区相似，21世纪末期的干旱频率与基准年相当，在2020s和2050s极端干旱发生频率较低。在2020s，其他各等级干旱的发生频率较基准年增加，但随后减少，如轻微干旱在基准年的发生频率为46次/100年，在2020s为57次/100年，比基准年增加11次，但到2080s的干旱频率减少为47次/100年；C区严重干旱和极端干旱的发生频率具有逐渐减少的趋势，如极端干旱发生频率在基准年为4.2，到了2080s减少为1.8。中等干旱和轻微干旱的发生频率在2020s比基

准年增加，但随后减少，如轻微干旱的发生频率在基准年为41.4，到2020s增加到61.1，随后减少，2050s和2080s分别为49.3和38.8。

B2情景模式下，A区不同干旱等级的干旱发生频率比A2情景模式下明显偏小，在2020s、2050s和2080s具有增加的趋势，但任何年代的严重干旱和极端干旱发生频率均比基准年偏少，而中等干旱和轻微干旱发生频率比基准年要多；B区在B2情景模式下2020s、2050s和2080s时段的干旱频率变化趋势与A2情景模式下相似，但明显偏少，如2020s在A2情景模式下极端干旱发生频率为6.4次/100年，而在B2情景模式下只有2.2次/100年；C区的干旱频率的变化趋势与A2情景模式下相似，但程度也同样偏轻，如2080s在A2情景模式下的极端干旱发生频率为1.8次/100年，在B2情景模式下只有0.1次/100年。另外，C区的轻微干旱发生频率在2050s和2080s比A2情景模式下稍高，且高于此区基准年的发生频率。

比较不同区域可知，对于A区严重干旱和极端干旱的发生频率要高于B区，B区要高于C区。

表7-35　A2气候情景模式下不同区域平均干旱频率

干旱等级	A				B				C			
	BS	2020s	2050s	2080s	bs	2020s	2050s	2080s	bs	2020s	2050s	2080s
ex	13.7	10.3	11.7	19.9	7.3	6.4	5.7	7.3	4.2	3.1	2.1	1.8
se	21.1	21.6	22.1	31.4	15.0	18.0	14.7	15.0	8.0	16.3	9.1	7.0
mo	28.8	33.8	35.0	43.3	23.6	39.2	33.2	30.2	17.9	38.9	25.0	18.2
mi	38.3	45.9	46.6	51.8	46.1	57.1	51.4	47.2	41.4	61.1	49.3	38.8

注：PDSI表示帕默尔干旱指数，表中ex代表PDSI<-4.0、se代表PDSI<-3.0、mo代表PDSI<-2.0、mi代表PDSI<-1.0的干旱等级。

表7-36　B2气候情景模式下不同区域平均干旱频率

干旱等级	A				B				C			
	BS	2020s	2050s	2080s	bs	2020s	2050s	2080s	bs	2020s	2050s	2080s
ex	13.7	5.2	6.1	9.8	7.3	2.2	1.5	1.7	4.2	1.4	0.1	0.1
se	21.1	15.4	16.1	20.6	15.0	9.7	7.7	7.8	8.0	10.4	5.3	4.7
mo	28.8	30.5	31.7	36.1	23.6	29.0	24.5	22.8	17.9	30.5	23.0	19.8
mi	38.3	43.6	44.9	47.8	46.1	50.6	45.9	41.6	41.4	58.7	51.4	45.1

注：PDSI表示帕默尔干旱指数，表中ex代表PDSI<-4.0、se代表PDSI<-3.0、mo代表PDSI<-2.0、mi代表PDSI<-1.0的干旱等级。

5. 平均干旱历时变化分析

表7-37和表7-38分别为A2和B2情景模式下，A、B、C三区不同干旱等级的平均区

域干旱历时分布表。在A2气候情景模式下，A区的平均干旱历时除中等干旱在2050s比2020s略小外，其他各等级干旱的平均干旱历时均具有增加的趋势，但除2080s的中等干旱和轻微干旱的平均干旱历时比基准年稍高外，其他各平均干旱历时均比基准年偏低；B区严重干旱和极端干旱的平均干旱历时的变化与A区相似，不同时段的平均干旱历时具有增加的趋势，且均比基准年要小。中等干旱的平均干旱历时也具有减少的趋势，但2020s比基准年偏高，2050s和2080s偏低。轻微干旱的平均干旱历时也具有减少的趋势，但任何时段的平均干旱历时均比基准年偏大；C区不同干旱等级的平均干旱历时均具有减少的趋势，且严重干旱和极端干旱的平均干旱历时比基准年偏低，中等干旱和轻微干旱的平均干旱历时在2020s和2050s比基准年偏高，但2080s要低于基准年。

表7–37　A2气候情景模式下不同区域平均干旱历时

干旱等级	A				B				C			
	BS	2020s	2050s	2080s	bs	2020s	2050s	2080s	bs	2020s	2050s	2080s
ex	13.6	7.7	10.2	11.0	5.8	5.0	5.1	5.6	6.3	3.2	2.9	3.2
se	15.2	12.1	13.0	14.5	11.0	7.6	8.3	9.5	6.9	6.4	5.5	5.0
mo	19.1	16.2	15.1	19.7	12.7	13.6	10.5	10.0	7.1	11.6	7.5	6.4
mi	20.6	18.8	19.6	26.6	13.0	18.7	15.3	14.3	9.7	17.8	11.6	9.4

B2情景模式下，A区平均干旱历时的变化与A2情景模式下相似，但值明显偏小；B区的平均干旱历时，除在2020s时段的轻微干旱比基准年稍高外，其他均比基准年要低。极端干旱的平均干旱历时在2020s最大为4.3个月，2050s最少为3.3个月。不同时段严重的平均干旱历时也相差不大，但比基准年要缩短一半。中等干旱和轻微干旱的平均干旱历时具有减少的趋势，在2020s最大，分别为7.4个月和13.4个月，在2080s最小，分别为5.7个月和10.4个月；C区不同等级的平均干旱历时具有较为明显的减小趋势，除在2020s的轻微干旱平均干旱历时（11.3个月）比基准年（9.7个月）偏高外，其他均比基准年要少。

表7–38　B2气候情景模式下不同区域平均干旱历时

干旱等级	A				B				C			
	BS	2020s	2050s	2080s	bs	2020s	2050s	2080s	bs	2020s	2050s	2080s
ex	13.6	5.3	5.4	5.9	5.8	4.3	3.3	3.5	6.3	2.6	0.3	0.2
se	15.2	6.6	7.0	7.7	11.0	4.9	5.0	4.8	6.9	7.4	4.2	3.9
mo	19.1	9.1	9.3	10.7	12.7	7.4	6.1	5.7	7.1	6.9	6.2	6.3
mi	20.6	13.0	13.5	15.4	13.0	13.4	11.3	10.4	9.7	11.3	9.4	8.3

6. 最大干旱历时变化分析

表7-39和表7-40分别为A2和B2情景模式下不同区域平均最大干旱历时。A2情景模式下，A区的最大干旱历时具有增加的趋势，但在2020s和2050s时段最大干旱历时比基准年偏低，而到了2080s最大干旱历时超过基准年的最大干旱历时，如轻微干旱在2080s时段的最大干旱历时为84.8个月，比基准年（64.3个月）要多20个月；B区严重干旱和极端干旱的最大干旱历时具有减小的趋势，中等干旱和轻微干旱的最大干旱历时具有增加的趋势，但均比基准年要小；C区不同等级的最大干旱历时具有减小的趋势，且严重干旱和极端干旱的最大干旱历时小于基准年。中等干旱和轻微干旱在2020s的最大干旱历时比基准年偏高，而在2080s要低于基准年。

表7-39　A2情景模式下不同区域平均最大干旱历时

干旱等级	A				B				C			
	BS	2020s	2050s	2080s	bs	2020s	2050s	2080s	bs	2020s	2050s	2080s
ex	26.4	17.1	21.5	29.0	11.6	8.1	8.2	10.3	9.0	5.7	5.0	4.9
se	35.2	31.4	34.4	43.9	21.7	25.3	25.3	26.5	19.0	20.4	16.9	15.1
mo	46.6	44.5	46.6	61.6	37.0	40.1	38.8	38.3	30.1	39.0	31.1	22.8
mi	64.3	59.8	62.4	84.8	62.0	59.3	50.8	48.0	50.2	73.5	45.5	48.0

B2情景模式下，A区最大干旱历时的变化与A2情景模式下相似，但数据要减少很多，如在A2情景模式下，A区在2080s时段的最大干旱历时为29个月，可是在B2情景模式下却为12.6个月，减少一半以上；B区最大干旱历时均比基准年偏低，且小于A2情景模式下的最大干旱历时；C区与B区相似。

表7-40　B2情景模式下不同区域平均最大干旱历时

干旱等级	A				B				C			
	BS	2020s	2050s	2080s	bs	2020s	2050s	2080s	bs	2020s	2050s	2080s
ex	26.4	8.5	9.4	12.6	11.6	5.7	4.1	4.5	9.0	3.2	0.3	0.2
se	35.2	14.6	16.2	20.8	21.7	10.5	9.6	9.5	19.0	18.8	7.4	7.1
mo	46.6	28.8	29.0	31.8	37.0	22.8	18.0	16.5	30.1	26.5	20.5	19.4
mi	64.3	45.7	46.5	47.7	62.0	48.5	40.8	34.7	50.2	49.1	38.4	33.0

综合而言，对于A2和B2气候情景模式下，A、B、C三区气温和降水均具有增加的趋势，且均高于基准年；从增加量上看，C区增加最多，B区次之，A区最少；且在A2情景模式下，各区气温和降水的增加量要高于B2情景模式。

从干旱指数的变化看，流域大部分区域具有湿润化趋势，且湿润化区主要位于C区，B区为过渡区，A区的部分地区具有干旱化趋势；与A2情景模式相比，B2情景模式下具有显著湿润化的区域明显偏少，且干旱化区域的范围略有扩大。

对A2和B2不同气候情景模式下，A、B、C三区不同时段的干旱频率、干旱历时和最大干旱历时统计分析可知，总体来说，各区不同时段A2情景模式下的干旱特征量要高于B2情景模式下；从不同区域来看，A区具有干旱化趋势，B区和C区干旱特征量减少；对于极端干旱和严重干旱来说，A区的干旱统计量要高于B区，B区高于C区，且不同区域除C区在2020s达到基准年的水平外，其他各区在不同情景模式下的干旱程度均未达到基准年的水平；对于中等干旱和轻微干旱，不同区域变化不大。A区在B2情景模式下的任意时段的干旱程度比基准年偏低，而在A2情景模式下，在2080s超过基准年的干旱程度。B区和C区在不同情景模式下，在2020s时段的干旱程度高于基准年，但随后减少而低于基准年。

第四节　黑河绿洲农业适应技术遴选

随着气候变暖及极端气候事件的频繁发生，人们对气候变化的关注与日俱增。而如何从各个层面和区域发展相应的技术和措施以适应气候变化也越来越被广泛接受和重视，并视为与减缓同样重要的缓解策略，因此成为应对气候变化的重要内容。在农业领域，适应气候变化成为更为现实和紧迫的任务。如何在气候不断变化的现实条件下，既能够维持目前的农业生产力现状又能够促进农业可持续发展战略的顺利实施，在保证粮食安全的基础上构建效率与生态健康相协调的农业生产环境，成为农业适应气候变化的重要方面。

节水特别是大量的水利工程提高了输水过程的水分利用效率，但也改变了水文循环，尤其是减少了地下水的入渗，影响了绿洲生态系统防护体系的稳定性。如何评价气候变化条件下节水的效益特别是绿洲生态系统的节水效益，是应对气候变化的关键问题。总之，采用合理的水肥管理技术，提高水利用率，用最小的水资源消耗维系绿洲防护体系的稳定，合理确定节水程度，保持绿洲生产系统和生态系统可持续发展是西北水资源脆弱区应对气候变化的主要途径。

一、黑河绿洲农业现状

黑河流域是我国西北干旱地区第二大内陆河流域，根据卫星遥感数据解译，黑河中游绿洲面积约2 605km^2，在中游绿洲中有效灌溉面积1 990km^2，乔木林地54km^2，灌木林地87km^2，湿地165km^2，居民用地和其他用地300km^2。根据2006年地方统计数据，在有效灌溉土地中玉米为主要作物，面积（包括制种玉米和大田玉米）

50 807hm^2，小麦面积7 769hm^2（表7-41）。黑河流域多年平均水资源总量41.73亿m^3，其中出山径流量36.83亿m^3。年降水量上游祁连山区为300～500mm，中游走廊区为100～250mm，下游额尔济纳旗绿洲不足45mm。中游为主要的绿洲农业区，年蒸发量1 700mm，是甘肃省的主要产粮基地，以灌溉农业经济为主，水资源开发利用程度很高，用水占全流域用水的82.6%。根据研究，黑河中游地区依赖灌溉的植被耗水量介于18.41×10^8～21.92×10^8m^3，其中，农作物耗水量占总耗水量的77.1%～77.8%，乔木林占16.1%～16.4%，疏林+灌木林和湿地植被占5.8%～6.8%。

基于以上估算，在整个绿洲尺度上，耕地的用水量约为7 500m^3/hm^2；乔木林主要是农田中的林网，主要以杨树为主，每年均有6～7次的灌水管理，年耗水610mm。可以看出，农业依然是中游水资源消耗的主体，挤占了生态环境用水，“非灌不殖”“地尽水耕”是中游绿洲农业区最显著的特点，且用水方式粗放，导致农业用水效率不高，如李金华研究表明，黑河中游的主要种植作物春玉米、春小麦需水量仅为582mm、408mm，而许多地区玉米和小麦的灌溉量分别达11 470m^3/hm^{2}和9 750m^3/hm^2。

内陆河流域是西北干旱区的基本单元，来自山区的有限降水及其产生的径流不仅维系流域社会经济的发展，而且也支撑流域的生态系统的运行。农业是内陆河流域用水大户，约70%以上的水资源用于农业生产，且内陆河流域降水少，变幅大，是典型的水资源的脆弱地区，因此绿洲农业的发展在某种程度上加剧了流域水资源的脆弱程度。

表7-41　黑河中游2006年粮食播种面积和耕地面积

作物类型	播种面积（hm^2）			
	甘州	临泽	高台	合计
小麦	4 846.67	786.22	2 135.87	7 768.75
豆类	1 413.33	43.20	289.07	1 745.60
大田玉米	3 532.73	1 730.53	873.93	6 137.19
制种玉米	23 240.60	14 376.24	7 053.47	44 670.31
油料	713.33	25.17	264.13	1 002.63
稻谷	173.33	3.67	24.67	201.67
棉花	—	312.13	2 438.13	2 750.26
加工番茄	—	866.67	—	866.67
牧草	2 253.33	311.75	1 985.8	4 550.88
合计	36 173	18 465	15 065	69 694
耕地面积	45 747	18 905	21 187	85 839

在全球气候变化的大背景下，黑河流域40多年来气温逐渐升高，升温率远大于北半球的平均升温率。与全国相比，温度波动具有滞后性、幅度大、增幅高等特点，如20

世纪我国气温上升幅度0.4～0.5℃，而黑河流域累积增温达1.24℃，80年代比70年代气温升高0.12℃，90年代比80年代气温升高0.67℃，21世纪前5年的平均温度比20世纪90年代又升高0.38℃。气温变化主要是通过积温、降水、径流、作物蒸散发的变化来影响绿洲农业。黑河流域多年降水变化相对不大，但冬春两季降水出现缓慢增加的趋势。基于净初级生产力（NPP）与蒸散系数，在Erdas空间分析模块的支持下，通过构建的植被耗水模型反演估算了2008年黑河中游绿洲生态系统耗水量为$18.41 \times 10^8 \sim 21.82 \times 10^8 m^3$（赵文智，2010）。

据河海大学的研究成果，在A2和B2情景下，2020s黑河中游绿洲区气温增加1.5℃和1.7℃，蒸散发比基准年分别增加9.9%和12.2%，与此对应黑河中游绿洲耗水量分别增加$1.82 \times 10^8 \sim 2.17 \times 10^8 m^3$和$2.24 \times 10^8 \sim 2.67 \times 10^8 m^3$。当气温增加2℃的情景下，黑河中游绿洲耗水量将增加$2.57 \times 10^8 \sim 3.07 \times 10^8 m^3$。另外，张凯等（2007）研究表明：气温每增加1℃，中游绿洲农田蒸散发量增加184.2mm，相当于每年多消耗$2.979 \times 10^8 m^3$的水资源量，其结果可能高估了气温增加对绿洲水资源消耗量的影响。春季温度每升高1℃，中游绿洲作物棉花的生长季提前3d，秋季温度每升高1℃，生长日期延长4d。在未来50年中，随气候变化，中游春小麦、夏玉米、油菜、蔬菜的耗水量增幅将分别达到0.6%～5.0%、1.9%～6.3%、1.5%～6.2%、1.0%～5.3%。总的来看，气温升高将引起绿洲农业区热量增加、水资源量减少、蒸发量增加、作物生长期延长、耗水量增大，从而对绿洲稳定性造成很大影响。因此气候变化势必加剧流域水资源的脆弱性。

二、绿洲农业适应策略

气候变化已对流域生态系统和社会经济系统产生了明显的影响，加剧了区域水资源的脆弱性。IPCC评估报告指出，适应性是指在气候变化条件下的调整能力，是对气候变化所做出的趋利避害的调整反应，从而缓解潜在危害，利用有利机会。此外农业也是受气候变化影响大的行业，气候变暖加快了农田生态系统的水循环速率。如何在气候变化背景下管理农田生态系统，采取什么样的调整措施、调整能力有多大？是气候变化情况下农业绿洲管理亟待解决的技术问题。在目前的情况下，如何评价气候变化条件下节水的效益特别是绿洲生态系统的节水效益，是应对气候变化的关键问题。采用合理的水肥管理技术，提高水利用率，用最小的水资源消耗维系绿洲防护体系的稳定，合理确定节水程度，保持绿洲生产系统和生态系统可持续发展是西北水资源脆弱区应对气候变化的最佳策略。

1. 发展节水农业

节水农业已成为干旱区农业发展的主流。国外对节水灌溉的研究和应用归纳起来有三种模式：以以色列为代表的以现代微喷灌为主的高投入、高效益的节水灌溉；以美国为代表的改造地面灌溉工程，推行各种先进的灌溉技术如激光控制平地水平畦田灌、波涌灌等，同时十分重视灌水管理工作的节水灌溉，从土壤、植物、大气的特性及相互关系问题的原理着手，进行了提高灌水效率、改善对植物的供水状况等模式；以印度和巴基斯坦为代表的，推行以常规地面节灌和农艺措施相结合的节水农业模式。

近年来，国内节水农业在理论体系和实践应用上也取得了较大的进展。自20世纪80年代以来，各地广泛开展了节水农业研究，包括水资源供需平衡、节水农业分区和节水模式等。一些先进的灌溉工程技术如渠道防渗技术、低压管道输水技术、喷灌和微灌技术、田间节水地面灌溉技术等已得到应用，并在节水高效灌溉制度的研究和应用、节水灌溉工程技术与农艺技术结合的综合节水技术体系的应用等方面已取得显著效益，灌溉用水的管理水平也有显著提高。目前水资源高效利用的基本途径主要包括提高作物单方蒸散发消耗水带来的经济产量；减小没有产出的水量（包括保障生产系统的辅助系统如防护体系的耗水量）；提高降水、土壤水以及边缘水资源利用率；在个体水平上提高水生产力主要依靠基因育种技术，在田间和流域尺度上主要采取使用基因技术以及管理策略的技术。

综观国内节水农业的发展现状，存在的问题主要体现在：①受经济条件和投入产出的限制，一些先进的灌溉技术如滴灌、微灌等只能小规模应用；②重视节水灌溉工程，忽视农艺节水的研究与应用，节水灌溉技术总体水平低；③尚未形成高效的推进节水农业发展的管理机制；④节水农业技术推广力度不够。

2. 从农田生态系统角度统筹节水

干旱区绿洲生态系统具有特殊性，主要表现在绿洲处于荒漠之中，风沙和干热风危害频繁。因此，建立有效的防护体系是维持绿洲生态系统稳定的前提，但防护体系往往要消耗掉绿洲生态系统1/4 ~ 1/3的水资源。如何从绿洲生态系统的水平上优化绿洲生产用水和生态用水，通过技术、结构、管理相结合的措施节水是应对干旱水资源脆弱区气候变化的有效途径。

对生产部分而言，主要有精确灌溉、利用边缘水资源、提高水循环效率、采用有效的水资源管理、加强地下水位水质管理等技术。

精确灌溉如喷灌、滴灌、微灌、渗灌等技术能大量减小无效蒸发和渗漏损失，提高水生产力，精确灌溉还能够通过调节水资源量和供给时间影响水生产力，如滴灌提高了灌溉频率，使农作物在两次灌溉间隔内不会发生水分胁迫，从而提高水生产力。试验表明喷灌、滴灌、渗灌3种灌溉方式下的玉米水生产力依次增加，渗灌的玉米水生产力可达地面灌的1.2倍。采用设施农业，结合先进的灌溉技术，结合特色产业，也是提高单方水产值的重要途径。例如，目前发展态势较好的温室、滴灌结合的反季节蔬菜、瓜果生产等。

使用边缘水资源。边缘水资源主要指盐碱水，也包括农业排水、生活污水等，它是水资源短缺地区的一种很有潜力的替代资源。Tyagi提出了一些使用盐碱水提高水生产力的措施，如在精确定级的农田中对降水进行原位保存、混合盐碱水与淡水将盐度降低到阈值以下进行灌溉、在作物盐分不敏感期进行咸水灌溉。重复使用农田排水，减少直接流入水体的径流量，也是一种提高水生产力的有效方法。

提高水循环效率。Barker研究表明，1960—1990年中国漳河流域水生产力提高了约3倍，部分原因就是该时期内大量修建的小池塘提高了水分循环率；在马来西亚Muda灌区通过天气和河道流速遥测技术改善灌区内水库泄水管理、提高水循环率，使得灌区农作物水生产力有所提高。

采用有效的水资源管理，如调亏灌溉、间歇灌溉和交替灌溉。调亏灌溉是一种允许农作物某种水平的水分匮乏和产量减少以达到灌溉系统最优配置的灌溉策略。农作物在灌溉供给轻微不足的条件下，水生产力要高于足额灌溉条件下的水生产力，如在叙利亚雨养农业区将小麦灌溉水量减少到灌溉需求的50%，粮食产量只减少15%。间歇灌溉则是在水源好的稻田里灌水一段时间后，又排干水一段时间，即用干湿交替或饱和土壤栽培代替传统的连续灌溉，以减少田间无效蒸发的灌溉方法，试验表明间歇灌溉的水稻水生产力要高于连续灌溉的水生产力。交替灌溉是人为保持或控制根系活动层土壤在垂直剖面或水平面某个区域干燥，限制部分根系吸水，让水分胁迫信号传递到叶气孔形成最优的气孔开度以达到减小棵间无效蒸发、提高水生产力的目的。试验表明，根系分区交替滴灌技术在大田条件下可使籽棉总水分利用效率和灌溉水利用效率分别提高17.9%和20.9%。但这些灌溉技术的实现均以可靠的水资源供给为前提，如果供给不可靠，这些灌溉措施不仅可能无法达到预期的目的，甚至可能会导致相当程度的风险。

加强地下水位水质管理。地下水位、水质影响区域内灌溉水资源的可获得性，合适的地下水位是保证农作物不受水涝、盐碱化等危害的关键，加强对地下水的管理能提高水生产力。如降水较多或灌溉导致地下水位上升，农作物可能会因为积水造成的缺氧环境、或盐分胁迫导致产量损失，通过加强对地下水位的监测，建造排水设施控制地下水位就能提高农作物水生产力。

对于非生产部分而言，主要通过优化防护体系结构、采用低耗水植物、以及创新耕作技术降低土壤风蚀等，降低防护体系耗水。

建立高效/节水绿洲农业以适应气候变化就是根据自然资源和农业生产水平，合理调整农业系统种植业、林业和草畜业之间的比例，以达到最适生产水平，实现永续利用，追求最佳经济效益。

3. *科学评估节水效益实现可持续发展*

如何评价干旱区的节水效应，科学确定节水规模已经成为干旱区水资源管理中亟待解决的问题。水生产力是评估农业节水效应的重要指标。近年来水生产力已经成为国内外农业领域的研究热点之一。国际水管理研究院（IWMI）、联合国粮农组织

（FAO）、国际植物基因资源研究所（IPGRI）等著名机构在全球范围内相继开展了一系列的水生产力研究计划；国内在甘肃西峰、河北曲周和栾城、山东禹城、陕西长武、湖北漳河灌区等地也开展了相关的研究工作，并取得了重要进展。Viets最早提出的水分利用效率是水生产力概念雏形，指农作物平均产量与蒸散发之间的比率，即单方水的有效产出，但常用的水分利用效率是指植物根区储存水量与灌溉水量比，水利工程上使用灌溉水利用系数指的是农作物水分需求（实际蒸散发减去有效降水）与水资源供给（由具体水体供给的水资源总量）之比。这些概念中的水分消耗项不仅包括蒸散发，也包括渗漏及地表径流损失。事实上，由渗漏及地表径流损失的水资源可能通过水循环在流域内被重复使用，所以以上概念均低估了水资源的实际利用效率，并可能忽略了地表灌溉系统在补给地下水、为下游农业和生态系统提供水资源的作用。

为了整合水循环因素，Jensen（1967）提出了灌溉水净利用系数概念（Net Efficiency），Keller提出了灌溉水有效利用系数概念（Effective Efficiency），Willardson（1967）提出了消耗比例概念（Consumed Fractions），Perry（2009）与Burt等（2004）提出了收益性和非收益性消耗比例概念（Beneficial and Nonbeneficial Depleted/Consumed Fractions）。Seckler（2003）将这些概念统称为新经典灌溉水利用系数概念，指出它们在本质上还是一种工程学观点上的效率概念，而“效率”一词已不适合在水资源管理和决策领域中继续使用。

IWMI提出了水生产力概念，即单位（体积或价值）水资源所生产出的产品数量或价值。根据定义水生产力可以被表达为：纯自然的生产力概念，水生产力=产品数量/消耗或分配水量；自然的和经济的综合生产力概念，水生产力=农作物总价值或净价值/消耗或分配水量；纯经济的生产力概念，水生产力=农作物总价值或净价值/消耗或分配水资源价值（包括自身价值和机会成本）。

农作物水生产力评估包括水生产力现状估算及其时空动态的预测，基本原理是：根据研究目的确定水生产力的具体定义，通过各种手段获取水流（如蒸散发、灌溉水等）与产出（粮食产量、经济产出等）信息，在此基础上使用农作物产出值除以水资源消耗值计算水生产力。农业生产中常用的水生产力指标有PWirrigated（产量/灌溉水量）、PWinflow（产量/净入流）、PWdepleted（产量/消耗水量）以及PWprocess（产量/过程消耗水量）。

除了评估农业生产的指标外，节水效应的评估还应考虑防护体系是否稳定，土壤是否发生盐渍化等。因此，如何在不减少总的农业产量的条件下，选择节水高效的种植模式，推行节水耕作和灌溉技术，压缩农田和对农田起保护作用的乔木林网的耗水量是适应气候变化的关键。

三、适应技术遴选

本研究中适应技术遴选主要包含几方面工作，如对节水技术的水效益定量评价及种植模式的比选，以田间监测调查为基础，选择典型灌区评价不同种植模式的水效益，指导应对气候变化种植业结构调整；开展内陆河流域适应气候变化水资源管理技术示范，研究基于长期定位试验的认识，研发耕作和灌溉节水技术、立体种植技术和降低非生产的绿洲防护体系耗水技术，为从技术上适应气候变化提供示范；对节水技术对气候变化的适应性评价，即在对主要技术节水效益评估的基础上，基于对这些技术不同程度的应用，评价这些技术在荒漠绿洲应对气候变化的潜在前景。

1. 种植结构适应调整措施

以平川灌区种植结构调整为代表，遴选确定适应措施。研究主要以田间监测调查为基础，选择典型灌区评价不同种植模式的水效益，指导应对气候变化种植业结构调整。研究试验中的平川灌区，总土地面积约75km^2，其中耕地面积约52km^2，人口约2万人，拟通过对不同土地利用田块的水平衡监测及农田投入、产出监测，应用GIS技术，分析田块和灌区尺度上早春覆膜种植、0.5亩小畦灌溉、滴灌等不同节水技术和玉米+小麦、制种玉米、小麦+大豆、番茄、枣树+玉米、枣树+小麦等种植结构的水效益，综合评价平川灌区水资源的投入和产出情况，评估哪些技术和种植模式可以有效适应气候变化引起的水资源紧缺，为通过种植结构调整适应气候变化提供了依据。

根据灌溉渠系，将平川灌区分为二坝渠系、三坝渠系和四坝渠系，其中二坝渠系面积4 279.07hm^2，占平川灌区面积的53.65%；三坝渠系面积1 885.06hm^2，占灌区面积的23.64%；三坝渠系面积1 579.75hm^2，占灌区面积的19.81%。以2007年土地利用为例，灌区主要种植玉米、小麦、棉花、番茄和苜蓿，分别占灌区面积的58.67%、0.22%、3.93%、1.30%和1.91%，其他用地有农田防护林用地、居民用地/道路/厂矿用地和河滩地/荒地，分别占灌区面积的5.86%、6.44%和19.47%（表7-42）。

表7-42　平川灌区土地利用表　（单位：hm^2）

利用类型	二坝渠系	三坝渠系	四坝渠系	平川灌区	占灌区面积比例（%）
玉米	2 130.63	1 382.50	1 165.83	4 678.98	58.67
小麦	12.06	4.94	0.18	17.18	0.22
棉花	106.71	204.77	2.21	313.68	3.93
番茄	93.05	8.29	2.17	103.52	1.30
苜蓿	152.31	0.23		152.55	1.91
瓜地	0.09		0.83	0.92	0.01
大棚	4.98	4.77	13.09	22.83	0.29

（续表）

利用类型	二坝渠系	三坝渠系	四坝渠系	平川灌区	占灌区面积比例（%）
果园	11.93	28.16	18.38	58.47	0.73
农田防护林	316.57	53.15	95.29	467.54	5.86
灌木林	53.81		39.48	93.28	1.17
居民用地/道路/厂矿用地	248.86	137.35	124.22	513.56	6.44
河滩地/荒地	1 148.07	60.89	118.08	1 553.17	19.47
合计	4 279.07	1 885.06	1 579.75	7 975.68	100.00
各灌渠面积所占灌区面积比（%）	53.65	23.64	19.81	100.00	

平川灌区的水分输入量为$7.091\times10^7\mathrm{m}^3$，其中灌溉量为$6.128\times10^7\mathrm{m}^3$，达到灌区水分输入量的86.4%；降水补给量为$6.47\times10^6\mathrm{m}^3$，占灌区水分输入量的9.1%；土壤水分补给量为$3.16\times10^6\mathrm{m}^3$，占到灌区水分输入量的4.5%。整个灌区主要以井水灌溉为主，井水灌溉量达到灌区灌溉量的80.5%。其中四坝渠系的井水灌溉量所占灌溉量的比率最高，达到86.5%，其次为三坝渠系，井水灌溉量比率达到79.6%，二坝渠系井水灌溉量所占比率最少，也达到78.2%（表7–43）。平川灌区的水分输出尽管仍以农田的蒸散量为主，但是农田的渗漏量仍很高。蒸散量与渗漏量占水分输出量的比率分别为51.5%和48.5%。从各渠系来看，二坝渠系、三坝渠系和四坝渠系农田的渗漏量也均很高，分别达到47.9%、49.6%和48.5%。

表7–43　平川灌区水账户　（单位：万m^3）

渠系	水分输入								水分输出			
	灌溉量					降水量	土壤水分	合计	蒸散量	灌溉渗漏量	合计	C（%）
	河水	A（%）	井水	B（%）	小计							
二坝渠系	628	21.8	2 260	78.2	2 889	315	192	3 396	1 770	1 626	3 396	47.9
三坝渠系	379	20.4	1 477	79.6	1 856	188	60	2 104	1 060	1 044	2 104	49.6
四坝渠系	187	13.5	1 196	86.5	1 383	144	65	1 592	820	772	1 592	48.5
合计	1 195	19.5	4 933	80.5	6 128	647	316	7 091	3 651	3 441	7 091	48.5

A：河水灌溉量占灌溉量小计的百分比（%）；B：井水灌溉量占灌溉量小计的百分比（%）；C：渗漏量占水分输出量的百分比（%）。

（1）主栽作物玉米与伴生豆科植物箭舌豌豆间混作技术试验遴选。长期玉米单作引起的土壤病害是荒漠绿洲农业可持续性的一个重要问题，混作可以有效防止土壤病虫害的发生。本试验的目的就是寻求气候变化引起的水资源短缺情景下荒漠绿洲主要栽培作物玉米可持续的栽培技术。

主栽作物玉米与伴生豆科植物箭舌豌豆间混作增产试验是在水肥条件完全相同的条件下，按当地农民的施肥习惯即羊粪96m^3，复合肥250kg/hm^2，磷酸二铵375kg/hm^2，灌水9次，灌水量1 012mm。试验安排间混作+对照共9个处理。处理1与玉米同穴播种；处理2株间点播牧草；处理3行间播种1行牧草；处理4带间条播2行牧草；处理5与玉米同穴播种牧草，带间条播2行牧草；处理6株间点播牧草，带间条播2行牧草；处理7行间播种1行牧草，带间条播2行牧草；处理8与玉米同穴播种牧草，株间点播牧草，行间播种1行牧草，带间条播2行牧草；处理9对照。

初步结果表明，8种间混作模式中，以“与玉米同播种，株间点播，行间播种1行，带间条播2行箭舌豌豆”的产量和水分利用效率最高，比对照分别提高13.4%和7.9%。总体来看，只要与玉米同穴播种，产量都不同程度提高。

（2）枣粮间作技术。枣粮复合系统是干旱区主要的农林复合系统。由于枣树叶小，叶面积指数相对低，对农作物的影响相对小，与作物间作，可以有效地提高水分利用率，增加水效益。

技术要领：枣树株行距（4～5）m×（12～18）m，枣树带宽1m，其中两边畦埂宽各30cm，中间40cm用于种植绿肥等。改传统混灌为分期灌溉，枣树灌水3次，分别为6月上旬的促花水，7月上旬的促果水，8月上旬的丰果水。玉米采用2行带状种植，普通玉米带行穴距60cm×40cm×（28～30）cm。

水分效率：大田普通玉米产量733kg/亩，枣粮复合系统鲜枣产量210kg/亩，玉米产量687kg/亩。按玉米1.2元/kg，鲜枣1.5元/kg，大田产值880元/亩，枣粮复合系统产值1 140元/亩。灌溉定额为640m^3/亩，枣粮复合系统达到相同产值需水500m^3/亩，节水22%。

节水效益：如果在中游绿洲增加12 000hm^2（约占目前玉米播种面积的灌区土地利用类型净收益评价：平川灌区2007年净收益达到5 469.09万元，其中玉米制种净收益4 697.52万元，占灌区总净收益的85.89%，棉花种植净收益290.21万元，占总净收益的5.31%，番茄净收益262.38万元，占总净收益的4.80%，枣粮间作净收益131.12万元，占总净收益的2.40%，苜蓿种植净收益76.66万元，占总净收益的1.40%，其他如小麦、西瓜种植收益11.2万元，占总净收益的0.20%。

根据评价结果，收益率从大到小依次为番茄种植、枣粮间作、苜蓿种植、棉花种植、玉米制种和小麦种植，其净收益率分别达到471.75%、296.04%、291.30%、158.64%、136.82%和112.44%（表7-44）。可见，增加番茄、枣粮间作等种植业比例，调整种植结构，是应对气候变化的有效对策（图7-26）。

表7-44 灌区农业净收益

利用类型	二坝渠系（万元）	三坝渠系（万元）	四坝渠系（万元）	合计（万元）	净收益占总净收益的百分比（%）	收益率（%）
玉米	2 139.08	1 387.98	1 170.45	4 697.52	85.89	136.82
小麦	6.63	2.71	0.10	9.44	0.17	112.44
棉花	98.72	189.45	2.04	290.21	5.31	158.64
番茄	235.85	21.02	5.50	262.38	4.80	471.75
苜蓿	76.54	0.12	0.00	76.66	1.40	291.30
西瓜	0.18	0.00	1.58	1.76	0.03	239.62
枣粮间作	26.76	63.15	41.22	131.12	2.40	296.04
合计	2 583.75	1 664.44	1 220.90	5 469.1	100.00	
所占百分比（%）	47.24	30.43	22.32	100.00		

结合内陆河流域绿洲农业生产实际，开展了枣粮复合系统水生产力的调控机理及水效益提高技术途径，小麦、玉米水肥优化管理，主栽作物玉米与伴生豆科植物箭舌豌豆间混作试验示范。

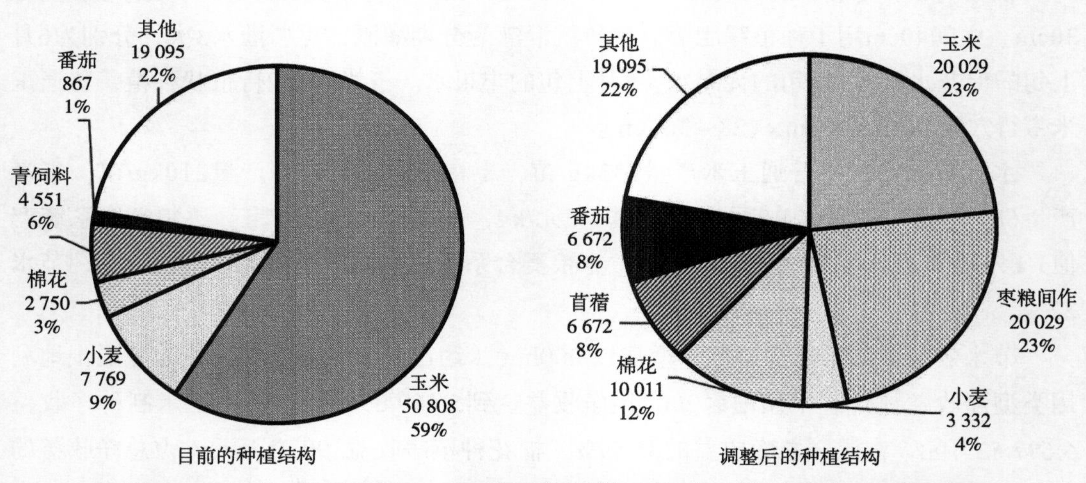

图7-26 甘州、临泽、高台三县区主要作物种植面积（hm^2）和种植比例及调整

2. 优化边缘绿洲的农田水肥管理技术

在黑河中游绿洲边缘地带，由于开垦时间较短，灌淤土发育不良，土壤保水保肥能力差。为了提高作物产量，往往采取“高水高肥”的生产策略。目前约有10万亩绿洲边缘的小麦和玉米地均采用这种生产方式，例如小麦的灌水量一般为7 000m^3/hm^2，施纯氮300kg/hm^2；玉米的灌水量一般为12 000m^3/hm^2，施纯氮375kg/hm^2。这种水肥管理方式既浪费了水资源和肥料，又导致土壤中硝态氮淋溶到地下水中。针对这个问题，通

过多年的试验，形成了绿洲边缘沙地小麦、玉米水肥优化管理技术。

（1）春小麦水肥优化管理技术遴选。研究选择最佳施氮与灌溉制度以满足作物对氮和水的需求、提高作物产量与氮肥利用效率，降低NO_3-N淋溶。本研究主要开展灌溉与施氮对小麦产量及水分利用效率的影响；灌溉与施氮对土壤硝态氮含量及分布动态的影响；灌溉与施氮对土壤硝态氮积累及氮素利用率的影响。试验采用完全随机裂区设计，灌溉量作为主区，施氮量为副区，灌溉量的3个水平分别为估算作物生育期需水量ET的0.6、0.8、1.0倍，4个施氮水平分别为N0、N140、N221、N300（折合纯氮0kg/hm^2、140kg/hm^2、221kg/hm^{2}和300kg/hm^2），共有12个处理（3个灌溉水平×4个施氮水平），重复3次，36个小区。主区随机排列，在每个主区中随机布置4个施氮水平。小区面积为4.5m×9m=40.5m^2。春小麦全生育期3个灌溉量分别为378mm、504mm和630mm（不包括生育期降水量），水源为附近井水，首先将井水引入渠道，然后用塑料管及水泵将渠道水灌入田间，用水表进行计量。氮肥分基肥和追肥两种，基肥采用条播方式与春小麦种子同时施入，追肥在灌水前撒施。采用普通尿素（含氮46%）为氮源。

试验结果表明，施氮量为硝态氮淋溶的决定因素，土壤剖面的硝态氮含量随着施氮量的增加而增加，施氮量在0～140kg/hm^2，硝态氮的淋溶较为缓慢；在221～300kg/hm^{2}范围内，硝态氮含量显著增加，可见施氮量等于或大于221kg/hm^{2}时，易引起硝态氮淋溶。由于灌溉水淋失与植株根系吸收作用，春小麦收获期土壤硝态氮含量明显低于开花期，硝态氮含量具有显著差异的土层深度变浅。在平均施氮水平（4个施氮水平的均值）下，不同灌溉处理同一层次土壤，发现硝态氮含量差异不显著（$P<0.05$），表明灌溉量对春小麦生育期土壤硝态氮淋溶的影响小于施氮量对土壤硝态氮淋溶的影响。不同灌溉处理的同一层次土壤硝态氮含量差异因施氮水平而异，硝态氮含量具有显著差异的土层深度随施氮量的增加而增加。硝态氮含量具有显著差异的土层，多数情况下，低灌溉处理（I0.6）与中等灌溉处理（I0.8）的土壤硝态氮含量显著高于高灌溉处理（I1.0），说明随灌水量的减少硝态氮向下淋溶也相应减小。由于较高的土壤蒸发使硝态氮在土壤表层积累最多，随着土层深度增加，硝态氮含量逐渐减少。试验区降水量对硝态氮淋溶产生影响较小。

在378～504mm灌溉水平下，大于221kg/hm^{2}的施氮量超过作物吸氮量，导致收获期NO_3-N在根层土壤剖面（0～200cm）大量积累（50.1～139.9kg/hm^2），同时根层以下产生大量硝态氮淋溶（127.2～173.7kg/hm^2）；在630mm灌溉水平下，各处理NO_3-N在根层土壤剖面积累量相对较低（25.1～46.5kg/hm^2），但根层以下硝态氮淋溶较高（130.1～238.4kg/hm^2）。N300、N221与N140硝态氮淋溶量平均为126.5kg/hm^2、147.4kg/hm^{2}与185.8kg/hm^2，说明硝态氮淋溶随灌溉量与施氮量增加相应增大，尤其当施氮量超过221kg/hm^{2}或灌溉量超过504mm时硝态氮淋溶显著性增加。当施氮量超过221kg/hm^{2}时，春小麦籽粒产量、地上部干物质量、植株吸氮量、氮肥表观利用率及生理效率均不再显著增加。高灌溉处理（630mm）的氮肥内部利用率显著大于低灌溉处理（378mm），新垦沙地农田小麦灌溉水生产力平均变动在2.0～5.3kg/hm^2·mm，氮肥生产力平均变动在6.3～10.8kg/kg。此外，灌溉与施氮对土壤贮水量影响不显著，小麦产量与地上干物质量在低灌溉处理（灌溉量378mm）未收到显著性降低，表明进行多次少量灌溉与施氮可以提高灌溉水与氮肥的利用效率。

综上所述，施氮221kg/hm^{2}与灌溉定额378mm是春小麦水分利用效率的最佳组合。

（2）玉米水肥优化管理技术遴选。玉米节水节肥试验遴选安排在边缘绿洲沙地农田安排不同灌溉水平（常规灌溉，12 000m^3/hm^2；节水10%，10 800m^3/hm^2；节水20%，9 600m^3/hm^2）和施氮水平（0kg N/hm^2、150kg N/hm^2、225kg N/hm^2、300kg N/hm^{2}和375kg N/hm^2），研究玉米产量、氮肥利用率、灌溉水生产力及硝态氮在土壤剖面中的分布。

为研究沙质农田区域合理的水肥运筹技术以减少氮的淋溶损失、提高水肥利用效率，于2007年与2008年连续2年在地处黑河中游荒漠绿洲交错区的临泽内陆河流域综合研究站开展不同灌溉水平和施氮水平对沙地玉米产量、氮肥利用率、灌溉水生产力及硝态氮在土壤剖面中分布的影响研究。

采用双因素裂区设计，主区为灌溉量，副区为氮肥用量，共15个处理，3个重复，45个小区；主区顺序排列，副区随机排列（表7-45）。小区面积4m×5m，小区之间地下0～100cm深度埋设防水材料（橡胶板）分隔，地上部0～20cm高度浇筑15cm厚度的混凝土。灌溉量设正常灌溉（W1，12 000m^3/hm^2）、节水10%（W2，10 800m^3/hm^2）和节水20%（W3，9 600m^3/hm^2）3个水平，分10次平均灌溉（当地灌溉次数为10～14次），灌水量用灌水管末端的水表控制计量。氮肥用量设0（N1）、150（N2）、225（N3）、300（N4）和375kg/hm^2（N5）5个水平，当地玉米正常施氮水平在350～450kg/hm^2。氮肥1/3作基肥，2/3作追肥，在玉米拔节期和孕穗期两次追施。施磷肥（P_2O_5）150kg/hm^2、钾肥（K_2O）150kg/hm^{2}和锌肥（$ZnSO_4$）15kg/hm^{2}氮、磷、钾肥分别为尿素、过磷酸钙和硫酸钾。试验在施有机肥的基础上进行，播种前基施有机肥（腐熟纯羊肥）15t/hm^2，含有机质164g/kg、全氮6.2g/kg、全磷2.9g/kg、全钾25g/kg。

表7-45 不同灌溉和施肥量下沙地农田玉米产量

灌溉量（m^3/hm^2）	施氮量（kg/hm^2）					平均
	N1	N2	N3	N4	N5	
W1	0.51±0.02^d	0.97±0.04^c	1.01±0.02^b	1.13±0.03^a	1.14±0.08^a	0.97^c
W2	0.65±0.03^c	1.11±0.03^b	1.22±0.06^a	1.15±0.04^{ab}	1.15±0.04^{ab}	1.06^b
W3	0.76±0.05^b	1.28±0.07^a	1.35±0.01^a	1.27±0.04^a	1.32±0.09	1.2^a
平均	0.64^c	1.12^b	1.21^a	1.18^a	1.20^a	

注：同行肩标不同字母表示差异显著（P>0.05）。

试验表明常规高量灌溉（12 000m^3/hm^2）和节水10%和20%的处理玉米产量和地上生物量无显著差异；在施有机肥和磷、钾肥的基础上，施氮量150～375kg N/hm^2较不施氮处理增产74.8%～108.6%，施氮量超过225kg N/hm^2时，产量不再显著增加；平均氮肥利用率（NUE）为50.6%～83.7%，随施氮量的增加而下降，超过225kg N/hm^2时显著降低。在施用氮肥时，玉米灌溉水生产力（WP）为0.97～1.35kg/m^3，随灌溉量的增加而下降，施氮量超225kg N/hm^2时，灌溉水生产力不再显著增加。水肥配合有显著的交互效应，高量的水氮配合可获得较高的产量，但水肥利用效率显著下降。对每次灌溉前土壤剖面水分含量的测定结果表明，3个灌溉水平下0～160cm土层土壤水分含量无显著差异，表明常规高量灌溉并不能保持较长时间的有效水分供作物吸收利用；高量灌溉下，0～200cm土壤剖面中NO_3-N的积累量低于节水灌溉处理，表明高量灌溉使更多的NO_3-N淋溶至更深的土层，对地下水氮污染风险加大。从水肥高效利用、降低氮污染风险和缓解水资源短缺综合考虑，进行合理的水肥调控、适度降低灌溉量和氮肥投入是沙地农田生态系统管理的合理选择。通过合理的水肥调控，沙地农田仍有很大的节水潜力。

灌溉12 000m^3/hm^2、灌溉10 800m^3/hm^2和灌溉9 600m^3/hm^2处理的玉米产量和地上生物量无显著差异，在施有机肥和磷钾肥的基础上，施氮量150～375kg N/hm^2较不施氮处理增产74.8%～108.6%，施氮量超过225kg N/hm^2时显著降低。对每次灌溉前土壤剖面水分含量的测定结果表明，3个灌溉水平下0～160cm土层土壤水分无显著差异，表明12 000m^3/hm^2的灌溉量并不能保持较长时间的有效水分供作物吸收利用（图7-27）。

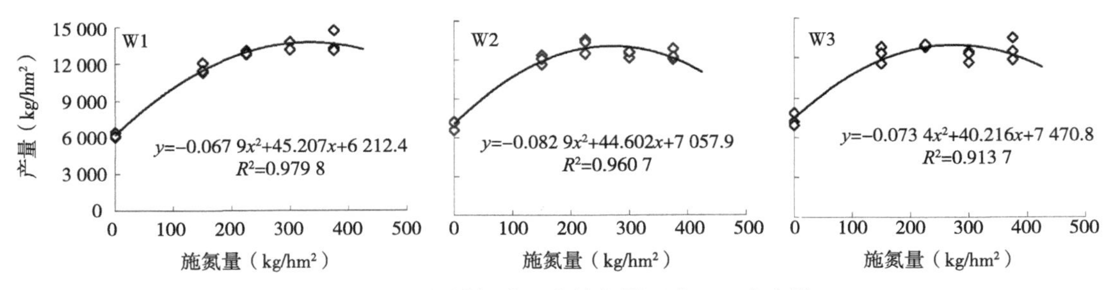

图7-27　不同灌溉水平和施氮量下农田玉米产量

综上所述，施氮225kg/hm^2与9 600m^3/hm^2的灌溉量（节水20%）是玉米水分利用效率的最佳组合。枣粮间作，在获得同样收益的条件下，可节水$2.5\times10^7m^3$。

四、垄沟种植灌溉技术

1. 春小麦垄沟种植灌溉技术

垄作沟灌技术是一种新型节水耕作种植方式，采用田间起垄开沟的耕作方式，在垄上种植作物，垄沟灌水。其主要特点是变大水漫灌为局部灌水，变浇地为浇作物。

春小麦种植垄宽75cm，垄面宽50cm，垄沟宽25cm，沟深20cm，垄上种4行小麦，行距15cm，边行小麦与垄边的距离为3～5cm，播种量为50万～55万粒（375～412kg/hm^2）较为适宜。宜选用叶片披散、边行优势强，分蘖成穗率高、矮秆抗倒伏的陇核2号、张宁2000、宁春4号、永良4号和宁J210等品种为主。

一般施农家肥60～75t/hm^2、纯氮180～225kg/hm^2、五氧化二磷150～180kg/hm^2，其中70%氮肥和全部磷肥作底肥，起垄时撒施于垄带内，随起垄翻埋于垄体中；30%氮肥于头水前在沟内集中追施。前茬收获后按传统方式灌好冬水，灌水量以1 200m^3/hm^{2}为宜。由于垄作春小麦加大了土壤的表面积，前期的蒸发高于平作，因此垄作小麦前期要及时灌水，干旱年份尤其要注意及时灌头水，以防受旱。小麦全生育期灌水3次，3叶期灌头水，灌水量以1 200m^3/hm^{2}为宜；抽穗期灌二水；灌水量以900～1 200m^3/hm^{2}为宜；灌浆中期灌三水，灌水量以1 200m^3/hm^{2}为宜。宜小水漫灌，防止漫垄，使灌溉水以侧渗方式渗入。

在相同灌溉水定额下，垄作栽培的水分利用效率15.5～18.5kg/（mm·hm^2）较相应平作水分利用效率13.1～14.9kg/（mm·hm^2）增加2.4～3.6kg/（mm·hm^2）。在相同灌溉水定额下，垄作栽培的产量（4 782～7 028kg/hm^2）较相应平作产量（3 543～6 557kg/hm^2）增加471.0～1 239.0kg/hm^2（表7-46）。

灌水定额为4 350m^3/hm^2，较河西绿洲传统平作种植技术的灌溉定额5 400m^3/hm^{2}可节水1 050m^3/hm^2，产量水平保持在7 000kg/hm^2，节水效果明显。

表7-46　垄作和传统平作种植下作物产量和水效益研究结果（2004—2005年）

作物	灌溉定额（m^3/hm^2）	产量（kg/hm^2）		水分利用效率[kg/（mm·hm^2）]	
		垄作	平作	垄作	平作
春小麦	2 100	4 782	3 543	18.53	14.82
	2 850	6 125	4 754	18.30	14.21
	3 600	6 875	6 102	17.37	14.88
	4 350	7 028	6 557	15.53	13.05
制种玉米	3 750	7 150	5 625	18.27	14.42
	4 500	7 689	6 542	16.18	14.04
	5 250	7 839	6 808	14.78	12.89
	6 000	7 775	7 822	12.82	12.8

2. 玉米垄沟种植灌溉技术

玉米采用起垄种植，垄高20cm，垄宽70cm，沟宽50cm，垄面覆盖幅宽90cm的地膜，种植2行，行距50cm、株距20cm，保苗82 500株/hm^2。

施肥技术结合播前浅耕，施农家肥60～75t/hm^2、纯氮375.0～450.0kg/hm^2。五氧化二磷300.0～337.5m^3/hm^2。其中30%氮肥作基肥，40%氮肥于拔节期结合第一次灌水追施，30%氮肥于大喇叭口期结合第二次灌水追施，追肥穴施于玉米植株之间或条施垄沟内；磷肥施于窄行内作基肥。

播种覆膜后2～3d根据土壤墒情播种，墒情好可直接播种，墒情不足时起垄后顺垄沟浇水然后再播种，或者播种后再顺垄沟浇水，以保证种子发芽和前期所需的水分。可采用人力穴播机播种，也可人工播种，播深4～5cm，每穴播2～3粒种子，播后用土封严膜孔。

小水漫灌，不能漫垄，使灌溉水通过沟内侧渗进玉米生长带，玉米全生育期灌水4次，灌溉定额4 500m^3/hm^2。拔节前灌头水，灌水量为1 050m^3/hm^2；大喇叭口期灌二水，灌水量为1 200m^3/hm^2；抽雄后灌三水，灌水量为1 200m^3/hm^2；间隔20d后灌四水，灌水量为1 050m^3/hm^2。

水分利用效率：垄作灌水量4 500m^3/hm^2的水分利用效率16.2kg/（mm·hm^2）比传统平作的灌水量6 000m^3/hm^2的水分利用效率12.8kg/（mm·hm^2）高3.38kg/（mm·hm^2）。

产量：灌水量为5 250m^3/hm^2的产量（7 839kg/hm^2）与平作灌溉量6 000m^3/hm^2的产量（7 800kg/hm^2）水平接近（表7-46）。

灌水定额为5 250m^3/hm^2，较河西绿洲传统灌溉定额6 000m^3/hm^2，可节水750m^3/hm^2，产量水平一致，节水效果明显。

节水效益：如果在甘州、临泽、高台三区县小麦播种面积的70%，约5 390hm^2中推广垄沟种植技术，并推广$3\times10^4$$hm^2$玉米垄沟种植技术，可分别节约水资源$5.7\times10^6$$m^3$和$2.25\times10^7$$m^3$。

3. 绿洲防护生态体系建立技术示范

在荒漠绿洲区包括农田防护林、防风固沙林等在内的防护体系对维持绿洲的稳定起着重要的作用。但这些防护体系的维持需要消耗一定的水资源。据估计，在黑河中游绿洲仅乔木林（主要是农田防护林）每年消耗的水资源为3亿m^3。因此寻求节水型绿洲防护体系建设模式及管理技术是干旱区适应气候变化的重要方面。

（1）节水型防风阻沙体系建立技术。以往的防风固沙体系中前沿阻沙林多以杨树为主，占绿洲防沙林的30%左右。根据多年监测，杨树防风林每年需要灌水3次才能维持稳定，20年左右的杨树林，在年灌水3次的条件下，耗水610mm。选择黑河中游平川灌区绿洲边缘，开展用水分利用效率高的低耗水C_4植物梭梭和C_3灌木柠条、柽柳作为绿

洲外围防沙带，适当采用杨树和苜蓿间作的配置方式作为绿洲边缘防风体系，替代以往的高耗水的杨树作为前沿阻沙体系的模式，试图通过减少防护体系的耗水以适应气候变化。

建立的梭梭、柠条、柽柳防沙体系不用灌溉，靠降水和地下水维持，年耗水量50～150mm。杨树防护林可以降低风速70%，减少输沙量96%，而以梭梭、柽柳和柠条混交的防风固沙体系也可以分别降低风速和减少输沙量50%和80%，基本可以替代杨树防风阻沙体系的功能，节约水资源70%左右。

（2）适度降低规模和灌溉量后维持防护体系稳定技术。目前绿洲防护体系的规格多为100m×150m，绿洲农田防护林多在渠边和农田边，农田灌水时林网也同时得到灌溉，年灌水7～8次。因此，防护林基本是在土壤水分较高的生境中生长，耗水量较大。

根据多年观测，将现行基本农田防护林体系林网规格由100m×150m（林窗）调整为150m×150m的林窗规格，农田的产量变化不显著。根据试验，当地防护林在每年3～4次的补充灌水，每次70～90m^3/亩的条件下，就可以维持正常的生长，发挥基本的防护功能。每次灌溉定额保持为200mm不变，每年灌水3～4次。调整后的防护体系防护功能基本不变。

因此，将目前农田林网的规格由100m×150m（林窗）调整为150m×150m，灌溉从6～7次压缩到3～4次，林网的稳定性和防护功能基本不受影响。

第五节　主要适应技术措施评价

一、适应技术的实施评价

各项适应技术中，沙地春小麦水肥优化技术和沙地玉米水肥优化技术（沙地玉米水肥优化技术节水效益高于沙地春小麦水肥优化技术）实施无需额外的成本投入，同时，沙地农田多分布于绿洲和荒漠交错带，推广区域相对集中，可以优先在临泽县平川镇和板桥镇等沙地农田分布面积较广的区域内推广实施。玉米与固氮植物间混作技术、春小麦垄沟种植技术、玉米垄沟种植技术等技术具有投资成本较少，技术相对简单、易掌握的特点，因而也是具有优先推广价值的技术。其中玉米与固氮植物间混技术操作简便、不需要额外的人工投入、基本无推广风险，可以在高台县宣化、黑泉、罗城、盐池等乡（镇）等离城区较远的地方推广。而对田间起垄规格、品种选择、栽培技术有一定要求的春小麦垄沟种植技术和玉米垄沟种植技术（春小麦垄沟种植技术节水效益高于玉米垄沟种植技术）选择在城区周围及植种玉米较为集中的区域实施，便于相应的农技指导工作的开展。

枣粮复合系统建设技术前期成本投入较高，但后期仅需修剪、采摘等工作投入劳动力，是继春小麦和玉米垄沟种植技术之后优先选择的气候变化适应技术。种植结构调整技术有较高的节水效益，但是，在对政府部门的宏观决策、农技知识的推广、农产品市场的稳定等方面有较强的要求，因而资本投入量和风险性高于前几项适应技术。

农田林网规格调整、灌溉优化及节水型防风阻沙体系建设技术由于可能增加防护林体系的脆弱性，而且防护林体系的重建与改造进展较缓慢，花费的资金和劳动力成本较高。相比较而言，农田林网规格调整技术实施所需周期长、成效较缓，资金需求量大，林网灌溉优化技术增加防护林体系脆弱性可能性较大，而节水型防风阻沙体系建设技术在这几个方面均优于农田林网规格调整技术和林网灌溉优化技术。

二、主要技术节水效益

在对主要技术节水效益评估的基础上，基于对这些技术不同程度应用的情景，通过这些技术措施的应用，在不降低绿洲农业产值和绿洲稳定的前提下，每年可以节水2.96亿m^3（表7-47）。因此，这些技术措施的应用将会有效适应气温上升1℃左右带来的水资源利用的变化。

1. 种植结构节水技术

黑河中游目前农作物种植结构为玉米50 808hm^2（59.2%），包括制种和非制种玉米；小麦7 769hm^2（9.1%）；棉花2 750hm^2（3.2%）；青饲料4 551hm^2（5.3%）；番茄867hm^2（1.0%）；其他19 095hm^2（22.2%）。根据对平川灌区水效益的研究成果，将黑河中游农作物种植结构调整为：玉米20 035hm^2（23.34%），枣粮间作20 035hm^2（23.34%），棉花10 017hm^2（11.67%）、番茄6 678hm^2（7.78%）、青饲料6 678hm^2（7.78%）和小麦3 339hm^2（3.89%），其他19 095hm^2（22.2%）。综合节水量$5.88\times10^7m^3$，收益增加3.42×10^8元。

沙地玉米与固氮植物间混作技术：选择1年生固氮植物作为间作物，玉米采用2行带状种植，带行穴距60cm×40cm×（28～30）cm，栽植密度4 500～4 700株/亩，玉米与固氮植物同穴播种及行带间条播。灌水量9 100m^3/hm^2，产量水平12 000kg/hm^2以上，较单作种植技术（9 600m^3/hm^2）节水500m^3/hm^2，产量不降低。在边缘绿洲推广5 000hm^2玉米间混种植技术，可节约水资源$2.5\times10^6m^3$。

枣粮复合系统建设技术：枣树株行距（4～5）m×（12～18）m，枣树带宽1m。玉米采用2行带状种植，普通玉米带行穴距60cm×40cm×（28～30）cm。灌水量7 500m^3/hm^2，产值17 100元/hm^2，较传统单作技术达到相同产值需水9 600m^3/hm^2，节水22%。在原来的玉米种植面积上增加12 000hm^2（玉米播种面积的24%）的枣粮间作，在获得同样收益的条件下，可节水$2.5\times10^7m^3$。

2. 作物种植技术节水

春小麦垄沟种植技术：垄宽75cm，面宽50cm，沟宽25cm，沟深20cm，垄面种植4行小麦，行距15cm。冬水灌溉1 200m^3/hm^2。全生育期灌水3次，3叶期灌（1 200m^3/hm^2）；抽穗期灌（900 ~ 1 200m^3/hm^2）；灌浆中期灌（1 200m^3/hm^2）；小水漫灌，防止漫垄，灌溉水以侧渗方式渗入。灌水量4 350m^3/hm^2，产量水平7 000kg/hm^2，较传统平作种植技术（5 400m^3/hm^2）可节水1 050m^3/hm^2，产量相当。如果在中游小麦播种面积的70%约5 390hm^{2}中推广垄沟种植技术，可节约水资源5.7 × 10^{6}m^3。

玉米垄沟种植技术：垄宽70cm，垄高20cm，沟宽50cm，垄面覆90cm地膜，种植2行，行距50cm、株距20cm。全生育期灌水4次，拔节前（1 050m^3/hm^2）；大喇叭口期（1 200m^3/hm^2）；抽雄后（1 200m^3/hm^2）；抽雄后20d后（1 050m^3/hm^2）；小水漫灌，灌溉水通过沟内侧渗。灌水量5 250m^3/hm^2，产量水平7 800kg/hm^2，较传统平作种植技术（6 000m^3/hm^2），可节水750m^3/hm^2，产量相当。如推广3万hm^{2}玉米垄沟种植技术，可节约水资源2.25 × 10^{7}m^3。

沙地农田春小麦水肥优化技术：全生育期共灌水6次，总量5 800m^3/hm^2；出苗期灌水量控制在800m^3/hm^2，三叶期、拔节期、开花期、灌浆期和乳熟期灌水量控制在1 100m^3/hm^2。灌水量5 800m^3/hm^2，产量水平3 500kg/hm^2，施氮量228kg/hm^2，较传统沙地超量灌溉量水平（7 000m^3/hm^2）节水1 200m^3/hm^2，产量相当。如约1 000hm^{2}沙地小麦推广优化的水肥种植技术，可节水1.2 × 10^{6}m^3。

沙地玉米水肥优化技术：采用宽窄行地膜穴播技术，宽行距60cm，窄行距40cm，株距25cm。全生育期共灌水10次，播种期灌头水，拔节期灌二水，以后根据玉米生长状况间隔约15d灌水一次，每次灌水960m^3/hm^2，全生育期灌水总量9 600m^3/hm^2。灌水量9 600m^3/hm^2，产量水平12 000kg/hm^2，施氮量225kg/hm^2，较传统沙地超量灌溉量水平（12 000m^3/hm^2）可节水2 400m^3/hm^2，产量相当。在边缘绿洲约3 000hm^{2}沙地玉米采用优化的水肥技术，可节水7.2 × 10^{6}m^3。

3. 优化绿洲防护体系节水

调整农田林网规格技术：将张掖市现行基本农田防护林体系林网由100m × 150m（林窗）调整为150m × 150m，每次灌溉定额保持2 000m^3/hm^{2}不变，每年灌水为6 ~ 7次。林网面积减少20%，灌溉面积减少20%。按目前中游林网耗水量3 × 10^{8}m^3，如果推广此技术，林网灌溉面积减少20%，可节水6 × 10^{7}m^3。

优化农田林网灌水技术：张掖市农田杨树防护林的灌水次数由6 ~ 7次（相对干旱年份7次，相对丰水年份6次）调整到4 ~ 5次（相对干旱年份5次，相对丰水年份4次），每次灌溉定额保持为2 000m^3/hm^2。若按4次灌溉计算，灌水量8 000m^3/（hm^2·年），相比6次灌溉的年灌水量12 000m^3/（hm^2·年），可节水4 000m^3/（hm^2·年），节水33%。按目前中游林网耗水量$3\times10^8m^3$，林网灌溉由相对丰水年的6次灌溉减少到相对干旱年的4次灌溉，可节水$9.9\times10^7m^3$。

节水型防风阻沙体系：以往的防风固沙体系中前沿阻沙林多以杨树为主，耗水610mm。用水分利用效率高的低耗水梭梭和柠条、柽柳作为绿洲外围防沙带，不用灌溉，靠降水和地下水维持，防风效果相当。节水率70%，每公顷节水6 100m^3/（hm^2·年），将目前的3 300hm^2年耗水610mm的杨树防风阻沙林中70%的杨树用不灌水的荒漠植物代替，年节水量为$1.42\times10^7m^3$。

在适应贡献及节水量潜在分析中，将结构性调整技术的节水量与其他技术的节水量相加作为潜在节水量，是基于两个考虑，一是因为垄沟技术也同样适用于调整后的其他经济作物；二是目前黑河流域中游统计的作物种植面积要比实际种植面积低20%左右。对主要适应技术效益进行评估（表7-47），种植结构调整技术可在不减少收益的条件下节水$5.88\times10^7m^3$；采用建立枣粮复合系统、优化边缘绿洲水肥管理、推广垄沟种植、玉米与固氮植物间混作等改良耕作和灌溉行为的技术节水量分别可达$2.5\times10^7m^3$、$8.4\times10^6m^3$、$2.5\times10^7m^3$、$2.8\times10^7m^3$；通过降低非生产用水适应气候变化技术中，农田林网规格调整、林网灌溉优化和节水型防风阻沙体系建设技术节水量分别可达$6\times10^7m^3$、$9.9\times10^7m^3$、$1.42\times10^7m^3$。基于对这些技术不同程度应用的情景和考虑多项技术的叠加运用，各项适应技术的综合运用可使黑河流域农业绿洲每年节约水资源$2.96\times10^8m^3$。

表7-47　灌区农业净收益

利用类型	二坝渠系（万元）	三坝渠系（万元）	四坝渠系（万元）	合计（万元）	净收益占总净收益的比例（%）	收益率（%）
玉米	2 139.08	1 387.98	1 170.45	4 697.52	85.89	136.82
小麦	6.63	2.71	0.10	9.44	0.17	112.44
棉花	98.72	189.45	2.04	290.21	5.31	158.64
番茄	235.85	21.02	5.50	262.38	4.80	471.75
苜蓿	76.54	0.12	0.00	76.66	1.40	291.30
西瓜	0.18	0.00	1.58	1.76	0.03	239.62
枣粮间作	26.76	63.15	41.22	131.12	2.40	296.04
合计	2 583.75	1 664.44	1 220.90	5 469.1	100.00	
所占百分比（%）	47.24	30.43	22.32	100.00		

三、主要技术经济效益

2007年平川灌区年灌水量$5.74\times10^7m^3$（表7-48），根据张掖市农业发展规模，2015年高耗水玉米种植面积应该减少一半，增加作物种植面积，实现节水增益，故将平川灌区种植结构调整为制种玉米30%，枣粮间作30%，棉花15%、番茄10%、苜蓿10%和小麦等5%，平川灌区的总收入并没有减少，但调整后年节水$0.97\times10^7m^3$。

中游的甘州、临泽、高台三区县耕地面积85 839hm^2（约130万亩）。根据对平川灌区的研究成果，如果保持其他（如经济作物、马铃薯、油料作物、啤酒大麦等）作物不变的情况下，将现有的农作物种植玉米由59%调整到23%，小麦由9%调整到4%，番茄由1%增加到8%，棉花由3%增加到12%，同时增加23%的枣粮间作，并假定中游地区与平川灌区主要作物有相同的灌溉量和收益率，据此估算，通过调整种植结构中游绿洲即可节约水资源$5.88\times10^7m^3$，经济效益增加3.4×10^8元。

表7-48　平川灌区主要种植作物净收益率及单方水产值（2007年）

利用类型	面积（hm^2）	占有效灌溉耕地面积（%）	灌溉水量（m^3/hm^2）	净收益率（%）	单方水产值（元/m^3）
玉米	4 679	87	11 470	136.82	1.4
小麦	17.18	0.3	9 750	112.44	0.8
棉花	314	6	10 650	158.64	1.2
番茄	104	2	9 550	471.75	2.8
苜蓿	153	3	9 220	291.30	0.6
西瓜	0.92	0.2	9 450	239.62	2.5
枣粮间作	80.9	1.5	9 220	296.04	2.9

四、应对气候变化的贡献

由于对气候变化造成绿洲生态系统水资源变化尚无统一的结论，本研究利用基于绿洲植被净初级生产力与植被耗水关系的最新研究成果，即2008年黑河中游绿洲生态系统所消耗水量为$18.41 \times 10^8 \sim 21.92 \times 10^8 m^3$（赵文智，2010），根据河海大学研究结果，2020s和2050s在A2、B2情景下，年均气温分别上升1.5℃、1.7℃和3.0℃、2.8℃，与此对应的黑河中游绿洲蒸散量分别增加9.9%、12.2%、20.5%、20.3%。据此推算，2020s和2050s在A2、B2情景下，黑河中游绿洲系统耗水量分别增加$1.82 \times 10^8 \sim 2.17 \times 10^8 m^3$、$2.24 \times 10^8 \sim 2.67 \times 10^8 m^3$、$3.77 \times 10^8 \sim 4.49 \times 10^8 m^3$、$3.74 \times 10^8 \sim 4.45 \times 10^8 m^3$。若未来气温增加2℃，黑河中游绿洲生态系统水资源消耗量将增加$2.57 \times 10^8 \sim 3.07 \times 10^8 m^3$（表7-49）。

按目前每公顷绿洲耗水量7 500m^3、年均收益1.65万元计算，在不采用适应措施的情况下，2020s绿洲农田面积将减少3.47万hm^2，年损失经济效益达5.72亿元人民币，2050s绿洲农田面积将减少5.3万hm^2，年损失经济效益达8.8亿元人民币。通过种植结构调整、边缘绿洲农田水肥管理的优化、玉米与固氮植物间混作、垄沟种植、枣粮间作、农田林网规格调整、林网灌溉优化和节水型阻沙体系的建设等各项适应技术的采用，可以缓解因气温升高条件下水资源消耗量增加导致的绿洲农田面积减少，进而使所受到的经济损失减少。

根据初步研究结果和考虑各项适应技术在实施过程中的阶段性，大致估算出2020s和2050s各项适应技术实施面积及对气候变化适应的潜在贡献（表7-50），从表7-50可以看出，到2020s，通过各项适应技术的实施节水量可达2.08亿～2.4亿m^3，能够适应因气温上升1.5～1.7℃耗水增加量（1.82亿～2.67亿m^3），使绿洲农田减少面积降低2.77万～3.2万hm^2，挽回经济损失4.58亿～5.28亿元人民币，超过采取适应技术预计需要的资金投入量3亿元人民币。到2050s，通过各项适应技术的实施节水量达2.96亿m^3，能够适应因气温上升2.8～3.0℃耗水增加量（3.74亿～4.49亿m^3）的66%～79%，使绿洲农田减少面积降低3.95万hm^2，仍有1.4万hm^2绿洲农田面积减少，挽回的经济损失达6.51亿元人民币，而因为枣粮间作、农田林网规格调整及节水型阻沙体系的建设等技术已大部分实施，到2050s采取适应技术预计需要的资金投入量降至0.85亿元人民币。

综上所述，到2020s，通过各项适应技术在黑河中游绿洲的阶段性实施和推广，节约的水资源量基本可以补偿因气温升高导致的绿洲水资源消耗的增加量，有效缓解绿洲面积和经济效益的减少。到2050s，由于水资源消耗量较大，而各项适应技术的补偿作用受到限制，绿洲的稳定性受到一定的影响，因此，仍需要研究和推广新的节水技术进行补充，经过资料分析，初步推荐膜下滴灌、全地面地膜覆盖、节水型防护林体系改造、调亏灌溉、分沟交替灌溉5种潜在的适应技术（彩图7-5，表7-51），以期能够节约更多的水资源，缓解气温升高引起的绿洲用水压力。若未来气温增加2℃，2050s实施的各项技术基本能够适应气候变化所导致的黑河中游绿洲生态系统水资源消耗量的增加（$2.57 \times 10^8 \sim 3.07 \times 10^8 m^3$）。

表7–49　黑河中游绿洲节水技术效益评估及适应贡献

层次	节水技术	技术要领	主要指标	节水效益	适应贡献及节水量
结构调整节水	调整种植结构	黑河中游目前农作物种植结构为：玉米50 808hm²（59.2%），包括制种和非制种玉米；小麦7 769hm²（9.1%）；棉花2 750hm²（3.2%）；青饲料4 551hm²（5.3%）；番茄867hm²（1.0%）；其他19 095hm²（22.2%） 根据对平川灌区水效益的研究成果，将黑河中游农作物种植结构调整为：玉米20 035hm²（23.34%），枣粮间作20 035hm²（23.34%），棉花10 017hm²（11.67%）、番茄6 678hm²（7.78%）、青饲料6 678hm²（7.78%）和小麦3 339hm²（3.89%），其他19 095hm²（22.2%）	节水量：$5.88 \times 10^7 m^3$ 收益增加：3.42×10^8元	节水$5.88 \times 10^7 m^3$	中游耕地面积85 839hm²（约130万亩），其中玉米、小麦、棉花、青饲料（苜蓿）、番茄种植面积为66 744hm²（77.8%，约100万亩），其他（如马铃薯、油料作物、啤酒大麦等）占19 095hm²（22.2%）。在现有的耕地面积内，如果保持其他经济作物不变的情况下，对主要作物进行种植结构调整，调整方案同技术要领，达到同样的收益条件下，可节约水资源$5.88 \times 10^7 m^3$
种植技术节水	春小麦垄沟种植灌溉技术	垄宽75cm，面宽50cm，沟宽25cm，沟深20cm，垄面种植4行小麦，行距15cm。冬水灌溉1 200m³/hm²。全生育期灌水3次，3叶期灌（1 200m³/hm²）；抽穗期灌（900～1 200m³/hm²）；灌浆中期灌（1 200m³/hm²）；小水漫灌，防止漫垄，灌溉水以侧渗方式渗入	灌水量：4 350m³/hm² 产量水平：7 000kg/hm²	较传统平作种植技术（5 400m³/hm²）可节水1 050m³/hm²，产量相当	如果在中游小麦播种面积的70%约5 390hm²中推广垄沟种植灌溉技术，可节约水资源$5.7 \times 10^6 m^3$
	玉米垄沟种植灌溉技术	垄宽70cm，垄高20cm，沟宽50cm，垄面覆90cm地膜，种植2行，行距50cm，株距20cm。全生育期灌水4次，拔节前（1 050m³/hm²）；大喇叭口期（1 200m³/hm²）；抽雄后（1 200m³/hm²）；抽雄后20d后（1 050m³/hm²）；小水漫灌，灌溉水通过沟内侧渗	灌水量：5 250m³/hm² 产量水平：7 800kg/hm²	较传统平作种植技术（6 000m³/hm²），可节水750m³/hm²，产量相当	推广3万hm²玉米垄沟种植灌溉技术，可节约水资源$2.25 \times 10^7 m^3$

（续表）

层次	节水技术	技术要领	主要指标	节水效益	适应贡献及节水量
种植技术节水	沙地玉米与固氮植物间混作技术	覆膜，选择1年生固氮植物作为间作物，玉米采用2行带状种植，带行穴距60cm×40cm×（28～30）cm，栽植密度4 500～4 700株/亩，玉米与固氮植物同穴播种及行带间条播	灌水量：9 100m³/hm² 产量水平：12 000kg/hm²以上	较单作种植技术（9 600m³/hm²），节水500m³/hm²，产量不降低	在边缘绿洲推广5 000hm²玉米间混种植技术，可节约水资源2.5×10⁶m³
	沙地农田春小麦水肥优化技术	全生育期共灌水6次，总量5 800m³/hm²；出苗期灌水量控制在800m³/hm²，三叶期、拔节期、开花期、灌浆期和乳熟期灌水量控制在1 100m³/hm²	灌水量：5 800m³/hm² 产量水平：3 500kg/hm⁻² 施氮量：228kg/hm²	较传统沙地超量灌溉量水平（7 000m³/hm²），节水1 200m³/hm²，产量相当	约1 000hm²沙地小麦推广优化的水肥种植技术，可节水1.2×10⁶m³
	沙地玉米水肥优化技术	采用宽窄行地膜穴播技术，宽行距60cm，窄行距40cm，株距25cm。全生育期共灌水10次，播种期灌头水，拔节期灌二水，以后根据玉米生长状况间隔约15d灌水一次，每次灌水960m³/hm²，全生育期灌水总量9 600m³/hm²	灌水量：9 600m³/hm² 产量水平：12 000kg/hm² 施氮量：225kg/hm²	较传统沙地超量灌溉量水平（12 000m³/hm²），可节水2 400m³/hm²，产量相当	在边缘绿洲约3 000hm²沙地玉米采用优化的水肥技术，可节水7.2×10⁶m³
	枣粮复合系统建设技术	枣树株行距（4～5）m×（12～18）m，枣树带宽1m。玉米采用2行带状种植，普通玉米带行穴距60cm×40cm×（28～30）cm	灌水量：7 500m³/hm² 产值：17 100元/hm²	传统单作技术达到相同产值需水9 600m³/hm²，节水22%	在原来的玉米种植面积上增加12 000hm²（玉米播种面积的24%）的枣粮间作，在获得同样收益的条件下，可节水2.5×10⁷m³
优化绿洲防护体系节水	调整农田林网规格技术	将张掖市现行基本农田防护林体系林网由100m×150m（林窗）调整为150m×150m，每次灌溉定额保持为2 000m³/hm²不变，每年灌水为6～7次	林网面积减少20%	灌溉面积减少20%	按目前中游林网耗水量3.0×10⁸m³，如果推广此技术，林网灌溉面积减少20%，可节水6×10⁷m³

（续表）

层次	节水技术	技术要领	主要指标	节水效益	适应贡献及节水量
优化绿洲防护体系节水	优化农田林网灌水技术	张掖市农田杨树防护林的灌水次数由6～7次（相对干旱年份7次，相对丰水年份6次）调整到4～5次（相对干旱年份5次，相对丰水年份4次），每次灌溉定额保持为2 000m³/hm²	若按4次灌溉计算，灌水量：8 000m³/（hm²·年）	相比6次灌溉的年灌水量12 000m³/（hm²·年）可节水4 000m³/（hm²·年），节水33%	按目前中游林网耗水量$3\times10^8m^3$，林网灌溉由相对丰水年的6次灌溉减少到相对干旱年的4次灌溉，可节水$9.9\times10^7m^3$
	节水型防风阻沙体系	以往的防风固沙体系中前沿阻沙林多为以杨树为主，耗水610mm。用水分利用效率高的低耗水梭梭和柠条、柽柳作为绿洲外围防沙带，不用灌溉，靠降水和地下水维持，防风效果相当	节水率：70%	每公顷节水6 100m³/（hm²·年）	将目前的3 300hm²年耗水610mm的杨树防风阻沙林中70%的杨树用不灌水的荒漠植物代替，年节水量为$1.42\times10^7m^3$
总计					$2.93\times10^8m^3$

说明：在适应贡献及节水量潜在分析中，将结构性调整技术的节水量与其他技术的节水量相加作为潜在节水量，是基于以下两个考虑，一是因为垄沟技术也同样适用于调整后的其他经济作物；二是目前黑河流域中游统计的作物种植面积要比实际种植面积低20%左右。

表7-50　不同气候情景下黑河中游绿洲适应性技术贡献分析评价

年份	气温升幅（℃）	可能增加的水资源消耗量（亿m^3）	适应技术	实施状况（完成面积，hm^2）[a]	适应技术的贡献量（即节水量，m^3）[b]	风险性评价	贡献分析	预计需要的资金投入量	
								投资原因	投资额度（万元）
2020	1.5～1.7	1.82～2.67	结构调整节水	49 302～56 058[c]	4.2×10^7～4.97×10^7	种植面积扩大后，受市场影响，农产品价格波动，可能影响效益	按目前每公顷绿洲耗水量7 500m^3、年均收益16 500元计算，不采用适应措施，2020s绿洲农田面积将减少34 667hm^2，损失经济效益5.72亿元人民币。采用各项适应技术后绿洲农田减少面积仅为2 667～6 933hm^2，挽回经济损失4.58亿～5.28亿元人民币	市场体系的完善：农产品市场新建和扩展1 000万元 运输成本的投入：交通建设300万元，燃油消耗200万元，养路费用150万元 农技知识的推广：农作物种植、病虫害防治等技术推广人员的劳动补偿100万元，农业技术信息网站的建立、维护和运行费用250万元	2 000
			春小麦垄沟种植	3 773～4 312	3.96×10^6～4.53×10^6	长期采用垄沟种植可能导致表层土壤盐分轻度积累		起垄多投入的耕作费300元/hm^2	129
			玉米垄沟种植	21 000～24 000	1.6×10^7～1.80×10^7	长期采用垄沟种植可能导致表层土壤盐分轻度积累		起垄多投入的耕作费300元/hm^2	720
			玉米与固氮植物间混作	3 500～4 000	1.75×10^6～2.00×10^6	基本无风险		箭舌豌豆种子8元/kg×45kg/hm^2=360元/hm^2	144
			沙地小麦水肥优化	700～800	8.4×10^5～9.6×10^5	长期采用技术推荐的灌溉量可能低于变化气候条件下作物需水量，导致小麦产量略有下降		—	—

（续表）

年份	气温升幅（℃）	可能增加的水资源消耗量（亿m^3）	适应技术	实施状况（完成面积，hm^2）[a]	适应技术的贡献量（即节水量，m^3）[b]	风险性评价	贡献分析	预计需要的资金投入量	
								投资原因	投资额度（万元）
2020			沙地玉米水肥优化	2 100～2 400	5.04×10^6～5.76×10^6	长期采用技术推荐的灌溉量可能低于变化气候条件下作物需水量，导致玉米产量略有下降		—	—
			枣粮复合系统建设	8 400～9 600	1.76×10^7～2.02×10^7	极端气候事件（如低温）可能会对枣树造成损害，影响产量		枣树苗一次性投入（278苗/hm^2 × 30元/苗=8 300元/hm^2）及修剪、摘采多投入的劳动力费用300元/hm^2	8 200
			农田林网规格调整	农田林网的60%～80%完成规格调整	4.2×10^7～4.8×10^7	防护体系脆弱性可能增加		防护体系的改造与重建的花费及劳动力成本：新防护林建设所需白杨树苗12元/苗 × 700苗/hm^2 × 5 400hm^2（中游乔木林的面积，改建后面积会有所变化）≈4 500万元，运输成本500万元，劳动力成本约2 000万元，灌溉系统修建材料费用约1 500万元，运输成本200万元，劳动力成本约1 000万元，林业管理人员规划、设计、监理劳务报酬约300万元	10 000
			林网灌溉优化	农田林网的60%～80%实施优化的灌溉方式	6.93×10^7～7.92×10^7	—		—	

（续表）

年份	气温升幅（℃）	可能增加的水资源消耗量（亿m^3）	适应技术	实施状况（完成面积，hm^2）[a]	适应技术的贡献量（即节水量，m^3）[b]	风险性评价	贡献分析	预计需要的资金投入量	
								投资原因	投资额度（万元）
2020			节水型防风阻沙体系建设	1 617～1 848	0.99×10^7～1.14×10^7	防风体系的重建进展缓慢		防护体系的改造与重建的花费及劳动力成本：梭梭、柽柳和柠条等树苗平均价格0.1元/苗×10 000苗/hm^2×70 432≈7 000万元，劳动力成本约1 000万元	8 000
				总贡献量：2.1×10^8～2.4×10^8				总投资额度：3×10^8元	
2050	2.8～3.0	3.77～4.49	结构调整节水技术	70 432	5.88×10^7	同上	根据相同假设，不采用适应措施，2050s绿洲农田面积将减少53 333hm^2，损失经济效益8.8亿元。采用各项适应技术后绿洲农田减少面积为13 867hm^2，挽回经济损失6.51亿元	市场管理投入50万元，运输成本的投入：燃油消耗200万元，养路费用150万元。技知识的推广：农作物种植、病虫害防治等技术推广人员的劳动补偿50万元，农业技术信息网站的维护和运行费用50万元	500
			春小麦垄沟种植技术	5 390	5.66×10^6	同上		起垄多投入的耕作费300元/hm^2	161
			玉米垄沟种植技术	30 000	2.25×10^7	同上		起垄多投入的耕作费300元/hm^2	900

（续表）

年份	气温升幅（℃）	可能增加的水资源消耗量（亿m^3）	适应技术	实施状况（完成面积，hm^2）[a]	适应技术的贡献量（即节水量，m^3）[b]	风险性评价	贡献分析	预计需要的资金投入量	
								投资原因	投资额度（万元）
2050			玉米与固氮植物间混作技术	5 000	2.50×10^6	同上		箭舌豌豆种子8元/kg×45kg/hm^2=360元/hm^2	180
			沙地小麦水肥优化技术	1 000	1.2×10^6	同上		—	—
			沙地玉米水肥优化技术	3 000	7.2×10^6	同上		—	—
			枣粮复合系统建设技术	12 000	2.52×10^7	同上		枣树苗一次性投入（278苗/hm^2×30元/苗≈8 300元/hm^2）及修剪、摘采多投入的劳动力费用300元/hm^2（已完成枣粮复合系统的农田再不用投入枣树苗，仅投入劳动力费用）	2 300
			农田林网规格调整技术	农田林网全部完成规格调整	6×10^7	同上		灌溉系统修建材料费用约1 000万元，运输成本200万元，劳动力成本约100万元，林业管理人员劳务报酬约300万元	2 500
			林网灌溉优化技术	农田林网全部实施优化的灌溉方式	9.9×10^7	同上		—	—

（续表）

年份	气温升幅（℃）	可能增加的水资源消耗量（亿m^3）	适应技术	实施状况（完成面积，hm^2）[a]	适应技术的贡献量（即节水量，m^3）[b]	风险性评价	贡献分析	预计需要的资金投入量	
								投资原因	投资额度（万元）
2050			节水型防风阻沙体系建设技术	2 310	1.42×10^7	同上		剩余防风阻沙体系的建设所需劳动力成本劳动力成本约2 000万元	2 000
				总贡献量：2.96×10^8				总投资额度：8.5×10^7元	
2080	3.8～5.1	无法预测	—	—		—	—	—	

注：[a]保证率为70%～80%时，适应技术实施的面积；[b]保证率为70%～80%时，适应技术节水贡献量；[c]种植结构发生变化农田的面积。

表7-51　潜在的适应技术

节水技术	技术要领	适应范围	节水效益
膜下滴灌	管道铺设：播种时采用棉花覆膜点播机，另外附加滴灌带盘两个，播种、铺管、覆膜一次性完成。采用宽膜宽窄行种植，规格一膜四行，行距30cm—60cm—30cm，株距15cm。滴灌带设置于窄行中，流道向上。压好膜后拉直并连接好滴管带。 灌溉：棉花膜下滴灌全生育期灌水8～12次，6月上中旬开灌，第一次灌水要充足，地表土层渗透均匀，地面不能有汪水和流动水出现。棉花花铃期（7—8月）要适当缩短灌水间隔，增加灌水量。 施肥：膜下滴灌追肥采用随水滴施方式，全生育期共追苗期肥2次，花铃肥5次。 其他管理同大田漫灌棉花管理	在降水量少、水资源紧缺的干旱区适宜推广应用，尤其适用于沙地土壤，可以减少水分蒸发和渗漏	灌水量3 750m^3/hm^2，较大田漫灌5 550m^3/hm^2亩节水1 800m^3。 产量4 815kg/hm^2，较大田漫灌产量4 170kg/hm^2增产645kg/hm^2
全地面地膜覆盖栽培技术	机引覆膜：采用地膜小麦覆膜穴播机，播种盆架起不用，采用覆幅宽1.4m的薄膜，顺行展开地膜。 人工覆膜：边展膜边拉紧，可以不开沟压膜，地边第一幅膜展开后，先在一条边压土，然后展开第二幅膜，第一幅膜与第二幅膜未压土的一条边重叠20cm，再在重叠膜上压土，以此类推，直到覆满地块。此方法不开沟压膜比较省力而且易清除废膜。另外，覆膜时需每隔2～3m横压一道土梁，以防大风刮膜。 播种：在全膜覆盖的基础上，采用80cm+40cm宽窄行，玉米窄行处于膜幅中间，种植密度100 000株/hm^2为宜。 其他管理同一般大田玉米管理	适宜于在河西地区绿洲灌区推广应用，在气候冷凉，积温有限，无霜期较短的干旱区高海拔冷粮灌区尤其适用	全地面地膜覆盖技术在4 500m^3/hm^2的灌水定额下，制种玉米产量8 044.5kg/hm^2，与传统条膜覆盖技术6 000m^3/hm^2灌水定额下制种玉米产量7 884.0m^3/hm^2相当，达相同产量，可节水1 500m^3/hm^2
节水型防护体系改造技术	将绿洲外围以杨树为的主防风固沙体系中前沿阻沙林带改造为防风效果相当，水分利用效率高、不用灌溉，靠降水和地下水维持的低耗水梭梭和柠条、柽柳	河西绿洲边缘荒漠绿洲交错带	将梭梭和柠条、柽柳作为绿洲外围防沙带体系，不用进行灌溉，靠降水和地下水维持，而且防风效果相当，与杨树防风体系相比可节水6 100m^3/hm^2

（续表）

节水技术	技术要领	适应范围	节水效益
调亏灌溉技术	春小麦营养生长期（拔节）重度水分亏缺（45%～50%田间持水量），其他生育期（孕穗、抽穗、灌浆期/生理成熟前）充分供水（65%～70%田间持水量）。 其他管理同一般大田的春小麦	黑河流域张掖绿洲	拔节期重度水分亏缺全生育期春小麦灌水定额4 750m^3/hm^{2}的产量为7 948.3kg/hm^{2}比充分供水4 960m^3/hm^{2}的产量5 584.4kg/hm^{2}高2 363.9kg/hm^2，节水量为210m^3/hm^2
玉米小麦间作分沟交替灌溉	以100cm—60cm—100cm的规格间隔起垄，宽沟内以15cm行距种植四行小麦，窄沟垄侧40cm行距种植玉米，小麦需水期仅在小麦带内供水；玉米需水期只在玉米沟内灌水，间作每次供水量为单作的一半。 其他管理同一般大田	石羊河流域绿洲	玉米小麦间作分沟交替灌溉低定额供水量2 400m^3/hm^{2}的小麦产量6 792.68kg/hm^{2}比高定额供水3 300m^3/hm^{2}的产量5 977.4kg/hm^{2}高995.28kg/hm^2，节水量为900m^3/hm^2

参考资料：
国家科技支撑计划“民勤沙漠化防治与生态修复技术集成试验示范研究”研究资料。
张立勤，徐生明，连彩云，2006.制种玉米全地面地膜覆盖节水高效栽培技术研究[J].甘肃农业科技（8）：9-11。
张步翀，李凤民，齐广平，2007.调亏灌溉对干旱环境下春小麦产量与水分利用效率的影响[J].中国生态农业科学，15（1）：58-62。

五、绿洲农业适应的综合成效

本研究以典型灌区不同种植方式水效益评价的研究为理论依据，提出了优化种植结构适应气候变化的参考模式。基于通过优化种植结构可以提高单方水产值、适应气候变化的思路，以平川灌区为例，进行了不同种植模式水效益的研究，主要通过典型种植地块的水平衡监测，包括玉米、小麦、棉花、番茄、苜蓿、西瓜和枣粮间作（枣树+玉米、枣树+小麦）等，以及不同种植模式的投入、产出调查，应用GIS技术建立灌区用水、投入、产出账户，研究种植主要农作物的水效益。研究结果表明，平川灌区2007年番茄种植、枣粮间作、苜蓿种植、棉花种植、玉米制种和小麦种植其净收益率分别达到471.75%、296.04%、291.30%、158.64%、136.82%和112.44%，单方水产值分别为2.8元/m^3、2.9元/m^3、0.6元/m^3、1.2元/m^3、1.4元/m^3和0.8元/m^3。

综上而言，增加番茄、枣粮间作等种植业比例，是应对气候变化的有效对策。如果将平川灌区种植结构调整为制种玉米30%，枣粮间作30%，棉花15%、番茄10%、苜蓿10%和小麦瓜类等5%，在不减少经济效益的前提下，调整后年节水量可达$0.97 \times 10^7 m^3$。基于平川灌区研究成果，提出了黑河中游绿洲适应气候变化的农田种植结构调整模式，如果保持其他（如经济作物、马铃薯、油料作物、啤酒大麦等）作物不变的情况下，将中游的甘州、临泽、高台三区县耕地面积85 839hm^2（约130万亩）中现有的农作物种植面积中玉米由59%调整到23%，小麦由9%调整到4%，番茄由1%增加到8%，棉花由3%增加到12%，同时增加23%的枣粮间作，据此估算，通过调整种植结构中游绿洲即可节约水资源$5.88 \times 10^7 m^3$，经济效益增加3.4×10^8元。

通过优化农田耕作和灌溉方式，开展适应气候变化的定位试验技术选择，研究主要包括边缘绿洲沙地农田水肥优化、玉米与豆科植物间混作、垄沟灌溉、枣粮间作复合群体四个方面的定位试验。研究发现，在绿洲边缘新垦耕地上小麦的灌水量一般为7 000m^3/hm^2，施纯氮300kg/hm^2；玉米的灌水量一般为12 000m^3/hm^2，施纯氮375kg/hm^2，这种水肥管理方式既浪费了水资源和肥料，又引起土壤中硝态氮淋溶到地下水中。针对黑河中游边缘绿洲主要农田作物玉米和小麦，2006—2008年在黑河中游绿洲边缘进行了农田定位试验研究，试验设置不同的灌溉额度和施肥量，从同时考虑产量效益、环境效益和节水效益的角度，提出最佳的灌溉和施肥组合，研究结果表明，沙地农田小麦灌溉定额从7 000m^3/hm^2下调至5 800m^3/hm^2，小麦产量并无显著降低。在施氮肥225kg/hm^2条件下灌溉量为9 600m^3/hm^2时玉米产量水平与当地采用的沙地灌溉量12 000m^3/hm^2无显著差异。因此，通过采用研究结果中优化的沙地水肥管理技术，在不显著减产条件下，节水效益明显，并能减少土壤氮素淋溶对地下水的污染。如果在绿洲边缘约1 000hm^2春小麦种植和约3 000hm^2玉米种植中采用这种技术，节水潜力将分别达$1.2 \times 10^6 m^3$和$7.2 \times 10^6 m^3$。

遍过田间试验设置伴生豆科植物箭舌豌豆和玉米不同间混作方式，对比各种间混作方式下作物产量和水分利用效率，比选结果表明，“与玉米同穴播种，株间点播，行间播种1行，带间条播两行箭舌豌豆”的间混作模式的产量和水效益最高，比对照（单作玉米）产量提高13.4%和水效益提高7.9%。达到玉米单作相同产量，可节水500m^3/hm^2。如果在绿洲边缘推广5 000hm^2玉米间混种植技术，达到相同产量，节约水资源$2.5\times10^6m^3$。

研发了垄作沟灌技术，通过采用田间起垄开沟的耕作方式，在垄上种植作物，垄沟灌水，变漫灌为局部灌水，变浇地为浇作物，是一种新型节水耕作种植方式。根据2004—2005年在张掖市甘州区开展的春小麦和玉米垄作栽培试验，保持7 000kg/hm^2产量水平时，春小麦垄作栽培灌水量为4 350m^3/hm^2，较传统平作春小麦种植技术的灌水量5 400m^3/hm^2可节水1 050m^3/hm^2。玉米垄作栽培灌水量为5 250m^3/hm^2，与传统平作灌水量6 000m^3/hm^2的产量水平接近，但可节水750m^3/hm^2。如果在甘州、临泽、高台三区县小麦播种面积的70%约5 390hm^2中推广垄沟种植技术，并推广$3\times10^4hm^2$玉米垄沟种植技术，可分别节约水资源$5.7\times10^6m^3$和$2.25\times10^7m^3$。

枣粮间作高效节水的适应技术模式。该模式是在枣树下种植作物的一种立体种植方式，主要是利用枣树叶小，叶面积指数低，对农作物影响相对小，与作物间作，不仅可以充分利用光能，而且减少了作物的蒸散，提高了水分利用率，增加水效益。根据2005年在黑河中游临泽县的调查资料，枣粮间作中，枣树株行距（4～5）m×（12～18）m，枣树带宽1m，其中两边畦埂宽各30cm，中间40cm用于种植绿肥等。改传统混灌为分期灌溉，灌水5次。未间作的玉米产量10 995kg/hm^2，而与枣粮间作的玉米地鲜枣产量3 150kg/hm^2，玉米产量10 305kg/hm^2。按玉米1.2元/kg，鲜枣1.5元/kg，大田产值13 200元/hm^2，枣粮复合系统产值17 100元/hm^2，经济效益提高了3 900元/hm^2。未间作玉米灌溉定额为9 600m^3/hm^2，与枣粮间作的玉米达到相同产值需水7 500m^3/hm^2，节水22%。如果在中游绿洲增加12 000hm^2（约占目前玉米播种面积的24%）的枣粮间作，在获得同样收益的条件下，可节水$2.5\times10^7m^3$。

通过优化绿洲防护林体系以适应气候变化的理论基础研究，提出了农田防护林林网规格优化、灌溉优化及节水型防风阻沙体系建立的绿洲防护体系优化基本模式，分析了不同的防护林体系优化策略的节水潜力。研究结果表明，目前的防风固沙体系中前沿阻沙林中占30%左右杨树林每年至少需要灌水3次才能维持稳定生长，20年左右的杨树林，在年灌水3次的条件下，年耗水610mm。而建立的梭梭、柠条、柽柳防沙体系不用灌溉，靠降水和地下水维持，年耗水量50～150mm。以杨树为主的前沿阻沙体系降低风速70%，减少输沙量96%，而以梭梭、柽柳和柠条混交的前沿阻沙体系降低风速和减少输沙量分别为50%和80%，基本可以替代杨树防风固沙体系的功能，节约水资源70%左右。如果将目前的3 300hm^2需要灌溉的杨树为主的前沿阻沙体系中70%的杨树用不需要灌溉的梭梭、柠条、柽柳替代，年节水量可达$1.42\times10^7m^3$。此外，将农田防护林网规格由目前的100m×150m调整为150m×150m，所保护的作物产量变化并不显著。而相应的林网灌溉面积减少了20%，按目前中游农田林网耗水量$3.0\times10^8m^3$计算，可节水$6\times10^7m^3$。再者，完善防护林网高效合理的灌溉制度，当地防护林只需每年3～4次的补充灌水，每次灌溉1 050～1 350m^3/hm^2就可以维持正常的生长并发挥基本的防护功能。如果将林网灌溉由现行的每年6次减少到4次，可节水$9.9\times10^7m^3$，林网的稳定性和防护功能基本不受影响。

对各项适应技术节水潜力及对气候变化的适应开展了评价。由于对气候变化造成绿洲农田生态系统水资源变化尚无权威性的结论，春季温度每升高1℃，中游绿洲作物棉花的生长季提前3d，秋季温度每升高1℃，生长日期延长4d。在未来50年中，随气候变化，中游春小麦、夏玉米、油菜、蔬菜的耗水量增幅将分别达到0.6%～5.0%、1.9%～6.3%、1.5%～6.2%、1.0%～5.3%。总的来看，气温升高将引起绿洲农业区热量增加、水资源量减少、蒸发量增加、作物生长期延长、耗水量增大，从而加剧区域水资源的脆弱性，对绿洲稳定性造成很大影响。根据已有成果推算，在2020年、2050年A2和B2情景下气温分别上升1.5～1.7℃和2.8～3.0℃的情景下，黑河中游绿洲系统年耗水量分别增加1.82亿～2.67亿m^3和3.74亿～4.49亿m^3。

按目前每公顷绿洲耗水量7 500m^3、年均收益1.65万元计算，在不采用适应措施的情况下，A2、B2情景下，2020年绿洲农田面积将减少2.43万～2.89万hm^2和2.99万～3.56万hm^2，年损失经济效益达4.01亿～4.77亿元和4.93亿～5.87亿元；2050年绿洲农田面积将减少5.03万～5.99万hm^2和4.99万～5.93万hm^2，年损失经济效益达8.30亿～9.88亿元和8.23亿～9.78亿元。

通过种植结构调整、边缘绿洲农田水肥管理的优化、玉米与固氮植物间混作、垄沟种植、枣粮间作、农田林网规格调整、林网灌溉优化和节水型阻沙体系的建设等各项适应技术的采用，可以缓解因气温升高条件下水资源消耗量增加导致的绿洲农田面积减少，进而使所受到的经济损失减少。根据初步研究结果和考虑各项适应技术在实施过程中的阶段性应用和发展，大致估算出2020年和2050年各项适应技术实施面积及对气候变化适应的潜在贡献，可以看出：到2020年，通过各项适应技术的实施节水量可达2.08亿～2.4亿m^3，可以弥补达到因气温上升1.5～1.7℃的耗水增加量（1.82亿～2.67亿m^3），使绿洲农田减少面积降低2.77万～3.20万hm^2，基本可以补偿接近1.5～1.7℃的升温；到2050年，通过各项适应技术的实施节水量达2.96亿m^3，仅达到因气温上升2.8～3.0℃耗水增加量（3.74亿～4.49亿m^3）的66%～79%，使绿洲农田减少面积降低3.95万hm^2，仍有1.4万hm^2绿洲农田面积减少，不能完全补偿接近3℃的升温。

根据适应示范技术的效益分析结果，推算适应技术可以推广的整个黑河中游农业种植区域，并估算技术应用的投资-效益，可以看出：到2020年，通过各项适应技术挽回经济损失4.58亿～5.28亿元，超过采取适应技术预计需要的资金投入量3亿元，净收益1.58亿～2.28亿元；到2050年，通过各项适应技术挽回的经济损失达6.51亿元，而因为枣粮间作、农田林网规格调整及节水型阻沙体系的建设等技术已大部分实施，到2050年采取适应技术预计需要的资金投入量降至0.85亿元，净收益2.66亿元。

综上所述，到2020年，通过各项适应技术在黑河中游绿洲的阶段性实施和推广，节约的水资源量基本可以补偿因气温升高导致的绿洲水资源消耗的增加量，有效缓解绿洲面积和经济效益的减少；到2050年，由于水资源消耗量较大，而各项适应技术的补偿作用受到限制，绿洲的稳定性受到一定的影响，因此，需要研究和推广新的节水技术，经过资料分析，初步推荐膜下滴灌、全地面地膜覆盖、节水型防护林体系改造、调亏灌溉、分沟交替灌溉5种潜在的适应技术。若要完全补偿2050s预估的3℃的升温，积极采取潜在适应技术，使得绿洲农田减少面积降低5.03万～5.99万hm^2，挽回的经济效益达8.30亿～9.88亿元人民币，预计需要的资金投入量新增约3.79亿元，净收益0.66亿～3.24亿元。

根据投入成本和实施的难易程度，在未来气候变化条件下，西北绿洲农业区域优先采取的适应技术依次为：沙地水肥优化技术>玉米与固氮植物间混技术>垄沟灌溉技术>枣粮复合系统建设技术>种植业结构调整技术>节水型防风阻沙体系建设技术>林网规格调整技术>林网规格优化技术。

第六节　黑河绿洲农业适应策略

一、流域水资源脆弱性

根据项目组对2000年黑河流域水资源系统的现状脆弱性统计计算（表7-52）：现状下黑河流域各县区中，肃州区和甘州区由于水资源敏感性较低、适应能力较强，使得水资源系统并不脆弱；金塔县、嘉峪关市、肃南县和临泽县水资源系统较不脆弱；高台县为中等脆弱；民乐县较脆弱；山丹县极脆弱；从流域分区看，黑河流域讨赖河片水资源系统现状脆弱性好于黑河干流片。

表7-52　2000年黑河流域各县区水资源脆弱性

名称	肃州	金塔	嘉峪关	山丹	民乐	肃南	甘州	临泽	高台
敏感度	0.431 7	0.625 3	1.095 9	2.896 4	1.744 4	0.813 7	0.979 5	0.969 2	2.009 6
适应能力	10.745 9	0.951 8	1.863 2	0.946 5	0.881 4	1.022 8	12.248 5	1.890 5	1.540 4
脆弱度	0.040 2	0.657 0	0.588 2	3.060 1	1.979 2	0.795 6	0.080 0	0.512 7	1.304 6

（续表）

名称	肃州	金塔	嘉峪关	山丹	民乐	肃南	甘州	临泽	高台
标准脆弱度	0	20.42	18.15	100	64.21	25.01	1.32	15.65	41.87
脆弱性等级	不脆弱	较不脆弱	较不脆弱	极脆弱	较脆弱	较不脆弱	不脆弱	较不脆弱	中等脆弱

在未来40年期间气候变暖的条件下，黑河山区降水将有一定程度的增加（表7-53），冰川融水径流将增加，蒸发量也将增加。黑河出山径流未来到21世纪40年代之内的各年代的变化趋势是先略有增加，而随着气候的继续变暖，降水量的增加不足以弥补气温增加而导致的径流减少量，因此出山径流将可能略有减少，但变化幅度在±10%以内。黑河出山径流的变化趋势将有增有减，但总体上不会对出山径流量的变化趋势有大的影响。但由于国家分水政策的影响，黑河流域各县区水资源供给量相比现状年可能均会出现不同程度的减少。

表7-53　黑河流域莺落峡水文站控制山区流域未来40年的年代平均年径流组成及其变化模拟结果

年代	径流量（mm）	和20世纪80年代相比径流量变化（%）	降水量（mm）	蒸发量（mm）	冰川融水补给（%）	积雪融水补给（%）
20世纪80年代观测	173.3	100.0	463.2	287.6	5.7	34.8
21世纪10年代模拟	167.6	−3.3	560.9	337.8	6.8	30.3
21世纪20年代模拟	170.2	−1.8	540.1	334.0	6.6	29.3
21世纪30年代模拟	155.5	−10.3	545.4	343.6	7.7	27.7
21世纪40年代模拟	158.4	−8.6	555.9	344.7	7.2	30.5

根据来水情况及流域气候变化情况，未来40年各县区供需状况见表7-54。从表中看出，未来40年在气候变化情况下，黑河流域从2001—2010年，各县区缺水量和缺水率将在2000年的基础上继续恶化，表现出供不应求，这10年间更是黑河干流张掖市和嘉峪关市缺水率最高的时期；从2011—2020年，除肃南县供水从2011—2040年一直表现盈余外，肃州区、金塔的缺水量持续增加，缺水率继续提高，其他各县（区、市）虽然因为需水有所减少，但仍然处于供需十分紧张的缺水状态；2021—2030年，甘州区、高台县基本实现供需平衡，民乐、山丹出现一定的盈余，其他4县（区、市）的供需状态均有所改善，但仍处于缺水状态；2031—2040年，除肃州区、金塔县和临泽县仍然处于缺水状态以外，其他5县（区、市）均实现供需均衡，并出现不同程度的盈余。综合分析表明，未来气候变暖对目前流域内经济相对发达的临泽县、肃州区、嘉峪关市和甘州区的影响最大，对山丹县、民乐县和肃南县具有正的影响，黑河流域各县区水资源系统从极脆弱到不脆弱排序依次是：临泽县、嘉峪关市、高台县、肃州区、金塔县、甘州区、山丹县、民乐县和肃南县，而对高台县和金塔县基本没有影响。

表7–54　气候变化下黑河流域各县区2001—2040年缺水率（%）

年份	肃州	金塔	嘉峪关	山丹	民乐	肃南	甘州	临泽	高台
2000年	−2.91	−1.59	−27.84	−7.36	−2.60	0.00	−7.63	−10.20	−15.10
2010年	−9.29	−9.40	−19.87	−15.92	−16.62	−1.81	−23.27	−31.43	−23.51
2020年	−16.21	−16.40	−16.01	−6.29	−7.37	9.29	−14.49	−23.65	−14.70
2030年	−13.67	−13.94	−4.93	7.23	5.42	24.88	−0.07	−10.72	−0.34
2040年	−2.79	−2.93	21.52	15.79	14.84	35.20	10.72	−5.64	8.66
平均	−8.97	−8.85	−9.43	−1.31	−1.27	13.51	−6.95	−16.33	−9.00

二、适应能力的不确定性

绿洲农业发展需要适应变化的经验，许多现有技术可以作为适应性选择措施加以评估和利用。无论气候如何变化，现有的大量的适应活动都将产生净的社会效益。然而，由于气候变化对水资源影响的经济成本评估在很大程度上依赖于适应性的假设，经济上最佳的适应措施可能受到与不确定性、制度和公平相关的限制因素的制约，而适应能力受到制度可行性、财力、管理科学、计划的时间框架、组织和法律框架、技术和人口流动等的影响，适应能力依然具有很大的不确定性。

各项适应技术节水潜力和贡献量的不确定性主要来源于区域气候变化、技术实施条件和实施程度的不确定性。由于区域气候变化的预测模型和气候情景假设的不确定性，加大了未来气候情景下区域水资源的消耗程度的不确定性，同时，由于对气候变化引起绿洲蒸散发的增加的预测结果缺乏权威性结论，因此在技术措施的适应性贡献方面存在一定的主观判断成分。而各项适应技术的试验研究以目前气候条件为背景，气候变化引起的水、土、气、生等环境条件的变化将增加适应技术节水潜力的不确定性。而市场导向、政策宣传、农技培训等主观因素的存在则使各项技术的推广实施程度存在很大的不确定性。

三、绿洲农业适应气候变化策略

黑河绿洲农业的适应策略核心是提高水资源的利用效率，实现流域水资源统一管理和调度，除了加强工程措施建设外，还需要进一步强化法律、经济和技术等综合手段，以促进流域水资源的优化配置、高效利用和有效保护。

1. 加强流域水资源的统一调度和管理

根据黑河未来水资源的模拟情况，在未来气候变化情景下，黑河流域水资源将出现明显减少的趋势，且年内的径流量将更趋集中，再加上流域内人口的增长，使水资源的供需矛盾更加尖锐，并且在较长的时间内一直存在，必须依法采取综合措施，根据水资源管理规章制度及法律文件，建立黑河流域水量统一调度机制。以法律手段加强对黑河水资源的调控，科学合理制定水量调度方案，在满足工农业生产生活用水需求的同时，又能兼顾生态用水，缓解水资源严重短缺的问题。

2. 推广节水灌溉及特色农产品

强化农艺节水管理，推广喷灌、滴灌和低压管道输水技术，注重生理节水，提高作物水分利用率。合理施肥，以肥调水，塑料地膜和秸秆覆盖保墒，调整种植业结构，推广应用保水剂和抗旱剂，选用耐旱作物及节水品种等。大力发展和推广节水增效农业生产模式，建立适合不同模式和作物的节水高效栽培技术。根据特色产业制种作物的需水规律，土壤水分消耗规律和不同灌溉单元的完全灌溉所需时间和数量，结合制种业生产工艺，确定配水计划，综合集成节水灌溉与特色产业生产技术。作物生育期灌水量以满足作物生长发育为目的，为了防止养分淋失，不主张多余灌溉。

3. 发挥绿洲农业区位优势

根据绿洲发育成熟度和所处的位置，中心绿洲以发展设施农业，反季节生产为主，建立设施—果蔬高效经济带，集成绿洲农业生产技术与现代高新科技，以瓜、果、蔬菜为主要生产对象，运用现代节水工程技术，显著提高水资源利用效率，逐步发展设施数字农业；内部绿洲发展玉米、番茄等制种业，以及绿洲高效节水粮食作物、饲料作物生产，建立三元结构农业区，提高单方水产值，逐步发展大田数字农业；边缘绿洲以发展草畜业为主，建立特种植物种植带，在绿洲粮食作物生产面积不足的情况下，防止农田土壤风蚀，发展粮草间作复合农业，针对水资源紧张状况也可以发展生态林草区。

4. 资源高效种植结构调整

在压缩粮食种植面积，扩大经济作物种植面积的基础上，通过大量生产优质牧草和饲料，改变粮、经二元结构为高效节水的粮、经、饲三元种植结构，使粮食作物、经济作物、饲料作物各占1/3左右，以支撑草地农业的发展，或进行粮草间作轮作，用地养地，在粮食价格低下时，以发展种草为主，当种粮效益提高时，可以压缩种草比例，实行弹性农业生产，储备土地粮食生产能力，提高农业对气候变化的综合抵御能力。

5. 加强水利设施和生态建设

重视工程节水、农艺节水、生理节水和管理节水的每一环节，在单项提高的基础上，优化组合，实行多元化灌溉。大型工程要做好干、支渠系防渗和建设山区水库，防止渠系和平原水库大量蒸发渗漏。建立一套地表水和地下水联合运用，保持合理地下水位的用水管理制度。根据绿洲区位特点，边缘绿洲粮食生产力低下，单方水产值低，应退耕还牧或退耕还宜，将这一部分水用于绿洲荒漠过渡带生态建设，保证生态用水。

总之，在未来气候变化条件下，进行区域农业结构布局调整将成为决策者首选适应性措施，其次为推广高效节水制度、渠道防渗、地膜覆盖保墒、耕作保墒、使用抗旱新品种、推广喷灌（滴灌）等高新节水技术，一系列高新节水技术等适应对策措施将成为绿洲农业可持续发展的重要组成部分。适应政策及各种措施的实施，将极大增强流域适应气候变化的能力，促进水资源的持续开发与合理利用，为流域未来农业和生态可持续改善打下良好的基础。

第八章　华北冬小麦生产适应气候变化

研究区域为华北平原，处于32°00′N～40°24′N，112°48′E～122°45′E范围内，包括河北、河南、山东、安徽、江苏、北京及天津等五省二市的大部或部分地区。华北平原北起燕山山脉，南至桐柏山、大别山北麓，西依太行山和豫西伏牛山地，东濒渤海和黄海，面积约$33 \times 10^4 km^2$，其主体为由黄河、淮河与海河及其支流冲积而成的华北平原，以及与其相毗连的鲁中南丘陵和山东半岛，辖区内3/4为平原。华北平原是中国重要的粮、棉、油生产基地，对于国民经济发展起着举足轻重的作用。据统计，2008年本区粮食播种面积2 287.5万hm^2，占全国粮食总播种面积的21%左右，产量1.336 4亿t，占全国的1/4，全区多年平均降水量610mm，气温分布地区差异较大。

华北平原属半干旱、半湿润地区，热量资源可满足喜凉、喜温作物一年两熟的要求，该区主要栽种方式是冬小麦-夏玉米。年降水量500～900mm，季节分配不均，集中在夏季，7—8月的降水量占全年的45%～65%。秋、冬、春三季均为水分亏缺的干旱期，小麦生长期内缺水达150～200mm，全年水分支出大于收入，亏缺的水分约400mm。华北平原冬小麦一般在上年10月播种，当年6月收获，整个生育期正值降水量相对稀少时期，生育期间的降水量在125～250mm，占年降水量的25%～29%，自然降水不能满足冬小麦生长的需要，因此冬小麦旱灾频发，一般年份冬春雨雪少，由于冬春气候干燥，积雪不多，所以春季温度上升极快，作物生长发育较迅速。春季干旱是该区小麦生产的一大威胁（金善宝，1992；霍治国，1993；迟竹萍，2009）。

第一节　气候变化事实

一、区域气候变化

根据华北地区主要气象站点1955—2007年的气候增温趋势，分析发现近50年来华北气温明显增高，大部分2001—2007年时段相对1961—1990年基准时段的增温幅度在0.8～1.4℃（表8-1），北部地区增温较南部地区更为明显，且增温稳定，年均温10年滑动变率有减小趋势。

农作物生产受热量资源的限制，其中积温是最主要的热量因素。与1961—1990年相比，华北地区主要站点>0℃的积温在1991—2000年间不同站点增加102～191℃/年，2001—2007年间不同站点增加90～345℃/年；在上述时间段，>10℃的活动积温的增温幅度分别达到52～264℃/年和250～341℃/年（表8-2）。以上分析表明，华北地区近年来由于温度升高，热量条件改善，相当于农作物有效生育期延长10～20d。

表8-1　华北平原主要气象站点不同时段年均温（℃）及距平数据（℃）

站点	1961—1990年	1991—2000年	2001—2007年	1991—2000年距平	2001—2007年距平
保定	12.5	13.5	13.9	0.9	1.3
石家庄	13.1	14.1	14.5	1.0	1.4
南宫	13.1	13.6	13.8	0.5	0.8
新乡	14.1	14.6	15.0	0.5	0.9
郑州	14.3	14.8	15.5	0.5	1.1
驻马店	14.9	15.3	15.8	0.5	0.9

表8-2　华北地区主要气象站点大于10℃积温（℃）变化情况

地点	1961—1990年	1991—2000年	2001—2007年	1991—2000年距平	2001—2007年距平
保定	4 466.6	4 708.8	4 807.5	242.2	340.8
石家庄	4 542.4	4 806.9	4 943.8	264.5	401.4
南宫	4 593.2	4 645.4	4 843.1	52.2	249.9
新乡	4 728.2	4 783.0	4 988.0	54.8	259.7
郑州	4 757.3	4 813.4	5 115.0	56.1	357.7
驻马店	4 848.8	4 933.9	5 135.6	85.1	286.8

二、季节干旱特征

根据中国气象局行业《气象干旱等级》标准中所提供的相对湿润度指数划分等级见表8-3。

本研究在分析春、夏、秋、冬四个季节和冬小麦生长季内相对湿润度和气候要素的年际变化与区域变化时，定义3—5月为春季，6—8月为夏季，9—11月为秋季，12月至翌年2月为冬季，10月至翌年6月为冬小麦生长季。从华北平原近50年的相对湿润度的年际变化（表8-3）可以看出，春季、冬季以及冬小麦生长季内表现为不同程度的干旱，相对湿润度均小于-0.4，其中春季及冬小麦生长季内表现为轻旱，冬季表现为中旱；在夏季，无干旱发生，且春季和冬季都有极端干旱发生。春、夏季以及整个生长季都有变湿的趋势，秋季有变干的趋势，但是相对湿润度的变化趋势都不显著；冬季的相对湿润度呈极显著增加，表现为变湿的趋势。

表8-3　相对湿润度气象干旱等级划分

等级	类型	相对湿润度
1	无旱	$-0.40<M$
2	轻旱	$-0.65<M\leq-0.40$
3	中旱	$-0.80<M\leq-0.65$
4	重旱	$-0.95<M\leq-0.80$
5	特旱	$M\leq-0.95$

从相对湿润度的区域变化（图8-1）可以看出华北平原的四季干旱特征总体表现为春季和冬季较干旱，而且干湿状况的分布均表现为由南向北干旱程度递增的趋势。春季，河北东南部及北京、天津西南部地区为重旱地区；天津东北部、唐山、河北西南部、河南黄河以北及山东兖州以北为中旱区域；在郑州与兖州一带至淮河流域之间的区域表现为轻旱特征；夏季，整个华北平原都表现为湿润的特征。秋季，在整个华北区域的黄河以北地区均表现为轻旱的特征，其余为湿润地区。冬季为华北平原干旱程度最为严重的季节，北京西南部小部分地区出现特旱，而且整个黄河以北区域及济南至泰山一带都表现为重旱的特征，受旱面积达到整个华北区域的一半左右；另外，山东南部及河南开封至西华一带呈中旱的特征；江苏与安徽的淮河以北及河南的驻马店至商丘一带表现为轻旱的特征。由图中可以看出，干旱的分布由南向北呈带状的分布，这主要也与华北流域水系的纬向分布有关，且黄河以北的地区干旱较为严重，淮河以南基本为无旱区域。

从1961—2011年华北平原在冬小麦生长季内的相对湿润度除个别年份外均小于-0.4，即表现为干旱的特征，且从相对湿润度的5年滑动平均可以看出，近50年该地区有变湿的趋势，但是趋势不明显。为了掌握近50年冬小麦生长季内干旱变化规律，对相对湿润度的年际变化做MK突变检验（图8-1b），结果发现，在上下两条±1.96（α=0.05）的置信线内，1961—2011年华北平原相对湿润度的*UF*与*UB*两条曲线在1978年相交，即1978年为突变开始的年份，1989年往后*UF*曲线趋势超过了1.96（α=0.05）的信度线，即1989—2011年为出现突变的时间区域。因此，分别将1961—1988年和1989—2011年两个时段作趋势分析（图8-1c），由图可知，在1961—1988年，相对湿润度呈现增加的趋势，也就是干旱减弱的趋势。而在1989—2011年，相对湿润度呈明显减小的趋势，即出现干旱加重的趋势。总之，虽然在整个分析期内冬小麦生长季干旱减轻，但是在近20年干旱出现了加重，且干旱加重的趋势为一种突变现象。

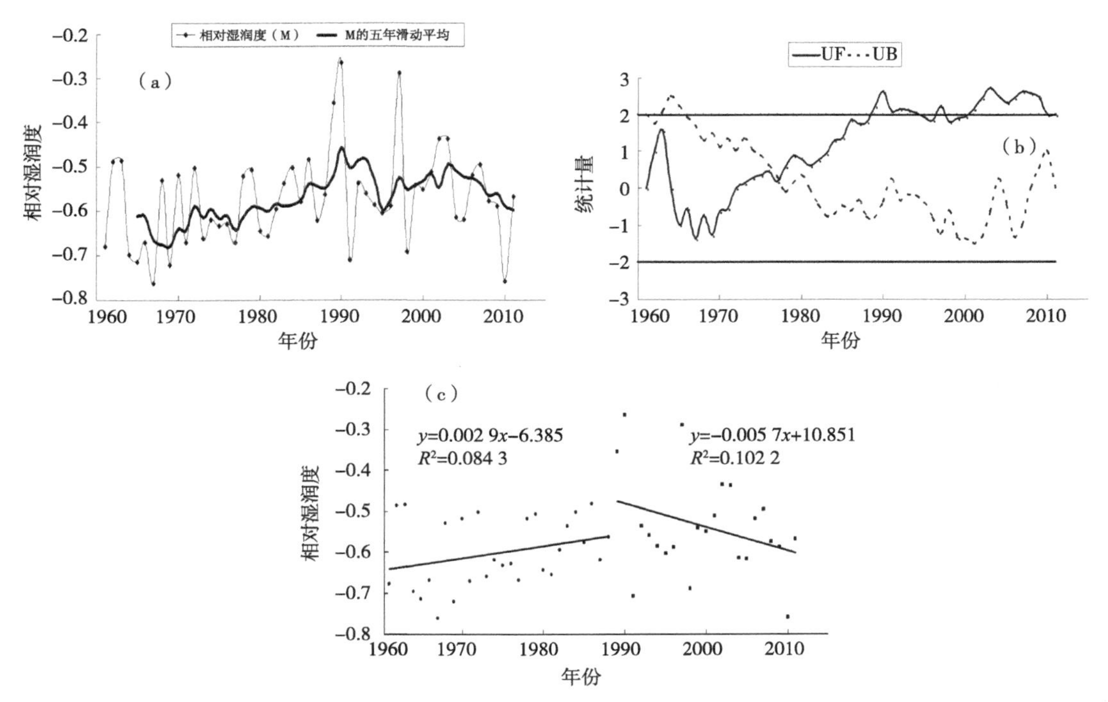

图8-1　冬小麦生长季内相对湿润度的年际变化

从图8-2（a）中可以看出，华北平原冬小麦生长季内的干湿特征的空间分布也呈现从南向北逐渐变干的趋势。其中，除秦皇岛以外，整个黄河以北地区均为中旱地区；山东中南部、河南中东部与江苏和安徽的西北小部分区域，表现为轻旱的特征；其余区域无干旱发生。图8-2（b）为相对湿润度的线性趋势分布，从图中可以看出，华北平原除个别站点外相对湿润度均有增加的趋势，且趋势的分布从河南向西南方向及东北方向均有增加趋势，即河南省变湿的趋势最弱，而京津唐地区及安徽、江苏北部变湿的趋势较大，北京、保定、塘沽、黄骅、济南及西华和商丘的相对湿润度有显著增加的趋势。

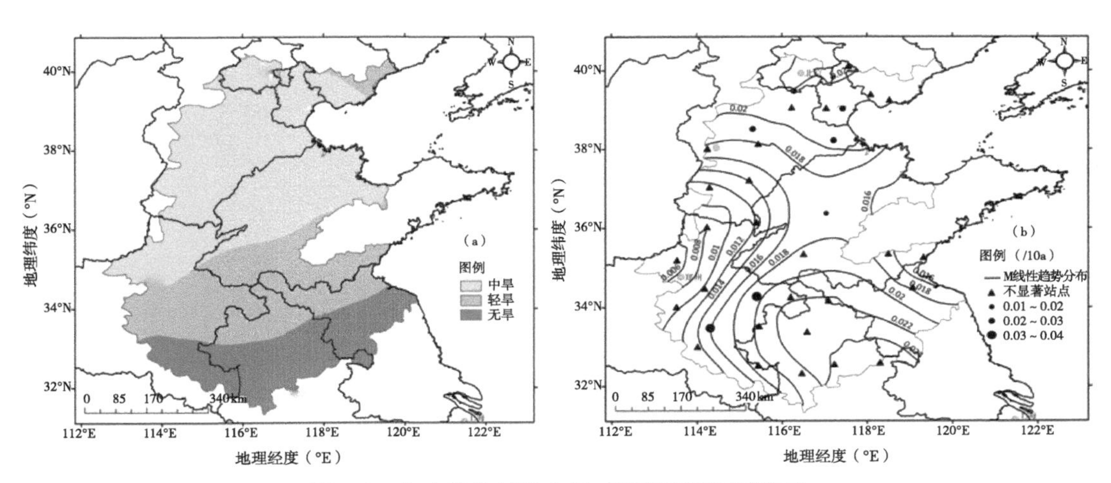

图8-2　冬小麦生长季内相对湿润度的区域变化

三、冬小麦生育期气候变化

对华北平原冬小麦主要生育阶段的气候要素的变化率进行分析（表8-4），从表中可以看出，在冬小麦全生育期，各站点的平均温度均有增加的趋势，变化范围在0～0.06℃，且除天津与临沂外，均通过α<0.05的显著性检验，这与近些年来气候变暖的事实相符（IPCC，2007），出苗-拔节期的温度变化情况与全生育期相似；在拔节-抽穗期，各站点的温度均有降低的趋势，且温度降低的趋势在抽穗-成熟期更为明显，变化范围在-0.06～-0.02℃。

表8-4　华北平原冬小麦生育阶段气候要素的年际变化趋势

站点	全生育期		播种-出苗期		出苗-拔节期		拔节-抽穗期		抽穗-成熟期	
	均值	变化率	均值	变化率	均值	变化率	均值	变化率	均值	变化率
平均温度（℃）										
天津	8.0	0.02	18.4	0.04	4.0	0.01	16.4	-0.07	21.4	-0.06**
石家庄	9.2	0.06**	18.1	0.01	5.3	0.06**	15.8	-0.05**	21.4	-0.02
莘县	8.3	0.03*	15.8	-0.06	4.3	0.03	14.3	-0.03	19.7	-0.04
临沂	9.0	-0.00	17.1	-0.08	5.1	-0.00	15.0	-0.03	20.4	-0.04
商丘	9.3	0.05**	15.9	0.07	5.4	0.04**	13.8	-0.00	19.9	-0.02
寿县	9.7	0.04**	14.1	0.21**	5.7	0.05**	13.3	-0.05	19.6	-0.06
太阳辐射量[MJ/（m·d）]										
天津	3 463	-12.7**	120	0.16	2 138	-10.9**	387	-6.30**	819	4.35**
石家庄	3 279	-6.34	100	1.06**	1 914	-11.1**	414	-1.53	851	5.19**
莘县	3 148	-6.98**	127	2.75**	1 787	-10.1**	431	-0.74	804	1.11
临沂	3 408	-12.4**	117	0.36	1 986	-9.99**	451	-2.58	855	-0.23
商丘	2 917	-3.38	104	0.00	1 601	-7.10**	420	-1.32	791	5.04**
寿县	2 792	-3.06	174	-2.30	1 417	-4.68	435	-1.60	765	5.51*
相对湿度										
天津	57.0	0.08	66.4	0.24	57.1	0.13	50.9	-0.12	57.4	-0.20
石家庄	56.2	-0.22*	65.2	-0.42	56.2	-0.24	51.1	-0.04	57.0	-0.21
莘县	66.6	0.03	73.4	-0.43*	66.0	0.04	63.4	0.19	69.3	-0.02
临沂	63.6	0.13	70.0	-0.03	63.1	0.16	60.0	0.04	65.3	0.05
商丘	69.3	-0.13	74.8	-0.16	68.8	-0.01	66.2	-0.10	70.1	-0.04
寿县	74.6	-0.07	73.1	-0.06	74.1	-0.02	74.1	-0.22	75.3	-0.15

（续表）

站点	全生育期		播种-出苗期		出苗-拔节期		拔节-抽穗期		抽穗-成熟期	
	均值	变化率	均值	变化率	均值	变化率	均值	变化率	均值	变化率
风速（m/s）										
天津	2.41	0.01	1.97	−0.00	2.33	0.01	3.03	0.01	2.61	0.05
石家庄	1.75	−0.02**	1.31	−0.02**	1.67	−0.02**	2.22	−0.03**	1.96	−0.02**
莘县	2.90	−0.02**	2.51	−0.03**	2.82	−0.02**	3.41	−0.04**	3.06	−0.04**
临沂	2.75	−0.01*	2.50	−0.02	2.67	−0.01*	3.16	−0.01	2.91	−0.01*
商丘	2.31	−0..01*	1.98	−0.03*	2.17	−0.01	2.75	−0.00	2.63	−0.02**
寿县	3.11	−0.01*	3.10	−0.00	3.10	−0.01*	3.36	−0.01	3.10	−0.02*
降水（mm）										
天津	136.1	0.31	14.58	1.20	50.70	−0.32	19.81	−0.74	50.99	0.17
石家庄	136.3	0.48	5.66	0.29	58.58	−0.36	14.99	0.14	57.05	0.42
莘县	143.2	−0.42	9.31	−0.23	55.99	−0.50	15.93	0.56	61.99	−0.24
临沂	235.6	−1.24	8.10	−0.70	109.8	−1.00	24.37	0.52	93.33	−0.07
商丘	215.9	0.64	9.36	−0.28	101.1	0.47	25.9	0.51	79.42	−0.06
寿县	313.4	0.56	12.9	−0.29	164.9	−0.88	46.08	1.18	89.50	0.56

*数据通过$\alpha<0.05$的显著性检验；**数据通过$\alpha<0.01$的显著性检验。

变化率：不同气候要素时间序列（1961—2011年）的线性回归斜率。

总的来说，在冬小麦生育前期，温度有上升的趋势，生育后期有下降的趋势，整个生育期温度呈显著升高的趋势。太阳辐射的变化与温度的变化趋势正好相反，在冬小麦全生育期与出苗-拔节期，太阳辐射量表现为减少的趋势，变化范围在−12.7～−3.06MJ/（m·d），通过了$\alpha<0.01$的显著性检验，而在抽穗-成熟期，除临沂外，太阳辐射量表现为增加的趋势。另外，从各站点全生育期均值可以看出，太阳辐射量存在由北向南逐渐递减的纬向分布趋势。相对湿度的年际变化趋势并不明显，从表中可以看出，石家庄、商丘与寿县在冬小麦的5个生育阶段相对湿度均有降低的趋势，且5个站点的相对湿度在生育期后期有减小的趋势。对风速的变化趋势分析表明，华北平原近年来在冬小麦生育阶段的风速有降低的趋势，除天津外，其余站点在冬小麦的各生育阶段的风速降低的趋势通过了$\alpha<0.05$的显著性检验。降水量的分布从北向南有明显的增加，冬小麦全生育期寿县的降水量是天津和石家庄的一倍多；莘县与临沂除拔节-抽穗期降水有增加的趋势外，其他生育阶段降水均有减少的趋势，而天津与石家庄除出苗-拔节期外，变化趋势与莘县和临沂相反，降水量有增加的趋势，这些趋势并不显著；因此，在华北平原降水量的年际变化趋势存在一定的南北区域差异。

第二节 未来气候变化风险

一、区域气候变化

基于使用区域气候模式RegCM3单向嵌套日本的全球模式MIROC3.2_hires的高分辨率模拟结果，对华北地区进行了未来气温、降水及极端事件的变化的分析。所用的极端事件指数如表8-5所示。

表8-5 极端事件指数的定义

指数名称	代码	定义	单位
霜冻日数	FD	每年日最低气温<0℃的日数	d
生长季长度	GSL	每年前半年日平均气温至少连续6d稳定>5℃的第一天开始到后半年日平均气温至少连续6d稳定<5℃的第一天之间的日数	d
强降水日数	R10	年内日降水量≥10mm的日数	d
降水强度	SDII	年降水量与降水日数（日降水量≥1mm）比值	mm/d
5日最大降水量	RX5day	每年连续5d的最大降水量	mm

对气温和降水的变化的分析表明（图8-3）：华北地区区域平均气温在2010—2100年以0.5℃/10年的速率上升，21世纪中期和末期分别为12.5℃和14.4℃（彩图8-1a）。21世纪中期区域内大部分地区气温较当代升高3～3.9℃，气温升高幅度大小基本随纬度分布，区域西南部升温最小，低于3℃，东北部升温最大，在3.6～3.9℃（彩图8-1a）。21世纪末期区域内大部分地区气温较当代升高4.5～5.8℃，仍然是西南部升温最小，低于4.8℃，区域北部升温最大，高于5.5℃（彩图8-1b）。

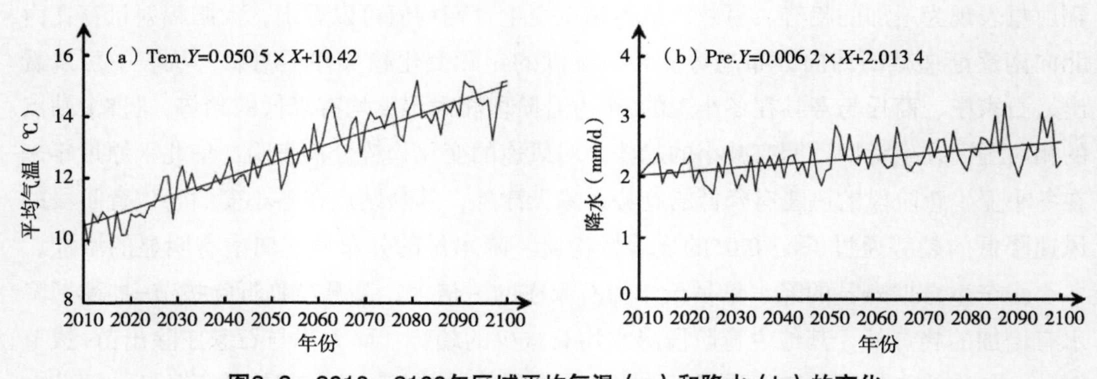

图8-3 2010—2100年区域平均气温（a）和降水（b）的变化

华北地区平均降水在2010—2100年以2.26mm/年的速率增加，21世纪中期和末期区域年平均降水分别为2.29mm/d和2.53mm/d（彩图8-1b）。21世纪中期，区域内年平均降水西部大部分地区较当代增加，但增加值较小，增加值大于20%的区域集中在山西北部及其以北地区和内蒙古部分地区；区域东部年平均降水少变或略减少，河北北部、京津大部分地区、山东等地降水变化在±5%，仅在河北东北部和辽宁局部地区有5%～10%的减少（彩图8-1c）。21世纪末期，区域降水较当代增加明显，大部分地区增加值超过10%，区域西部的山西北中部和内蒙古部分地区，增加值大于30%（彩图8-1d）。

对与气温有关的极端事件的预估结果表明，2010—2100年霜冻日数FD以4.9d/10年的速率减少，到21世纪中期，区域平均FD为119.9d，FD较当代基本从高纬度到低纬度减少20～40d（彩图8-2a），区域南部当代FD为80～100d的区域基本减少到40～60d，区域北部200～220d的区域减少到180～200d。21世纪末期，区域平均FD数值在21世纪中期的基础上减少20d，为99.8d，区域内FD随纬度和地形较当代减少35～60d（彩图8-2b），当代FD为80～100d的区域减少到40d以下，200～220d的区域减少到160～180d。

未来GSL呈持续增加趋势，2010—2100年区域平均GSL以4.8d/10a的速率增加，未来两个时段区域平均GSL比当代分别增加30.4d和49.8d，GSL数值达到248.2d和267.6d。21世纪中期区域内大部分地区GSL较当代增加20～30d，区域南部河南省GSL增加最多，部分地区GSL增加35d以上（彩图8-2c），数值达到320～340d。21世纪末期，区域内大部分地区GSL较当代增加35～65d，增加幅度在区域内自西北向东南递增，区域西北部内蒙古GSL增加最小，为35～40d，而区域南部的河南和山东南部GSL增加>55d（彩图8-2d）。对应当代GSL最小值的区域（<160d），21世纪末期GSL增加到180～200d，当代GSL最大值的区域（280～300d），21世纪末期GSL增加到340d以上。

对与降水有关的极端事件的分析表明，2010—2100年区域平均的强降水日数R10以0.5d/10年的速率增加，未来两个时段区域平均R10数值达到23.3d和25.0d。21世纪中期较当代区域西部R10增加，其中山西西北部部分地区及其和内蒙古交界地区R10增加较明显，达到4～6d；东部大部分地区R10增减幅度<1d，河北东北部和辽宁交界地区R10减少>2d（彩图8-3a）。21世纪末期，区域大部分地区较当代R10增加，其中区域西部大部分地区增加>4d，局部地区增加6d以上；东部R10增加数值较小，辽宁部分地区R10减少1～3d（彩图8-3b）。

2010—2100年区域平均的降水强度SDII以0.15mm/（d·10年）的速率增加，未来两个时段区域平均SDII数值达到9.16mm/d和9.71mm/d。21世纪中期区域大部分地区SDII较当代增加或少变，仅在河北东北部和辽宁局部地区SDII减少>0.5mm/d。山西北部和内蒙古部分地区SDII增加较明显，达到1～1.5mm/d（彩图8-3c）。21世纪末期整个区域

SDII较当代增加，其中山西北中部、河北和山东的大部分地区以及辽宁部分地区SDII增加1 ~ 1.5mm/d，局部地区增加2mm/d以上（彩图8-3d）。

2010—2100年区域平均连续5d最大降水量RX5day以3.3mm/10年的速率增加，未来两个时段区域平均RX5day数值达到127.7mm和141.9mm。21世纪中期内蒙古、山西北部、河北中南部以及山东部分地区RX5day较当代增加10 ~ 40mm，局部地区增加>40mm（彩图8-3e）；其余大部分地区RX5day变化在-10 ~ 10mm，局部地区减少10 ~ 30mm。21世纪末期区域内RX5day较当代以增加为主，其中河北东北部和山东中部部分地区增加50mm以上（彩图8-3f）。

基于上述工作基础，我们对在RCP 4.5和RCP 8.5新排放情景下，使用RegCM4.0区域气候模式嵌套国家气候中心BCC_CSM1.1全球模式所进行的1950—2099年的长时间连续积分模拟结果进行了初步分析。结果显示，未来不同排放情景下，华北地区冬、夏季平均气温将一致升高，且随着时间的推移，升温幅度逐渐增大（彩图8-4）；冬季降水以增加为主，夏季降水则表现为增加和变化不大（彩图8-5）。

二、作物生长季内气候要素的变化

根据英国Hadley气候中心HadGEM2模式区域降尺度气候情景数据（PRECIS），并参考基准期（1976—2005年）时段数据，及RCP8.5情景近期（2010—2039年）、中期（2040—2069年）和远期（2070—2099年）的数据，以冬小麦生长季为例，对华北地区干旱风险进行了分析。较1960—2000年基准气候情景相比，在未来气候变化情景下，近期、中期和远期冬小麦生育期内最高温度分别升高0.55℃、2.17℃和3.86℃，最低温度分别升高0.31℃、1.62℃和3.56℃，生育期内太阳辐射量分别升高1.69%、4.24%和2.36%，降水量分别升高16.73%、28.64%和50.09%。

各要素变化幅度的空间分布具有不同特征（彩图8-6）。对于最高温度和最低温度（彩图8-6a，b），区域整体呈增温趋势，区域北部增温幅度高于南部，但在北部边缘存在降温格点。增温幅度随时间推移逐渐增大，在近期（2010—2039年）增温幅度大部分在2℃以内，中期（2040—2069年）最高温度全区域和最低温度的北部区域增温幅度达到3℃，远期（2070—2099年）最高温度大部分区域和最低温度北部区域增温幅度达到5℃。对于生育期内太阳辐射量（彩图8-6c），区域整体增多趋势，增多幅度控制在10%以内，且各时间段区域南部存在辐射量降低的格点，特别是近期，区域南部大部分格点的辐射量降低。对于生育期内降水量（彩图8-6d），随着时间推移，呈逐渐增多趋势，近期大部分区域增幅为20%以下，而在远期大部分区域增幅达到40%以上。

第三节 气候变化对冬小麦影响

一、已发生的影响

1. 观测到气候资源变化

华北地区最典型的粮食作物生产模式为冬小麦—夏玉米一年两熟模式。在集约度较高的一年两熟地区，前茬作物的收获和后茬作物的种植紧密相连，光热资源的利用程度很高。在气候变化影响下，由于气温增高，积温增加，作物的生育阶段受到影响，为种植、收获时间匹配必须进行适应调整。

分析表明，小麦冬前积温增加明显（表8-6），若按照传统的小麦播种期，大部分地区冬小麦冬前出现旺长，对安全越冬不利；为适应气候变暖的影响，冬小麦播种期需要相应推迟，冬小麦播种期应推迟7～10d，以应对冬前积温增加对冬小麦生长的不利影响。

表8-6 小麦季冬前>0℃积温变化 （单位：℃）

地点	1961—1990年	1991—2000年	2001—2007年	1991—2000年距平	2001—2007年距平
保定	566.8	593.1	623.8	26.3	57.0
石家庄	616.8	650.7	688.0	34.0	71.2
南宫	621.7	623.3	644.7	1.6	23.0
新乡	731.3	764.8	783.7	33.5	52.3
郑州	765.2	804.3	851.8	39.1	86.7
驻马店	876.0	912.5	927.6	36.5	51.7

气候变暖条件下，由于小麦适应性的晚播以及夏季积温的增加（表8-7），玉米生产可由以中早熟品种为主过渡到中晚熟品种为主，充分利用冬麦推迟种植的机会，有效延长夏玉米生育期和灌浆期长度。

表8-7 玉米季（6—9月）活动积温变化 （单位：℃）

地点	1961—1990年	1991—2000年	2001—2007年	1991—2000年距平	2001—2007年距平
保定	2 968.6	3 055.6	3 069.8	87.0	101.2
石家庄	2 975.6	3 092.5	3 097.2	116.8	121.6
南宫	3 021.8	3 063.9	3 048.6	42.1	26.8
新乡	3 033.2	3 068.1	3 074.5	34.9	41.3
郑州	3 039.6	3 065.1	3 076.3	25.5	36.7
驻马店	3 065.0	3 093.2	3 081.1	28.2	16.1

2. 对冬小麦产量影响

由于华北平原降水以及蒸散在空间上的不平衡性（喻谦花，2011），导致华北平原干旱特征南北差异明显，因此由于冬小麦需水关键生育阶段的干旱所导致的产量的降低也存在一定的区域差异。将华北平原6个典型站点在本地品种与区域品种的两种模拟情况下的潜在干旱减产率的近30年均值进行分析（图8-4），由图8-4a中可以看出，拔节-抽穗期的减产率有明显的南北差异，在没有剔除品种差异之前，即采用各站点本地品种进行模拟的情况下，天津的减产率为-46%，石家庄则为-49%，莘县为-46%，临沂、商丘及寿县分别为-36%、-29%、-11%，华北平原北部地区在拔节-抽穗期的干旱所导致的产量的降低明显地高于平原的南部地区，而在使用经过调试的华北平原区域品种3H模拟的情况下，南北的干旱减产的差异有略微的缩小，天津、石家庄和莘县的减产率分别为-43%、-48%、-41%，临沂、商丘及寿县分别为-38%、-27%、-13%，因此，由于品种的差异所导致的各区域的干旱减产水平的差异并不大，华北平原冬小麦拔节-抽穗期的潜在干旱减产率由南向北逐渐加重的区域分布主要是由于各地的气候因素的差异所导致的。

从图8-4b可以看出，各典型站点冬小麦在灌浆期的干旱减产率不大，天津、石家庄、莘县在两种品种模拟的情况下减产率基本都在-9%～-8%，而临沂，商丘，寿县则在两种品种模拟的情况下减产率的差异较大，其中临沂在本地品种模拟下减产率达到了-12%，而在区域品种模拟下的减产率只有-7%，商丘则在本地品种模拟下减产率为-3%，而在区域品种模拟下减产率为-8%，寿县在两种品种模拟情况下的减产率分别为-7%和-4%，因此可知，华北平原偏南部地区冬小麦灌浆期的潜在干旱所造成的减产率要低于北部地区，而且南部地区的不同区域之间的减产程度的差异由于品种的差异影响很大。

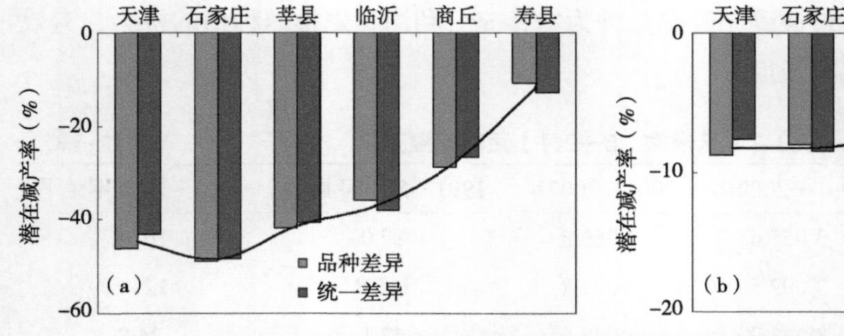

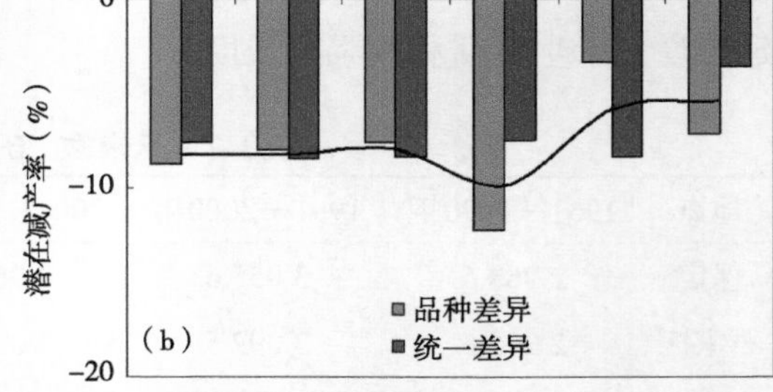

图8-4　各站点拔节-抽穗期（a）与灌浆期（b）的潜在干旱减产率

二、未来气候变化影响

1. 生育期变化

未来气候变化情景采用英国Hadley气候中心发布的RCP4.5和RCP8.5情景下2011—2050年时段的数据，以及Baseline情景下1971—2000年时段的数据。研究根据农业生态类型区，选用了不同区域的代表性站点，包括天津、石家庄、莘县、临沂、商丘和寿县6个站点，各站点生育期推算采用每年自9月中旬后5日滑动平均温度稳定通过14～17℃的终日，推算各站点在未来气候变化情景下的播种期，其中将天津与石家庄的温度指标定为17℃，莘县与临沂的温度指标定为16℃，商丘与寿县的温度指标定为15℃，由于未来气候变暖，某些极端年份由于暖冬积温较高，拔节期异常提前，因此将这些极端年份的播种期温度指标相应减小1℃。然后通过积温法推算了两个情景下的拔节期、孕穗期、抽穗期、开花期、乳熟期及成熟期。

根据积温推算方法分析得出，未来RCP8.5情景下，华北平原冬小麦播种期均有推迟的趋势，但是除天津通过了$\alpha<0.05$的显著性检验外，其他站点趋势并不显著。各站点拔节期、开花期和成熟期均有提前的趋势，均通过了$\alpha<0.05$的显著性检验，而且成熟期提前的趋势最为明显，各站点均通过了$\alpha<0.01$的显著性检验。由此，气候变暖导致冬小麦播种期推迟，成熟期提前，生长季明显缩短，这样将会给冬小麦生产带来不利影响，因此，在未来气候变化情景下，必须通过品种改良，来适应气候变化带来的不利影响。

2. 冬小麦不同生育期干旱对产量的影响

本研究根据冬小麦不同生育阶段有效降水量和冬小麦需水量的差值，计算出各生育阶段水分盈亏值，当水分有盈余时，则该生育阶段水分亏缺为0。分析结果显示，在RCP4.5情景下除石家庄外，各站点在2010—2030年冬小麦拔节-抽穗期干旱程度有所降低，所有站点在2030s中后期至2050年干旱减产率均有增加的趋势。在灌浆期，天津、石家庄和莘县在未来40年基本为2010—2030年减产率增加，而2030—2050年减产率减小的趋势。而临沂、商丘和寿县未来40年干旱减产率为降低的趋势。在RCP8.5情景下冬小麦拔节-抽穗期华北平原中部与南部地区在2020—2040年，潜在干旱减产率有增加的趋势，在2040s减产率则为降低的趋势。华北平原各典型站点除石家庄外，拔节-抽穗期与灌浆期的不同减产程度的累计概率，均呈现由南向北递增的分布。且同等程度的减产，由拔节-抽穗期造成的概率要远远大于由灌浆期造成的概率。

RCP8.5情景下在两个时期造成不同程度的减产的概率普遍低于RCP4.5情景下的概率，RCP8.5情景下同等程度的减产由拔节-抽穗期与灌浆期造成的概率差，明显小于RCP4.5情景下的概率差，这主要是由于在RCP8.5情景下两个时段造成的干旱减产率的概率均普遍减小，而拔节-抽穗期概率减小的幅度更大。研究发现，RCP8.5情景下各区域冬小麦拔节-抽穗期干旱对产量的潜在影响水平较RCP4.5情景下均降低，这主要是由于RCP8.5情景下气温虽然较RCP4.5情景下普遍升高，但是华北平原有相当大的区域在RCP8.5情景下较基准时段比RCP4.5情景下降水有所增加，因此降水的增加导致的干旱的减弱，大于温度升高所带来的不利影响，因此，在RCP8.5情景下华北平原大部分区域冬小麦干旱风险总体较RCP4.5情景降低。

第四节 “两晚种植”对气候变化的适应能力

小麦、玉米“两晚”栽培技术是指在冬小麦、夏玉米农作区域内，通过适当推迟玉米收获期和小麦播种期（玉米收获期推迟5～10d，小麦播种也适当推迟5～10d），充分发挥小麦-玉米作物系统生产潜力的节水、高产、高效栽培技术。“两晚”技术不需要增加农业生产成本，不需要进行任何农事管理，只要适当推迟小麦播种期，延长玉米灌浆期保证在完全成熟期收获，就可提高玉米产量并保证小麦健壮生长。2007年以来，两晚技术在华北农区推广。实践表明，推广“两晚”增产技术是适应气候变化，充分利用光热资源和节约水资源，进一步挖掘小麦、玉米两大作物增产潜力的有效措施，对提高粮食生产水平至关重要。

一般来说，冬小麦播种至越冬期的>0℃适宜积温为500～600℃。气候变化的背景下，华北地区气候变暖，温度不断升高，导致冬前积温增加，暖冬现象加剧。以石家庄为例，20世纪80年代之前，石家庄市平原麦区的最佳播种期，一般在9月29日至10月1日，积温条件满足冬前5～6叶壮苗所需的495～570℃积温。自1995年以来，10月1日至11月30日（平均越冬期），日均温较1955—1994年时段增高1.2℃（图8-5），积温达到682℃，足够冬小麦长到7.5叶龄，易造成旺苗和冬春季冻害死苗。为适应气候变化，必须调整冬小麦播种期，保证冬前稳健生长和安全越冬。若传统的10月1日左右的小麦播期不做适当调整，由于冬前积温过多，小麦出苗后易旺长，不但达不到“5叶1心”安全

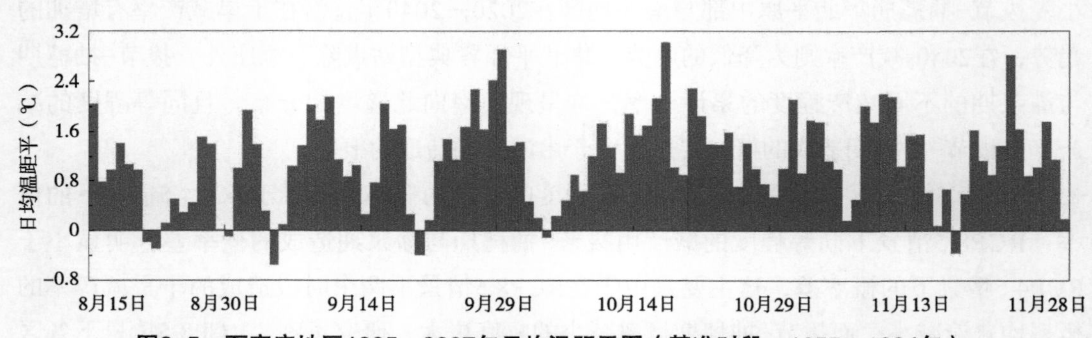

图8-5 石家庄地区1995—2007年日均温距平图（基准时段：1955—1994年）

越冬的壮苗标准，而且由于麦苗旺长，消耗营养过多，来年麦苗弱，不利于丰产。所以要适当推迟小麦的播期，以10月5—10日为适宜播期（表8-8）。

表8-8　两晚模式下石家庄地区冬小麦冬前生长季积温、苗情

类别	种植日期（月.日）	停止生长日期（月.日）	冬前积温（℃）	叶龄	苗情
传统模式	9.30	11.30	682	7.5	旺长
晚播模式	10.7	11.30	566	5.5 ~ 6	正常壮苗

近年来，由于对高产的追求，农业生产上广泛种植的玉米品种由中早熟品种，逐渐向中晚熟、晚熟品种转变，如果按照传统习惯收获，不能保证中晚熟品种的完全成熟，影响产量水平。“两晚”栽培体系中，玉米晚收5 ~ 10d，可有效延长玉米灌浆期，充分利用光热资源，保证完熟收获，提高玉米产量。以石家庄地区为例，夏玉米一般8月15日前后吐丝，传统上9月24日前后收获，灌浆期只有40d，积温930℃。如果晚收10d，灌浆期可以达到50d，积温1 107℃，净增加19%。10d中每天千粒重增加2.2 ~ 2.3g，每天亩产量增加4.9 ~ 5.2kg，灌浆期延长10d亩增产50kg左右（表8-9）。

表8-9　两晚模式下石家庄地区玉米灌浆期变化

类别	灌浆始期（月.日）	收获日期（月.日）	灌浆天数（d）	灌浆期积温（℃）
传统模式	8.15	9.24	40	930
晚收模式	8.15	10.04	50	1 107

华北地区以冬小麦播期推迟和玉米品种转变—生育期延长为核心的“两晚种植”模式，是对气候变暖的适应性策略，在提高作物生产气候变化适应性的同时，充分利用增加的积温条件，提高作物生产水平，是高效率的、趋利避害的气候适应方法。

气候变化背景下，极端事件增加，作物生产的气候风险加大。季节性增温的不平衡问题突出，冬春季明显增温对小麦耗水和返青期生长不利；受年际间气候波动影响，晚播会增加冬小麦越冬期遭遇区域性低温事件而发生冻害的风险。

在全球气候变化背景下，华北冬麦-夏玉米农作区冬季变暖，小麦冬前生长季积温增加，要求冬小麦必须通过晚播来保证适宜的生长积温，以便形成壮苗，增强越冬期抗逆能力，这也为玉米适当晚收创造了必要条件。但是，由于气温的年际波动，小麦晚播仍存在一定的低温风险，以石家庄为例，1995—2009年，推迟播期后，大部分年份可以满足小麦冬前的积温需要，但2000年、2002年和2009年明显偏冷，小麦播期推迟后，积温分别为420.4℃、419.6℃和430.1℃，不能达到冬前壮苗的积温需要（图8-6）。虽然推迟小麦播期存在一定的低温风险，但小麦晚播的气候保障率仍达到80%，满足技术推广所需的气候保障率要求，并且，由于小麦群体的可调节性较大，可以通过适当增加播量，加强春季管理等措施予以弥补。

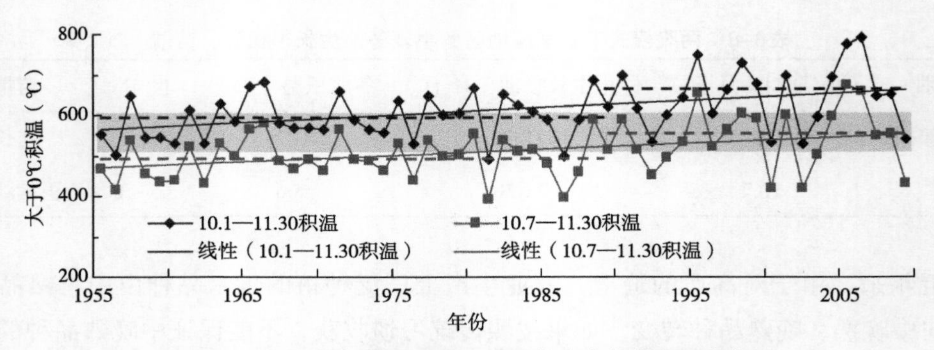

图8-6　石家庄地区1955—2009年小麦冬前积温变化

两晚技术对于华北冬小麦生产起到了巨大的促进作用，不仅实现了产量的大幅提升，节约了有限的区域水资源，提高了水分利用效率，从长远角度来看，对应对未来的气候变化也具有积极的适应效果。“两晚”技术对小麦产量无负面影响，可提高玉米产量10%左右。以河北省为例，2007年玉米晚收面积为2 629万亩，占夏玉米总面积的82.6%，增产玉米5亿kg。其中技术关键是适当推迟小麦播期，可减少其冬前耗水，生产上可取消灌溉“冻水”，河北省2007年冬小麦晚播面积2 800万亩，节水21.5亿t，节约灌溉成本8.6亿元。对于未来华北区气候变暖，水资源短缺的背景下，“两晚”技术以气候变暖为前提，提高作物生产与气候资源的适应度，克服了气候变化对农业生产造成的不利影响，充分利用了热量资源增加的条件。“两晚种植”模式不仅实现了积极应对气候变化调整作物种植模式，在趋利避害的同时，实现了水资源高效利用、粮食增产等多项目标，是目前我国农业领域应对气候变化和实现粮食丰产目标的一项重要技术。

第九章　重庆适应气候变化个案实践

在全球气候变暖的大背景下，气候变化也具有明显的地区性差异。重庆地处气候变化的敏感区，地形条件复杂，局地异常气候发生率高，灾害较为频繁，气候变化趋势与全球和全国气候变化相比，其变暖有些滞后，20世纪90年代后呈现出较为显著的变暖趋势。气候变化一方面表现为平均气温的升高，另一方面又在很大程度上表现为极端气候事件的增加，造成农业自然灾害增多。

重庆的农业同全国一样，也将因气候的变化而受到明显的影响。但重庆地处南北过渡地带的四川盆地东南部，特殊的地理地形和气候条件使重庆的农业气候问题十分复杂。气候变化对每一种作物带来的影响不一样，对不同空间区域的同一作物的影响也不一样，特别是气候资源对重庆地区多数作物产量高低或质量优劣而言，并不是单纯的偏多与偏少，而主要决定于气候资源的阶段分布和要素之间的匹配情况，因此，气候变化对重庆农业的影响非常复杂，需要进行详细的分类研究。

第一节　气候变化特征

重庆地区资料采用34个气象台站1961—2009年逐日平均气温资料，全球气温资料采用NCDC（National Climate Data Center）的公布的年平均全球海陆气温距平资料以及逐月全球海陆气温距平资料，时间取为1880—2006年。

一、温度和降水变化

重庆区域平均气温的增暖趋势和全国的趋势相比，并不十分显著，全国的增暖始于20世纪80年代中期，而重庆显著的增暖开始于1990年代后期（图9-1a）。对区域平均气温距平序列进行M-K突变检验，发现重庆气温距平的突变出现在1997年（图9-1b）。

以1997年作为分界，分别分析了1961—1996年和1997—2006年的气温变化趋势（图9-1a），发现前一时段气温变化不明显，而后一时段，增暖显著，趋势系数达到

0.43℃/10年，超过了这一时段全球和全国的增温速度。

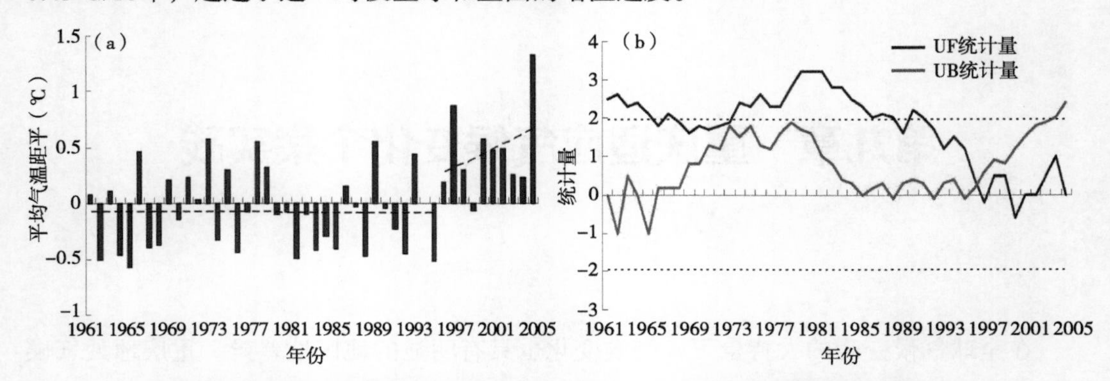

图9-1 重庆区域年平均气温距平变化（a）及Mann-Kendall统计量曲线（b）
（点线为α=0.05显著性水平临界值）

利用1961—2009年全球气温及同时段重庆各站逐月平均气温资料进行相关分析，定义全球气温距平为T_g，重庆区域气温距平为T_c，则有：

$$T_c=1.146T_g-0.183,\ \mathrm{cor}(T_g,\ T_c)=0.58,\ \alpha=0.01$$

式中，T_c表示重庆区域气温距平（℃），T_g表示全球气温距平（℃），cor为两者之间的相关系数，α代表相关显著性水平。

假设全球平均气温升高1℃，重庆区域平均气温将升高0.96℃；依此类推，全球气温升高2℃，重庆区域平均气温将升高2.11℃。从空间分布来看（彩图9-1），全球增温1℃，全市区域均呈现增温趋势，平均增温0.8～1℃，其中，增温显著的区域集中在东北部、东南部以及主城区周围，增温幅度超过1℃，增温较小的区域主要有中部的忠县、石柱，以及西部的渝北、大足和巴南；全球增温2℃，全市区域增温2～2.2℃，增温2℃的分布与增温1℃基本一致。

全市年平均降水量变化以年际振荡为主，变化趋势不明显（图9-2a）。但降水日数呈显著减少趋势，20世纪90年代后基本为负距平（图9-2b）。降水总量变化不大但频率减少，意味着降水过程存在强化的趋势，干旱和洪涝灾害可能会趋于增多。

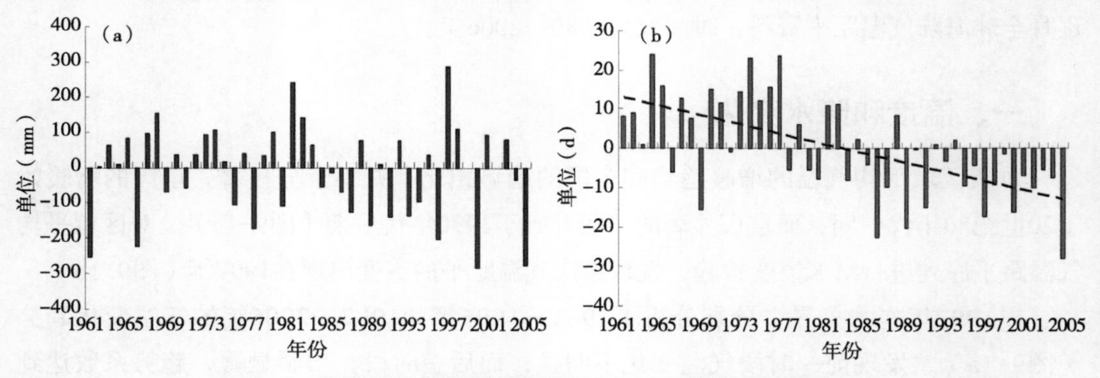

图9-2 重庆区域年平均降水量变化（a）及年降水日数（b）

根据图9-2b所示，重庆区域年平均气温在1997年发生了突变，为进一步探讨变暖和气候灾害之间的联系，下面着重分析了突变前后极端高温事件发生频次趋势差异（表9-1）。

表9-1　极端高温事件发生频次趋势统计

	区域平均总趋势（次/10年）	通过95%显著性水平的站点数
1961—1996年	-10.1*	31
1997—2006年	+44.1*	27

注：*表示该趋势通过了95%的显著性检验。

二、极端天气/气候事件

在1961—1996年增暖前，区域平均极端高温事件发生频次呈减少趋势，减少率为-10.1次/10年（表9-1），从趋势系数空间分布来看，全市呈现出一致的减少趋势，有31个站的趋势系数可以通过95%的显著性检验，长江沿线地区减少趋势更为明显（图9-3）。在1997—2006年显著增暖期，区域平均极端高温频次呈现显著增加趋势，增加率高达44.1次/10年，从空间分布也可以看到，全市共有27个站的增加趋势明显，主要集中在重庆市的中部地区、东南部地区及东北部偏南地区（图9-3c）。可见，在增暖期，极端高温事件发生频次增加趋势明显，意味着高温热浪风险显著上升。

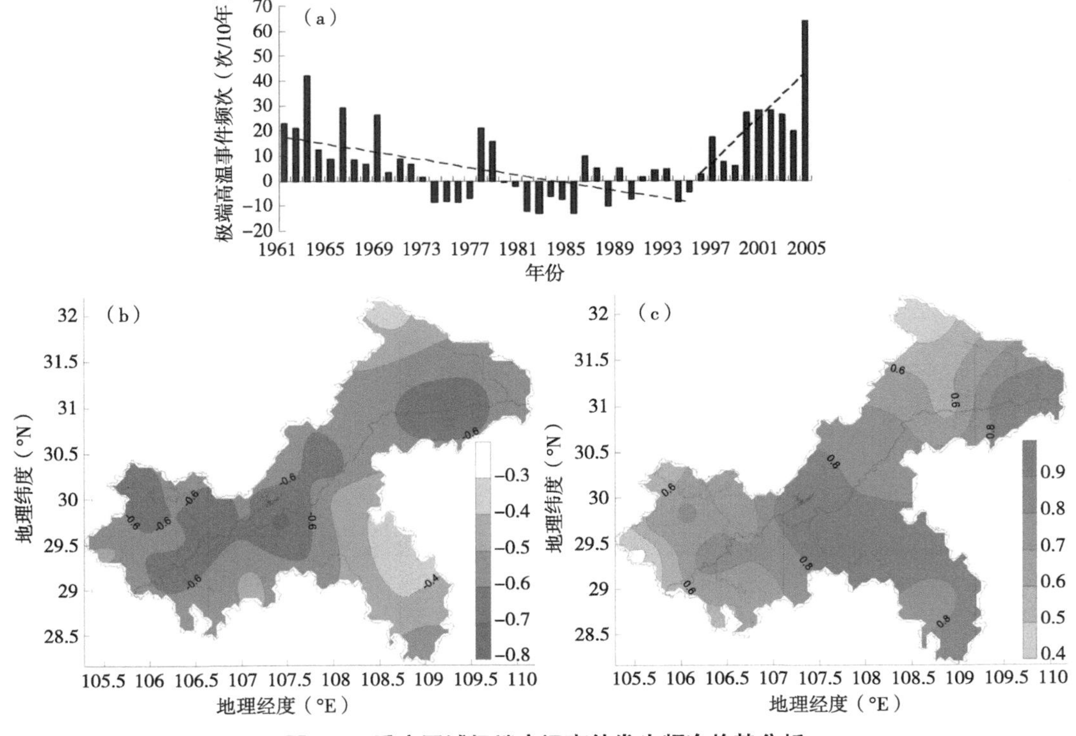

图9-3　重庆区域极端高温事件发生频次趋势分析

（a）区域平均；（b）1961—1996年趋势系数空间分布；（c）1997—2006年趋势系数空间分布

与极端高温事件发生频次的趋势相类似，在增暖前，极端降水频次也呈现出显著的减少趋势，减少率为-5.2次/10年，全市有30个站的趋势系数可以通过95%的显著性检验，极端降水频次显著减少的区域主要位于长江以南地区（表9-2）。增暖后，极端降水事件发生频次也呈现出显著增加趋势，增长率为15.6次/10年，全市25个台站增加趋势明显。从空间分布来看，增幅较为显著的地区分布在重庆市的西部、东南部及东北部偏北地区（图9-4）。随着年平均温度的升高，极端降水事件发生频次显著增加，洪涝灾害的风险也在不断上升。

表9-2　极端降水事件发生频次趋势统计

	区域平均总趋势（次/10年）	通过95%显著水平的站点数
1961—1996年	-5.2*	30
1997—2006年	+15.6*	25

注：*表示该趋势通过了95%的显著性检验。

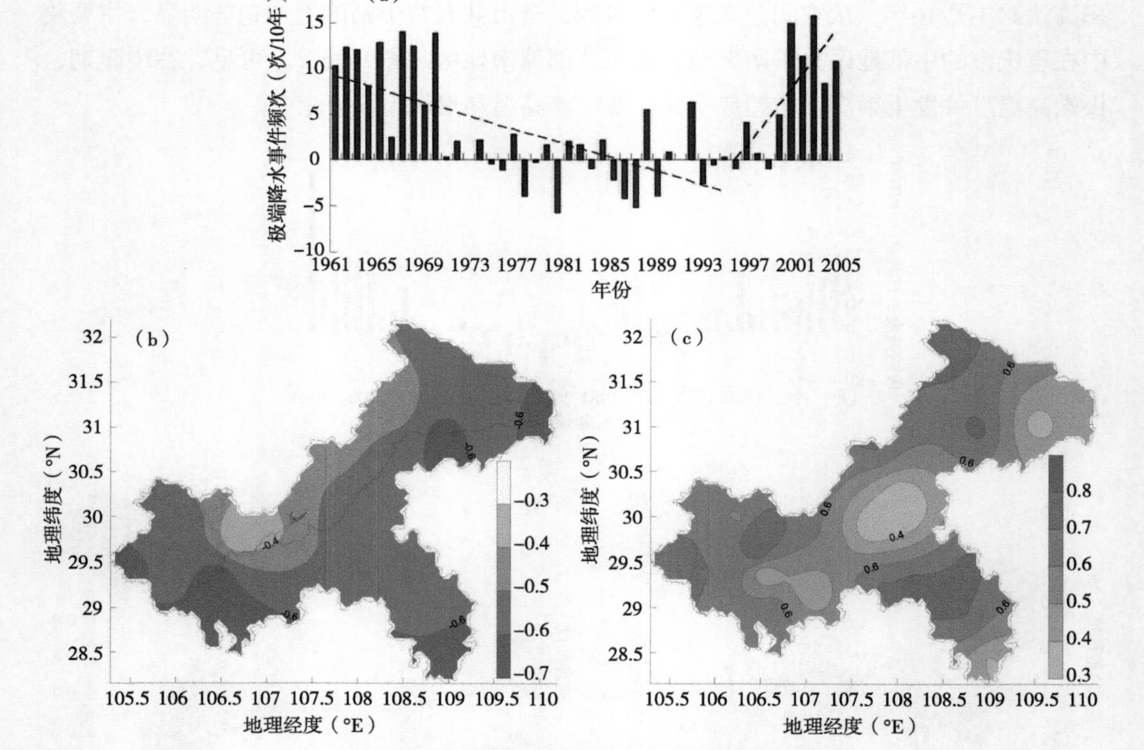

图9-4　重庆区域极端降水事件发生频次趋势分析

（a）区域平均；（b）1961—1996年趋势系数空间分布；（c）1997—2006年趋势系数空间分布

由图9-5可知，重庆区域年降水总量变化不大，但降水日数呈减少趋势，为了弄清区域降水日数变化的原因，分别计算了各种级别降水日数的时间序列及趋势。总的来看，小雨和中雨日数呈减少趋势，其中小雨日数的减少最为显著，趋势系数为-5.3d/10年，可以通过99%的显著性检验；而大雨和暴雨日数变化趋势不明显，由此说明，总的降水日数的减少主要是由于小雨和中雨日数的减少，而小雨和中雨在总降水日数中所占的比例在90%左右，因此小雨和中雨的减少使得干旱的风险在增大，另外，由于大雨和暴雨日数并无明显趋势，因此洪涝的风险并没有减少的趋势。

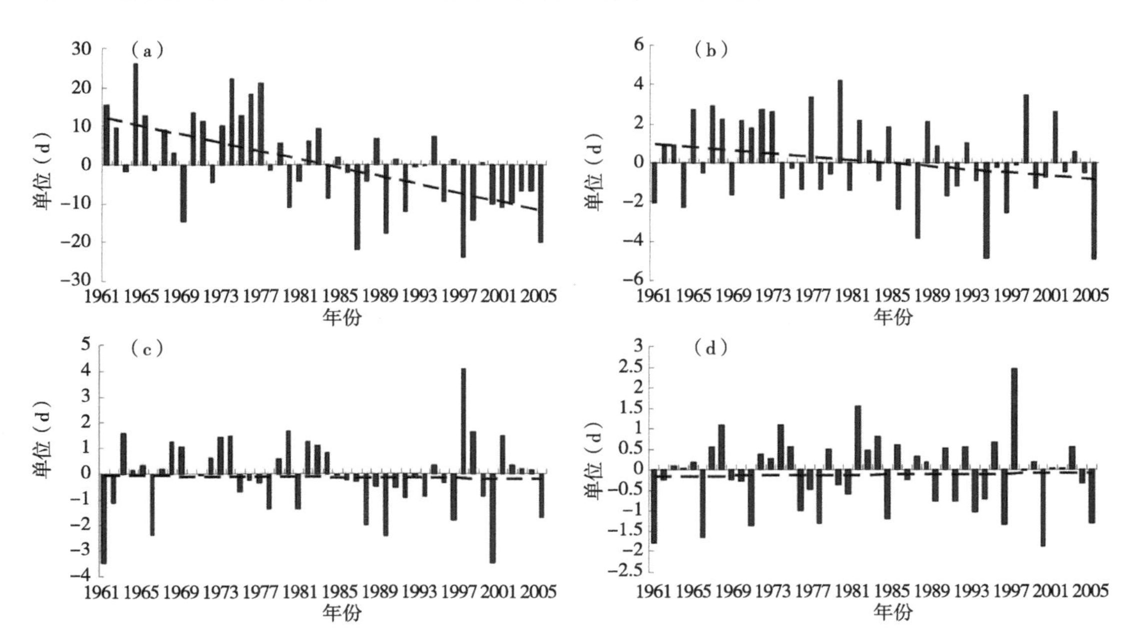

图9-5　重庆区域平均年小雨（a）、中雨（b）、大雨（c）及暴雨（d）日数距平的时间序列及趋势

比较突变前后两个时段各级别降水日数所占比例，可以发现，增暖后小雨所占的比例在减小，而中雨、大雨和暴雨的比例在增大，因降水总量变化不明显（表9-3），说明增暖后，降水强度存在强化的趋势，极端强降水发生的可能性在增大，增暖后，极端降水事件发生频次呈显著增加趋势。

表9-3　区域平均各级别降水日数所占比例（%）

年份	小雨日数比例	中雨日数比例	大雨日数比例	暴雨日数比例
1961—1996年	80.09	13.34	5.04	1.54
1997—2006年	78.32	14.12	5.58	1.98

由于三峡工程是我国重要的基础设施，因此探讨了全球气候变暖对三峡库区极端气候事件的影响。分析认为，三峡库区对全球气候变暖的响应有其特殊性，20世纪90年代中期以前，三峡库区气温仍处在下降的过程，90年代中期以后，三峡库区才开始出现明显的变暖趋势。随着气候变化，三峡库区年降水总量变化不大但频率减少，而降水日数呈显著减少趋势，意味着降水过程存在强化的趋势，干旱和洪涝灾害可能会趋于增多。

第二节　旱涝灾害风险预估方法

针对旱涝灾害的评估，可以从三个方面开展：一是灾害排序法，根据旱涝灾害的单站、区域指数开展旱涝灾情的横向、纵向对比评估；二是灾害相似法，以气象灾害普查数据库为基础，开展旱涝灾害历史相似年评估；三是灾害农业损失法，具体针对主要农作物产量损失开展的旱涝灾害评估。

一、旱涝灾害排序法

主要是利用旱涝发生的强度，干旱利用持续天数，洪涝采用洪涝类型（“一日洪涝”“二日洪涝”“三日洪涝”）及累计降水量来衡量，对旱涝灾害进行纵向对比排序，可以知道当次旱涝在历史上的排位情况，从而可以大致了解旱涝灾害的发生强度（表9-4）。

表9-4　2010年重庆夏旱发生情况

台站	历史排位	干旱程度	开始日期（年/月/日）	结束日期（年/月/日）	持续日数
长寿	3	一般旱	2010/06/14	2010/07/05	22
大足	6	一般旱	2010/05/05	2010/05/26	22
垫江	2	重旱	2010/06/03	2010/07/03	31
奉节	6	一般旱	2010/06/10	2010/07/03	24
江津	8	一般旱	2010/05/07	2010/05/26	20
綦江	3	一般旱	2010/05/07	2010/05/26	20
荣昌	10	一般旱	2010/05/11	2010/05/30	20
潼南	8	一般旱	2010/06/12	2010/07/03	22
巫山	3	一般旱	2010/06/10	2010/07/05	26
巫溪	6	一般旱	2010/06/10	2010/07/03	24
永川	13	一般旱	2010/05/11	2010/05/30	20

二、旱涝灾害相似法

考虑到旱涝灾害发生时段不同而造成的影响不一致的问题，在计算中把旱涝灾害发生的开始期作为相似评估的限制因子，利用单站或区域旱涝灾害的指数，跟历史统计旱涝灾害资料库中的资料进行相似比对，找到最相似的记录，然后根据得到的记录的发生时间段在灾害普查数据库中（包含有本次灾害所造成的人员、社会经济损失情况）查找对应的灾情信息。这种方法的准确性主要取决于灾害普查数据库的详实和准确程度。

三、旱涝灾害农业损失法

主要思路是利用回归积分方法针对特定的农作物计算得出生育期分旬的降水影响产量系数，然后设置旱涝灾害可能影响的最大成数，假设发生在作物生育关键期的旱涝灾害对农作物产量的最大影响成数，最后根据旱涝灾害具体发生的时段折算出旱涝灾害对农作物产量可能影响的具体成数。

1. 多要素回归积分的差分形式

作物产量资料可以分解为由社会经济因素决定的趋势产量和由气象因素造成的气象产量，以及偶然因素造成的随机产量（也叫误差产量）。

$$y = y_t + \hat{y} + e \qquad (9\text{-}1)$$

式中，y是作物产量，y_t是趋势产量，$\hat{y}$是气象产量。e为随机产量，实际计算的时候一般不考虑。y_t是随着社会经济发展水平而逐渐增加的，可以分段采用拟合函数（线性、生长曲线或滑动平均等方法）从y中分离出来。但会随着产量样本数的变化，以及分段点的选取、拟合函数的选择差异等因素等得到差异比较大的气象产量序列。可以认为相邻两年的作物产量中由于社会投入、技术水平等决定的趋势产量差异不大，其产量差异应该主要来源于作物生育阶段气象要素的差异。

$$\Delta\hat{y}_i \doteq \Delta y_i = y_i - y_{i\text{-}1} \qquad (9\text{-}2)$$

也就是说，相邻年的气象产量差异$\Delta\hat{y}$可以表述为相邻年的降水差异$\triangle R_i$、温度差异$\triangle T_i$、日照时数差异$\triangle S_i$等的函数。

$$\Delta\hat{y}_i = F(\Delta T_i,\ \Delta R_i,\ \Delta S_i,\cdots) \qquad (9\text{-}3)$$

为了研究某一气象要素在作物整个生育期各个阶段对作物产量形成的影响效应，可以把作物生育期分成许多生育阶段作为自变量，与气象产量序列建立回归方程，从而可以得到气象要素在每个生育阶段的影响系数，具体可以表示为以下回归积分方程：

$$\hat{y}_i = c_0 + \int_1^{\tau} a_j(t) M_{ij}(t)\mathrm{dt} \qquad (9\text{-}4)$$

式中，i=1，2，…，N（样本数）；j=1，2，…，τ（生育阶段）。$\hat{y}_i$是气象产量，a_j是阶段气象要素影响系数，M_{ij}为阶段气象要素。综合考虑温度、降水、日照的阶段影响效应，以及结合上述公式，则可以得到多要素回归积分方程的差分形式：

$$\Delta\hat{y}_i = c_0 + \int_1^{\tau}[a_{tj}(t)\ \ \Delta T_{\mathrm{ij}}(t) + a_{rj}(t)\ \ \Delta R_{ij}(t) + a_{sj}(t)\ \ \Delta S_{ij}(t)]\mathrm{dt} \qquad (9\text{-}5)$$

式中，$\triangle T_{ij}$、$\triangle R_{ij}$、$\triangle S_{ij}$分别表示温度、降水、日照要素变量年际差异序列，a_{tj}、

a_{rj}、a_{sj}对应表示各气象要素不同生育阶段的气象产量影响系数。实际计算中，常常需要对作物整个生育期分旬计算影响系数，三个气象要素一起分析的话，就会面临自变量太多，无法得到稳定的回归方程。回归积分方法通常使用正交多项式函数对自变量进行降维处理，对于不同的气象要素可以采用不同的正交多项式阶数来处理，以得到更好的拟合效果。

2. 降水生态适应性分析

图9-6为江津站中稻多要素回归积分系数变化曲线（其中横坐标中32表示3月中旬，其余类似），温度、降水、日照选择的多项式拟合阶数分别为4次、6次、4次；回归积分的复相关系数R=0.728，α=0.04。

由其中降水回归积分曲线可以看出，重庆地区中稻生育期降水适应性可以分为4个阶段。

第一阶段为3月中旬至4月上旬，降水为负效应。这个阶段水稻处于育秧前中期，需水较少，过多的降水反而容易产生渍涝害，特别是3月中旬中稻播种-出苗期，旬降水量每降低1mm，产量可以增加约8kg/hm^2。

第二阶段为4月中旬至5月中旬，降水为正效应。这个阶段中稻处于育苗后期-分蘖盛期，属于营养生长旺盛期，需水量大。而重庆西部及东北部地区时有夏旱发生，频率为10年3～5次。

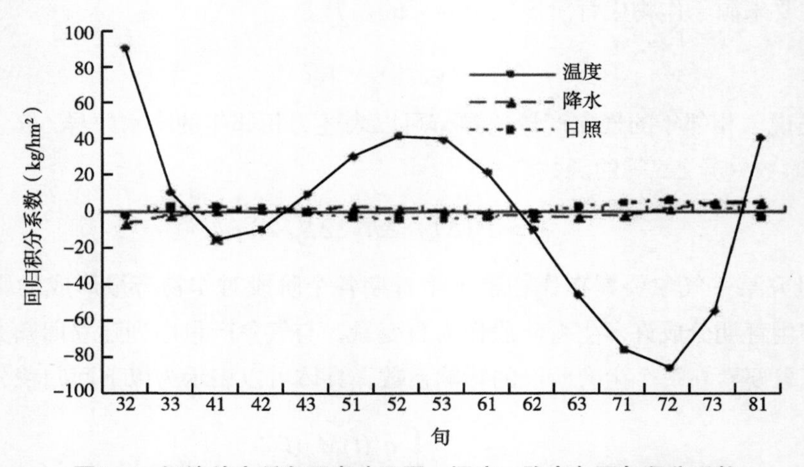

图9-6 江津站中稻多要素（日照、温度、降水）回归积分系数

第三阶段为5月下旬至7月上旬，降水为负效应。中稻处于分蘖末期-抽穗期，需水也相对旺盛。但重庆地区这个阶段正处于降水高峰时段，旬降水维持在50～60mm，初夏绵雨发生频率高达70%～80%，过多的降水常常造成渍涝危害。有研究指出，水稻抽穗前任一生长阶段部分或全株淹没1周，都会造成植株增重速率降低和器官重量减轻，甚至导致主茎穗粒数减少20%～40%。

第四阶段为7月中旬至8月上旬，降水为正效应。期间中稻处于灌浆期，光合作用旺盛，需要大量的水分，而重庆地区这时经常出现伏旱天气，发生概率为80%左右。7月下旬、8月上旬的降水积分系数达4kg/hm²，考虑到期间降水基数较大，降水的增产效益十分明显。

3. 降水产量影响指数

为了衡量中稻生育期间各阶段、各气象要素对最终气象产量形成的影响程度，定义产量影响指数为某阶段气象要素的均方差与该阶段的回归积分系数乘积的绝对值，如图9-7为江津站中稻多要素产量影响指数旬变化曲线。

从图中可以看出，对重庆中稻产量影响最大的是3月中旬、6月下旬，平均可以造成190kg/hm²的产量波动，3月中旬的倒春寒容易导致中稻出苗困难、基本苗不足，而6月下旬中稻正处于抽穗、开花期，过多的降水造成授粉不良；其次为7月下旬、8月上旬的降水，旬产量影响指数达到160 ~ 170kg/hm²，此期正处于灌浆中后期，常受到伏旱影响；6月中旬、7月上旬的降水，7月上中旬的温度，旬产量影响指数也能达到130 ~ 150kg/hm²。

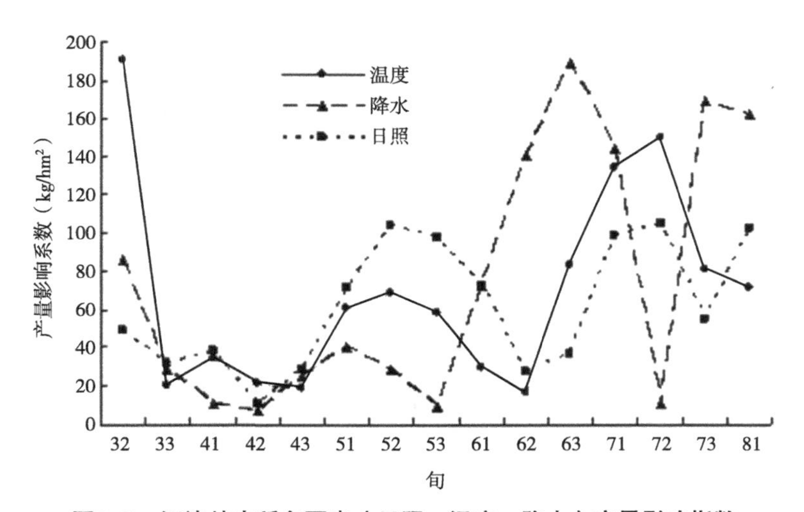

图9-7　江津站中稻多要素（日照、温度、降水）产量影响指数

4. 干旱损失评估

把实际干旱日数根据上面的影响成数指数折算成影响成数F：比如伏旱20d为1成，50d为4成，则实际发生30d为2成；对干旱进行开始期到结束期的日期积分，积分函数为降水阶段产量影响指数，得到一个干旱影响积分值E；对干旱进行开始期到结束期的日期积分，积分函数为降水阶段产量影响指数的最大值，得到一个归一化系数Em；就可以得到最后的产量影响成数为$F \times E/Em$（表9-5）。实际进行产量损失评估的时候需要经过多年的学习、调整旱涝灾害的产量影响参考成数，才能达到比较理想的评估效果。

表9–5 设置降水最敏感期干旱的默认影响成数

干旱类型	参考天数1	参考成数1	参考天数2	参考成数2
春旱	30	1	50	4
春夏旱	40	1	60	4
夏旱	20	1	40	4
夏伏旱	25	1	45	4
伏旱/伏秋旱	20/25	1/1	40/45	4/4
秋旱/秋冬旱	30/40	1/1	50/60	4/4
冬旱	50	1	70	4
冬春旱	60	1	80	4

注：数值是影响评估的设置规则说明，表示将干旱天数（参考天数1，参考天数2）换算成综合影响程度“成数”。

对于旱涝灾害影响评估模型综合而言，灾害排序法是根据旱涝灾害的单站、区域指数开展旱涝灾情的横向、纵向对比评估；灾害相似法则以气象灾害普查数据库为基础，综合考虑气象灾害开始时间、强度等因素，开展旱涝灾害相似年评估；灾害农业损失法，基于阶段气象要素对农作物产量的影响指数，可以对旱涝灾害或气候变化对农作物产量的影响作定量评价。这些方法为重庆市气象灾害影响评估提供了科学、客观的依据。

第三节 气候变化对重庆农业的影响

从全球来看，气候变化一方面表现为平均气温的升高，同时，又在很大程度上表现为极端气候事件的增加，气候变化将可能使各国的生存和生态环境发生不可逆转的变化，给人类带来空前的灾难，对农业生产也将带来深远的影响，造成农业自然灾害增多，使农业生产受到严重损失。重庆农业同全国一样，也将因气候的变化而受到明显的影响。但重庆地处南北过渡地带的四川盆地东南部，特殊的地理地形和气候条件使重庆的农业气候问题十分复杂。气候变化对每一种作物带来的影响不一样，对不同空间区域的同一作物的影响也不一样，特别是气候资源对重庆地区多数作物产量高低或质量优劣而言，并不是单纯的偏多与偏少，而主要决定于气候资源的阶段分布和要素之间的匹配情况，因此，气候变化对重庆农业的影响非常复杂，需要进行详细的分类研究。但总体来看，气候变化将在以下几个方面造成影响。

气候变化造成极端气候事件增加，使高温、旱涝等气象灾害的发生更加频繁，农业生产将面临更多农业气象灾害的影响，增大农业生产的不稳定性，加剧农业产量波动。重庆市立体气候特征明显，气候变化对不同海拔高度农作物的影响是不一样的，客观地说其影响是有利有弊，一方面，作物种植高度上升、作物熟期缩短，低坝河谷地区“冬暖”将更加突出，对生产龙眼、荔枝等南亚热带水果有利，高海拔地区热量条件将有所改善，总体复种指数将有所提高；另一方面，作物病虫害的发生将呈加重的趋势，一些农业气象灾害会更加突出。

气候变化对农作物气候生产潜力将带来影响，但农作物光温生产潜力与气温呈非线性关系，气候变化后农作物生育期也相应发生变化，加上海拔高度变化太大，使气候变化对重庆农作物气候生产潜力的影响非常复杂，不同区域、不同海拔高度差异很大。

在气候变暖的大气候背景下，各地小气候特征将发生显著的变化，农业气象灾害与农业气候资源都将发生不同程度的变化，这必然带来地方优势农产品、乃至动植物物种发生相应的变化，给生物多样性带来影响。气候变暖使农作物复种指数提高，作物种植上限也将上移，使高海拔地区耕地面积增加，林、灌、草面积缩小，其涵养水土、调节生态的作用将减弱，使生态环境整体质量更趋恶化，造成资源环境承载力降低。

综上所述，由于特殊的地理地形和气候条件使重庆的农业气候问题十分复杂，气候变化对重庆不同海拔高度农作物的影响是不一样的，一方面，作物种植高度上升、作物熟期缩短，低坝河谷地区“冬暖”将更加突出，对生产龙眼、荔枝等南亚热带水果有利，高海拔地区总体复种指数将有所提高；另一方面，作物病虫害及部分农业气象灾害会更加突出。气候变化对农作物气候生产潜力将带来影响，不同区域、不同海拔高度差异很大。各地小气候特征将发生显著的变化，带来地方优势农产品、乃至动植物物种发生相应的变化，对生物多样性带来影响。气候变暖使农作物复种指数提高，作物种植上限也将上移，使高海拔地区耕地面积增加，林、灌、草面积缩小，使生态环境整体质量更趋恶化。

第四节 重庆农业应对气候变化的对策

一、适应性战略

粮食安全战略。重庆同全国的情况一样，人口众多，资源短缺，粮食安全问题不容忽视。气候变化将严重影响世界粮食安全，重庆既是全国主要的粮产区之一，又是一个较大的粮食进口市，区域的粮食安全问题也会因气候变化受到一定程度的影响，因此，粮食安全问题需要考虑气候变化的影响。

科技农业战略。随着农业环境对气候变化敏感性的不断加大，特别是重庆气候及气候变化的复杂性和特殊性，使农业对科技的需求也空前增大。解决我国农业发展的深层次问题，将农业的发展从保证食物安全的单一目标转为节约能源、保护环境、提高其效益的多重目标，在保证我国农业持续发展的同时，提高参与市场竞争的能力，这些都离不开科学技术强有力的支持。

结构调整与规模化经营战略。根据气候变化趋势及其对农业气候资源、土地生产力、农业种植制度和作物生长等方面的影响，积极开展动态的精细化农业气候区划，根据气候变化情况及进一步的变化趋势为农业产业结构调整提供依据。重庆要以农业产业化10个百万工程为主线，与农业高科技园区建设相结合，促进农业生产的规模化经营，以提高农业应对气候变化的能力。

农业可持续发展战略。重庆大部分地区自然条件恶劣，生态环境脆弱，农业基础设施落后。开发高产优质高效农业与综合治理生态环境以应对气候变化是区域大开发的重点基础工作，气候变暖后耕地是否扩大要充分考虑生态环境的承载能力。

二、应对的技术措施

根据气候变化趋势，调整作物布局，改革耕作制度。根据气候变化，调整农业结构和布局，避开或减轻不利变化影响，同时，还要重视对有利变化的利用。如：开展精细化的农业气候动态区划，调整作物布局，改革耕作制度，以适应气候资源、气象灾害的新变化，减轻气候变暖带来的不利影响，同时，要尽可能利用气候变暖带来的有利影响，这对气候类型多样的山区更为重要。

研究总结综合配套技术。研究与当地气候及气候变化趋势相适应的综合栽培技术，包括传统的管理、栽培技术和生物技术等新技术，提高农业对气候资源的利用水平和防御气象灾害的技术水平。

加强农业基础设施建设。加强水利、灌溉设施建设和低产田土改造，建设高产稳产田土，提高农业抗御气象灾害的能力，既能提高产出能力，又增强了农业的稳定性。

提高作物抗逆能力。加强引进、培育抗逆性强的作物品种，提高农作物对气候变化的适应能力，重庆地区要将作物抗旱、抗高温、抗阴雨、抗倒伏和抗病能力放在重要位置。

加强作物气候生态研究。加强作物生长发育、产量和品质与气象条件的关系研究，准确掌握各种农作物新品种对气象条件的需求，这些是科学预估气候变化对农业影响和采取应对措施的基础。

加强气候变化及气象灾害变化趋势研究。加强气候变化及气象灾害变化趋势研究，提前预知未来气候趋势及其可能对农业生产带来的影响，为从容应对气候变化提供有利条件。

第十章　适应气候变化存在的问题及障碍

适应是在自然或人类系统中由于实际的或预期的气候刺激或其影响而做出调整，以求趋利避害（IPCC）。适应气候变化是复杂、多方面、多层次的问题，同时也具有诸多挑战，对于像中国这样的发展中大国更是如此。适应也是一个不断进化的目标，是一个为应对新的和变化的环境所涉及的可持续及永久的调整进程；气候变化将对社会、环境和经济的各方面产生影响。这意味着我们必须为已发生或即将发生的气候事件调整行为模式、生活方式、基础建设、法律规范、政策与制度。这些调整可包括使制度与管理系统更具有弹性，以应对未来未知的变化，也可根据过去经验或预测未来的改变为基础、事先计划好适应战略，需要审慎考虑短期、中期、长期内，系统将如何运作。

IPCC评估报告对于适应认识也是逐步发展的过程，从最初以影响认识为主逐渐发展到适应评估，并形成当前的风险管理理念。由于全球气候变化势必导致极端气候事件的增多增强，未来气候灾害特征及其影响也出现新的趋势和变化规律，但目前在科学认识上依然存在很大的研究差距，如未来极端事件的衡量标准及时空变化趋势、气候变化和气候灾害的相互关系、气候灾害风险评估及影响分析亟需开展更多的研究工作，科学认识的深化是实施精准高效适应行动的重要基础；适应主体或承灾体的自适应能力研究也有待补充和深化，明确对象主体对气候变化（风险）的自适应能力可以对适应行动规划及风险管理策略有客观地评估，也可提高措施实施过程的综合成本效益；阐明对象主体对极端气候或灾害的适应机制，形成动态完整的适应行动或风险管理流程，建立主体对象的适应能力评价指标体系，不仅可以在策略上有的放矢，行动上也可以聚焦目标。

第一节　适应气候变化研究中的不确定性

一、区域气候变化的不确定性

1. 气候模式输出结果的不确定性

目前国内外比较著名的全球气候模式输出的气候情景结果存在较大的差异。所有的气候模式对极端天气事件模拟的能力差也是造成影响评估不确定性大的主要原因之一。气候模式本身的不完善，主要缺乏是对模式中的云—辐射—气溶胶相互作用和反馈过程、大气中各种微量气体与辐射之间的关系、水循环过程、陆面过程、海洋模式的逼近程度、海—气—冰之间的相互作用和反馈等的认识和了解。

2. 排放情景的不确定性

温室气体排放预测是气候模式的重要输入条件，其不确定性也必然会对气候模式的输出结果产生一定的影响。目前，已制定了多种排放情景，如最近的SRES排放情景。由于将来采取的排放情景不同，气候变化幅度和分布也明显不同。温室气体排放预测的不确定性主要来源于不能准确地描述和预测未来社会经济、环境、土地利用和技术进步等的非气候情景的变化。非气候情景对于准确表述系统对气候变化的敏感性、脆弱性及适应能力也是非常重要的，但比较准确地预测未来几十年甚至是100年的非气候情景是评估气候变化面临的最大挑战。

3. 降尺度技术的不确定性

全球气候模式、区域气候模式、水文模型尺度在应用中存在不相匹配的问题。全球气候模式的输出尺度较大，一般很难直接应用全球气候模式输出结果进行区域水资源未来情势评价，全球气候模式输出通过降尺度处理得到区域气候模式，采用不同的降尺度分析技术，也会得到不同的区域气候情景。区域气候情景应用到水文模型中，还需要进一步的降尺度处理，也会带来一定的误差。

二、评价模型的不确定性

1. 模型结构的不确定性

对于不同的流域，下垫面条件千差万别，流域产流、汇流特性不一样，因此选择的评价模型是否适用于所研究的流域，能否仿真模拟该流域的陆面水文过程，即模型结构本身所带来的误差，将不可避免地影响到预测评价结果的确定性。

2. 评价模型参数的不确定性

模型参数的不确定性主要原因：一是用于模型参数率定的资料问题。有些模型结构较为复杂，需要很多资料去确定识别模型参数，而一些资料很难得到，常常不得不采用简化或粗估的方法确定。此外，用于率定模型参数的各种资料本身的精度和序列的代表性将影响到参数的代表性和精度，进而影响模拟评价的结果。如VIC模型中需要确定植被反照率、叶面指数、气孔阻抗、根带分布以及与土壤特性有关的参数等，这些参数的确定本身存在着较大的不确定性。二是模型参数识别和优化方法的问题。模型参数优化的程度也将直接影响预测和评价的精度。三是参数区域化问题。这些参数在无资料或资料缺乏地区的确定是目前水文研究中的一个挑战性难题。

3. 人类活动的影响

利用水文模型对未来水资源情势的评估中，采用的参数一般由现状水文资料率定得到或参数移植得到。而在未来的实际中，区域内的人类活动，如水利工程的修建、土地利用覆盖的变化、用水结构的调整都将对流域的产汇流产生一定的影响，进而即使在气候条件没有发生变化的情况下也会影响到未来的水文情势，而目前常用的评价模型中缺乏对人类活动影响的足够考虑。

三、评价过程的不确定性

1. 陆气耦合技术的不确定性

气候变化对水资源的影响与大气和陆面过程的相互影响和作用有关。目前，国内外研究大多将大气和陆面水文过程间“离线”的单向联结，应用不同的模型进行完全独立的研究，很少考虑大气和陆面水文过程间“在线”的双向耦合。这不仅阻碍了水文和气象两个学科的交叉与发展，而且影响了研究成果的完整性和准确性。

2. 水资源供需量预测中的不确定性

由于降水、蒸发等气象因子变化对灌溉需水量影响机理方面的知识欠缺，致使农业灌溉需水预测中的灌溉定额和灌溉面积预测中都存在一定的不确定性。同时，受人类认识的局限，未来的科技发展及其对各方面的推动作用又是最难预测的。超长期的可供水量的预测主要通过宏观分析和经验判断，无法按常规的方法计算，预测方法的不完善性也导致供需水的预测结果很难定量化，只能是定性上的合理。

第二节　适应气候变化面临的科学问题

适应气候变化问题不仅是自然科学问题，而且也是社会—自然问题，涉及社会、环境和经济等多个环节。中国在适应气候变化方面，制订了完整的适应框架，并在农业、水资源和生态系统等领域得到了成功的验证，但由于适应气候变化本身的复杂性和中国自身的社会经济自然现状，中国在适应气候变化方面仍然存在很多问题。

一、气候变化的各要素变化与过程及其形成原因

本质上来讲，气候变化通过其变化的速率、强度与频率影响社会、环境和经济。气候变化研究必须识别出那些能够改变当地人类赖以生存的资源与环境要素和过程，分

析其变化特征，确定气候变化对各系统及个体影响的临界值及所可能影响的区域和领域，认识自然和人为因素在气候变化中所占的份额，识别在特定的自然社会经济条件下各领域、各层面等存在的气候风险，并进行科学评估，确定适应目标。

二、气候变化影响与人类社会脆弱性相互作用的机制

气候变化的影响是气候变化的危害性与人类社会的脆弱性相互作用的结果，因此，气候变化影响的结果不仅与气候变化本身有关，而且与人类社会的脆弱性密切相关。人类适应气候变化的能力会受到社会、环境、经济等各方面因素的限制，在一定的社会经济水平下，人类可适应的气候变化阈值（人类适应能力的极限）是什么？

三、人类社会对气候变化的适应过程与行为

人类社会认知气候变化影响的方式与过程是什么？影响适应气候变化决策过程与适应方式选择的关键因素是什么？适应措施取舍的原则是什么？人类适应气候变化影响的时滞性产生的原因及其后果是什么？

四、适应气候变化效果的评价指标体系

任何适应行为的选择，均应建立在能够正确判断这种措施成本效益的基础之上。对适应效果的评价，不仅要考虑经济效益，也要考虑生态和社会效益。同时也要考虑到政治因素。气候条件差，自然灾害严重，生态环境脆弱；经济发展水平较低而且区域发展极不不均衡，适应气候变化的能力较差且差异明显，适应气候变化的基础研究相对薄弱，中国正处在高速发展的城市化、市场化、工业化进程中，诸多领域面临挑战，无法全力应对气候变化。资金缺乏，资金保障机制缺失，未主流化，公众意识有待加强，国际合作有待进一步开展。

适应是科学问题，需要科学的评估过程，同时是社会问题需要综合协调各级相关部门和利益群体，需要综合权衡部门利益和行业利益，部门规划和措施落实的匹配挂钩；同时，适应行动需要政策法规、行业标准的辅助支持，一些大型的水利工程、基础设施建设、人居环境布局需要客观科学的前期气候风险、适应成本效益评价；再者，具体的适应技术要有短期、中期、长期的考虑，重点研发无悔或双赢的适应方法技术，考虑具体适应的成效，不同地区和部门评价的标准不同，也需要周全考虑综合效果。

附　录　IPCC报告中的相关术语解译

（注：英文术语来源IPCC WGII AR5，2014，仅适应性参考了IPCC WGII SAR，1995）

适应（Adaptation）：对实际或预期的气候变化及其影响采取的趋利避害调整过程。

适应性（Adaptability）：系统在实践过程或内部结构上，对预期或实际气候变化做出的调整程度。

适应能力（Adaptive capacity）：指系统、机构、人类社会和其他有机体在减低（气候变化及气候变率）潜在损害、挖掘有利机遇、或应对影响后果的能力。

提升性适应（Incremental adaptation）：在一定程度上保持系统或过程的本质属性和完整性的适应行为。

转型性适应（Transformational adaptation）：因适应气候及其影响而改变系统原本属性特征的适应行为。

暴露度（Exposure）：人类及其生计、物种或生态系统、环境服务及自然资源、基础设施，或经济、社会、文化资产处于受到不利影响的状况。

敏感性（Sensitivity）：某一系统或物种因气候变化或变异受到的不利或有利影响程度。

脆弱性（Vulnerability）：对不利影响的易感性或程度，包括过程脆弱性和结果脆弱性。

风险（Risk）：指某些人类价值（包含人类自身）处于危险境地且后果不确定的潜在影响。风险一般表示为危险事件或其趋势发生的概率乘以事件发生造成的影响后果，气候变化风险主要指与气候相关的风险（Risk=Hazard probability × Consequence）。

风险感知（Risk perception）：人们对风险特征和严重程度形成基本主观判断。

风险评价（Risk assessment）：通过科学的定性和（或）定量的评价方法确定风险程度。

风险管理（Risk management）：为降低风险可能性及其后果，或是对其影响做出响应而进行部署、行动、制定政策的过程。

灾害（Disaster）：危险自然事件与脆弱社会条件交互作用而造成某一群体或整个社会的正常功能发生剧烈改变，并造成广泛的生命、财产、经济或环境损害，需立即采取应急响应以满足人们的紧急需求且可能需要外部援助才能得以恢复的不利影响。

灾害管理（Disaster management）：不同组织及社会阶层为提升和完善灾害防御、响应和重建而进行的规划、执行、评价、制定政策和措施等的社会活动过程。

灾害风险管理（Disaster risk management）：为提高灾害风险认知、培育灾害风险减低和转移意识，并促进灾害防御、响应和恢复的持续提升，从而开展的设计、执行、评估策略、制定政策和措施的实践过程，以实现提高人类安全、福祉、生活质量和持续发展的明确目标。

耐受力/复原力（Resilience）：人类社会及自然系统为维持其固有功能、属性和结构及其适应、进化和转变性能，对危险事件或干扰的反应及重建能力，其中可包含对不利影响的预防、承受、调整和恢复的过程特征。

参考文献

《气候变化国家评估报告》编写委员会，2007. 气候变化国家评估报告[M]. 北京：科学出版社.
安顺清，邢久星，1986. 帕默尔旱度模式的修正[J]. 气象科学研究院院刊，1（1）：75-82.
边金霞，马忠明，2007. 河西绿洲灌区3种作物垄作沟灌节水效果及栽培技术[J]. 甘肃农业科技（11）：47-11.
陈军，周丽，于孟文，2008. 内蒙古西辽河平原地质环境问题及地下水资源合理开发利用研究[J]. 水文地质工程地质，34（6）：123-125.
崔明，蔡强国，范昊明，2007. 东北黑土区土壤侵蚀研究进展[J]. 水土保持学报，14（5）：29-34.
丁松爽，苏培玺，2009. 河西走廊绿洲农田防护林对玉米光合特性及产量的影响[J]. 应用生态学报，20（1）：1 066-1 071.
丁一汇，林而达，何健坤，2009. 中国气候变化——科学、影响、适应及对策研究[M]. 北京：中国环境科学出版社.
丁一汇，任国玉，石广玉，等，2006. 气候变化国家评估报告（I）：中国气候变化的历史和未来趋势[J]. 气候变化研究进展，2（1）：3-8.
丁永建，叶柏生，刘时银，1999. 40年来西北干旱区黑河流域降水时空分布特征[J]. 冰川冻土（1）：42-48.
范嘉泉，郑剑非，1984. 帕默尔气象干旱研究方法介绍[J]. 气象科技，12（1）：63-71.
方修琦，王媛，徐锬，等，2004. 近20年气候变暖对黑龙江省水稻增产的贡献[J]. 地理学报，59（6）：820-828.
高峰，孙成权，曲建升，2001. 气候变化对自然和人类社会系统的影响——IPCC第三次气候变化评价报告：第二工作组报告概要[J]. 地球科学进展，16（4）：590-590.
高锋，王宝书，2008. 全球变暖与东北地区气温变化研究[J]. 海洋预报，25（1）：25-30.
高前兆，李福兴，1991. 黑河流域水资源合理开发利用[M]. 兰州：甘肃科学技术出版社.
葛全胜，曲建升，曾静静，等，2009. 国际气候变化适应战略与态势分析[J]. 气候变化研究进展，5（6）：369-375.
龚强，汪宏宇，张运福，等，2010. 气候变化背景下辽宁省气候资源变化特征分析[J]. 资源科学，32（4）：671-678.
郭维栋，马柱国，姚永红，2003. 近50年中国北方土壤湿度的区域演变特征[J]. 地理学报，58（增刊）：83-90.
何志斌，赵文智，2005. 黑河中游地区植被生态需水量估算[J]. 生态学报，25（4）：705-710.
何志斌，赵文智，屈连宝，2005. 黑河中游绿洲防护林的防护效应分析[J]. 生态学杂志，24（1）：79-82.

华强森，尤茅庭，王三强，等，2009. 粮仓变旱地——华北东北地区抗旱措施的经济影响评估[M]. 纽约：麦肯锡咨询公司.

吉奇，宋冀凤，刘辉，2006. 近50年东北地区温度降水变化特征分析[J]. 气象与环境学报，22（5）：1-5.

纪瑞鹏，张玉书，冯锐，等，2007. 辽宁省农业气候资源变化特征分析[J]. 资源科学，29（2）：74-82.

矫江，许显斌，卞景阳，等，2008. 气候变暖对黑龙江省水稻生产影响及对策研究[J]. 自然灾害学报，17（3）：41-48.

金之庆，葛道阔，石春林，等，2002. 东北平原适应全球气候变化的若干粮食生产对策的模拟研究[J]. 作物学报，28（1）：24-31.

居辉，熊伟，许吟隆，2008. 东北春麦对气候变化的响应预测[J]. 生态环境，17（4）：1 595-1 598.

居辉，熊伟，许吟隆，2005. 气候变化对我国小麦的影响[J]. 作物学报，31（10）：1 340-1 343.

李宝林，1994. 松嫩沙地沙漠化气候因素的分析及沙地未来发展趋势[J]. 东北师范大学学报（自然科学版）（2）：94-99，109.

李宝林，周成虎，2001. 东北平原西部沙地的气候变异与土地荒漠化[J]. 自然资源学报，16（3）：234-239.

李辑，龚强，2006. 东北地区夏季气温变化特征分析[J]. 气象与环境学报，22（1）：6-10.

李金华，杨晓光，曹诗瑜，等，2009. 甘肃张掖地区不同种植模式需水特征及作物系数分析[J]. 江西农业学报，21（4）：17-20.

李万寿，2002. 黑河流域水资源可持续利用研究[J]. 西北水电（4）：14-18.

李玉娥，李高，2007. 气候变化影响与适应问题的谈判进展[J]. 气候变化研究进展，3（5）：303-306.

廉毅，高枞亭，任红玲，2001. 20世纪90年代中国东北地区荒漠化的发展与区域气候变化[J]. 气象学报，59（6）：730-736.

林而达，许吟隆，蒋金荷，等，2006.气候变化国家评估报告（Ⅱ）：气候变化的影响与适应[J].气候变化研究进展，2（2）：51-56.

林而达，吴绍洪，戴晓苏，等，2007. 气候变化影响的最新认知[J]. 气候变化研究进展，3（3）：125-131.

刘春臻，刘志雨，谢正辉，等，2004. 近50年海河流域径流的变化趋势研究[J]. 应用气象学报，15（4）：385-393.

刘庚山，郭安妮，安顺清，等，2004. 帕默尔干旱指数及其应用研究进展[J]. 自然灾害学报，13（4）：21-27.

刘敏，江志红，2009. 13个IPCC AR4模式对中国区域近40a气候模拟能力的评估[J]. 南京气象学院学报，32（2）：256-268.

刘巍巍，安顺清，刘庚山，等，2004. 帕默尔旱度模式的进一步修正[J]. 应用气象学报，15（2）：207-216.

刘文泉，王馥棠，2002. 黄土高原地区农业生产对气候变化的脆弱性分析[J]. 南京气象学院学报，25（5）：620-624.

刘志娟，杨晓光，王文峰，等，2009. 气候变化背景下我国东北三省农业气候资源变化特征[J]. 应用生态学报，29（2）：2 199-2 106.

刘作新，2004. 试论东北地区农业节水与农业水资源可持续利用[J]. 应用生态学报，15（10）：1 737-1 742.

宁宝英，何元庆，和献中，等，2008. 黑河流域水资源研究进展[J]. 中国沙漠，28（6）：1 180-1 185.
潘家华，孙翠华，邹骥，等，2007. 减缓气候变化的最新科学认知[J]. 气候变化研究进展，3（4）：187-194.
潘响亮，邓伟，张道勇，等，2003. 东北地区湿地的水文景观分类及其对气候变化的脆弱性[J]. 环境科学研究，16（1）：14-18，52.
戚颖，付强，孙楠，2007. 黑龙江省半干旱地区水资源利用程度评价及节水灌溉模式优选[J]. 节水灌溉（4）：7-9，12.
秦大河，陈振林，罗勇，等，2007. 气候变化科学的最新认知[J]. 气候变化研究进展，3（2）：63-73.
裘善文，张柏，王志春，2005. 中国东北平原西部荒漠化现状成因及其治理途径研究[J]. 第四纪研究，25（1）：63-73.
任红玲，廉毅，高枞亭，2002. 中国东北西部地区荒漠化发展前沿区域的遥感研究[J]. 第四纪研究，22（2）：136-140.
施继祥，蒋慧亮，潘华盛，2006. 气候变暖对黑龙江省近年及未来水资源影响及对策[J]. 黑龙江水利科技，34（6）：52-52.
施雅风，2003. 中国西北气候由暖干向暖湿转型问题评估[M]. 北京：气象出版社.
施雅风，沈永平，李栋梁，等，2003. 中国西北气候由暖干向暖湿转型的特征和趋势探讨[J]. 第四季研究（2）：152-164.
宋长春，2003. 湿地生态系统对气候变化的响应[J]. 湿地科学，1（2）：122-127.
苏永中，张智慧，杨荣，2007. 黑河中游绿洲边缘沙地农田玉米水氮用量配合试验[J]. 作物学报，33（12）：2 007-2 015.
孙成权，林海，曲建升，2003. 全球变化与人文社会科学问题[M]. 北京：气象出版社.
孙凤华，杨素英，陈鹏狮，2005. 东北地区近44年的气候暖干化趋势分析及可能影响[J]. 生态学杂志，24（7）：751-755.
孙凤华，袁健，路爽，2006. 东北地区近百年气候变化及突变检测[J]. 气候与环境研究，11（1）：101-108.
孙力，安刚，高枞亭，等，2004. 中国东北地区地表水资源与气候变化关系的研究[J]. 地理科学，24（1）：42-49.
孙力，沈柏竹，安刚，2003. 中国东北地区地表干湿状况的变化及趋势分析[J]. 应用气象学报，14（5）：542-552.
孙永罡，白人海，谢安，2004. 中国东北地区干旱趋势的年代际变化[J]. 北京大学学报（自然科学版），40（5）：806-813.
唐蕴，王浩，严登华，等，2005. 近50年来东北地区降水的时空分异研究[J]. 地理科学，25（2）：172-176.
佟守正，吕宪国，苏立英，等，2008. 扎龙湿地生态系统变化过程及影响因子分析[J]. 湿地科学，6（2）：179-184.
王琦，李锋瑞，赵文智，2007. 黑河中游新垦沙地农田灌溉与施氮量对春小麦产量及水分利用率的影响[J]. 农业工程学报，23（12）：51-57.
王绍武，黄建斌，2006. 全新世中期的旱涝变化与中华古文明的进程[J]. 自然科学进展，16（10）：1 238-1 244.
王守荣，郑水红，程磊，2003. 气候变化对西北水循环和水资源的影响研究[J]. 气候与环境研究

（3）：43-51.
王雅琼，马世铭，2009. 中国区域农业适应气候变化技术选择[J]. 中国农业气象，30（S1）：51-56.
王亚平，黄耀，张稳，2008. 中国东北三省1960—2005年地表干燥度变化趋势[J]. 地球科学进展，23（6）：619-627.
卫捷，马柱国，2003. Palmer干旱指数、地表湿润指数与降水距平的比较[J]. 地理学报，9（58）：117-124.
魏凤英，1999. 现代气候统计诊断与预测技术[M]. 北京：气象出版社.
夏军，孙雪涛，等，2003. 中国西部流域水循环研究进展和展望[J]. 地球科学进展（2）：58-67.
肖洪浪，程国栋，2006. 黑河流域水问题与水管理的初步研究[J]. 中国沙漠，26（1）：1-5.
肖艳云，曹敏建，谢立勇，等，2009. 适应干旱气候的水稻早熟品种晚插高产试验[J]. 湖北农业科学（9）：41-43.
谢安，孙永罡，白人海，2003. 中国东北近50年干旱发展及对全球气候变暖的响应[J]. 地理学报，58（增刊）：75-82.
谢立勇，冯永祥，2009. 北方水稻生产与气候资源利用[M]. 北京：中国农业科学技术出版社.
谢立勇，郭明顺，曹敏建，等，2009. 东北地区农业应对气候变化的策略与措施分析[J]. 气候变化研究进展，5（3）：174-178.
熊伟，陶福禄，许吟隆，等，2001. 气候变化情景下我国水稻产量变化模拟[J]. 中国农业气象，22（3）：1-5.
徐南平，袁美英，1994. 近200年来旱涝变化的探讨[J]. 黑龙江气象（2）：18-21.
闫敏华，2007. 东北地区器测时期气候变化及其地域差异研究[M]. 北京：科学出版社.
杨恒山，刘江，梁怀宇，2009. 西辽河平原气候及水资源变化的特征分析[J]. 应用生态学报，20（1）：84-90.
叶柏生，杨大庆，等，2004. 我国过去50a来降水变化趋势及其对水资源的影响（Ⅰ）：年系列[J]. 冰川冻土，26（5）：587-594.
殷永元，王桂新，2004. 全球气候变化评估方法及其应用[M]. 北京：高等教育出版社.
余晓珍，1996. 美国帕尔默旱度模式的修正和应用[J]. 水文（6）：30-36.
张柏，崔海山，于磊，2003. 东北平原西部半干旱地区土地退化研究[J]. 农业系统科学与综合研究，19（1）：30-32.
张建平，王春乙，杨晓光，等，2009. 未来气候变化对中国东北三省玉米需水量的影响预测[J]. 农业工程学报，25（7）：50-55.
张建平，赵艳霞，王春乙，等，2008. 气候变化情景下东北地区玉米产量变化模拟[J]. 中国生态农业学报，16（6）：1 448-1 452.
张建云，章四龙，王金星，等，2007. 近50年来中国六大流域年际径流变化趋势研究[J]. 水科学进展（2）：231-234.
张凯，宋连春，韩永翔，等，2006. 黑河中游地区水资源供需状况分析及对策探讨[J]. 中国沙漠，26（5）：842-848.
张强，邓振镛，赵映东，等，2008. 全球气候变化对我国西北地区农业的影响[J]. 生态学报，28（3）：1 210-1 218.
张庆云，陈烈庭，1991. 近30年中国气候变化的研究[J]. 大气科学，15（5）：72-81.
张文兴，隋东，2005. 气候变化对沈阳地区的影响及对策研究[J]. 辽宁气象（4）：18-19.

张郁，邓伟，杨建锋，2005. 东北地区的水资源问题、供需态势及对策研究[J]. 经济地理，25（4）：565-568，541.

赵春雨，任国玉，等，2009. 近50年东北地区的气候变化事实检测分析[J]. 干旱区资源与环境，23（7）：25-30.

赵宗慈，罗勇，2007. 21世纪中国东北地区气候变化预估[J]. 气象与环境学报，23（3）：1-4.

周广胜，周莉，关恩凯，等，2006. 辽河三角洲湿地与全球变化[J]. 气象与环境学报，22（4）：7-12.

左其亭，王中根，2001. 中国西部流域水循环重大科学问题和研究展望[J]. 西北水资源与水工程（12）：1-5.

ADGER W N，Dessai S，Goulden M，et al.，2009. Are there social limits to adaptation to climate change?[J]. Climatic Change，93：335-354.

ALEN R G，PEREIRA L S，RAES D，et al.，1998. Crop evapotranspiration Guidelines for computing crop water requirements[M]. Rome：FAO Irrigation and Drainage.

BOSSEL H，1999. Indicators for sustainable development：theory，method，application[M]. Winnipeg：International Institute for Sustainable Development（IISD）.

BURKE E J，BROWN S J，CHRISTIDIS N，2006. Modeling the recent evolution of global drought and projections for the Twenty-First century with the Hadley centre climate model[J]. Journal of Hydrometeorology，7：1 113-1 125.

BURT C M，2004. Rapid field evaluation of drip and microspray distribution uniformity[J]. Irrigation & Drainage Systems，18：275-297.

BURTON I，1998. Adapting to climate change in the context of national economic planning and development[M]. In Viet P（Eds），Africa's Valuable Assets：A Reader in Natural Resource Management，195-222. Washington DC：World Resources Institute.

CHANG X X，ZHAO W Z，ZHANG Z H，et al.，2006. Sap flow and tree conductance of shelter-belt in arid region of China[J]. Agricultural and Forest Meteorology，138：132-141.

FANKHAUSER S，1996. The potential costs of climate change adaptation[M]. In J. B. Smith，N. Bhatti，G. Menzhulin，R. Bennioff，M. Budyko，M. Campos，B. Jallow & F. Rijsberman（Eds.），Adapting to Climate Change：An International Perspective，80-96. New York：Springer. http：//dx.doi.org/10.1007/978-1-4613-8.

IPCC，2007. Climate Change 2007：Impacts，Adaptation and Vulnerability[M]. Contribution of Working Group II to the Fourth Assessment Report of the Intergovernmental Panel on Climate Change. UK Cambridge：Cambridge University Press.

IPCC，2001. Climate Change 2001：Impacts，Adaptation and Vulnerability，Summary for Policymakers[M]. IPCC WG2 Third Assessment Report（TAR）. UK，Cambridge：Cambridge University Press.

JENSEN M E，1967. Evaluation irrigation efficiency[J]. Journal of the Irrigation & Drainage Division，93（IT1）：83-98.

JONES P D，HULME M，BRIFFA K R，et al.，1996. Summer moisture availability over Europe in the Hadley Centre general circulation model based on the Palmer Drought Severity Index[J]. International Journal of Climatology，16：155-172.

KELLER A A，KELLER J，1995. Effective efficiency：a water use efficiency concept for allocating freshwater resources. IWMI Working Papers H043180，International Water Management Institute.

KLEIN R，NICHOLLS R J，RAGOONADEN S，et al.，2001. Technological options for adaptation to climate change in coastal zones[J]. Journal of Coastal Research，17（3）：531-531.

PERRY C，STEDUTO P，ALLEN RG，BURT C M，2009. Increasing productivity in irrigated agriculture：agronomic constraints and hydrological realities[J]. Agricultural water management，96：1 517-1 524.

RIND D，GOLDBERG R，HANSEN J，et al.，1990. Potential evapotranspiration and the likelihood of future drought[J]. J. Geophys. Res.，95：9 983-10 004.

SECKLER D，MOLDEN D J，SAKHTIVADIVEL R，2003. The concept of efficiency in water resources management and policy[M]. In J.W. Kijne，R. Barker，D.J. Molden（Eds.），Water Productivity in Agriculture：Limits and Opportunities for Improvement. UK，Wallingford：CABI，37-51.

SMITH J B，LENHART S S，1996. Climate change adaptation policy options[J]. Climate Research，6（2）：193-201.

TOMAN M A，2006. Climate change mitigation：passing through the eye of the needle?[J]. Advances in the Economics of Environmental Resources，5：75-98.

WILLARDSON L S，BOELS D，SMEDEMA L K，1997. Reuse of drainage water from irrigated areas[J]. Irrigation & Drainage Systems，11（3）：215-239.

ZHAO W Z，HU G L，HE Z B，et al.，2008. Shielding effect of oasis-protection systems composed of various forms of wind break on sand fixation in an arid region：a case study in the Hexi Corridor，northwest China[J]. Ecological Engineering，33：119-125.

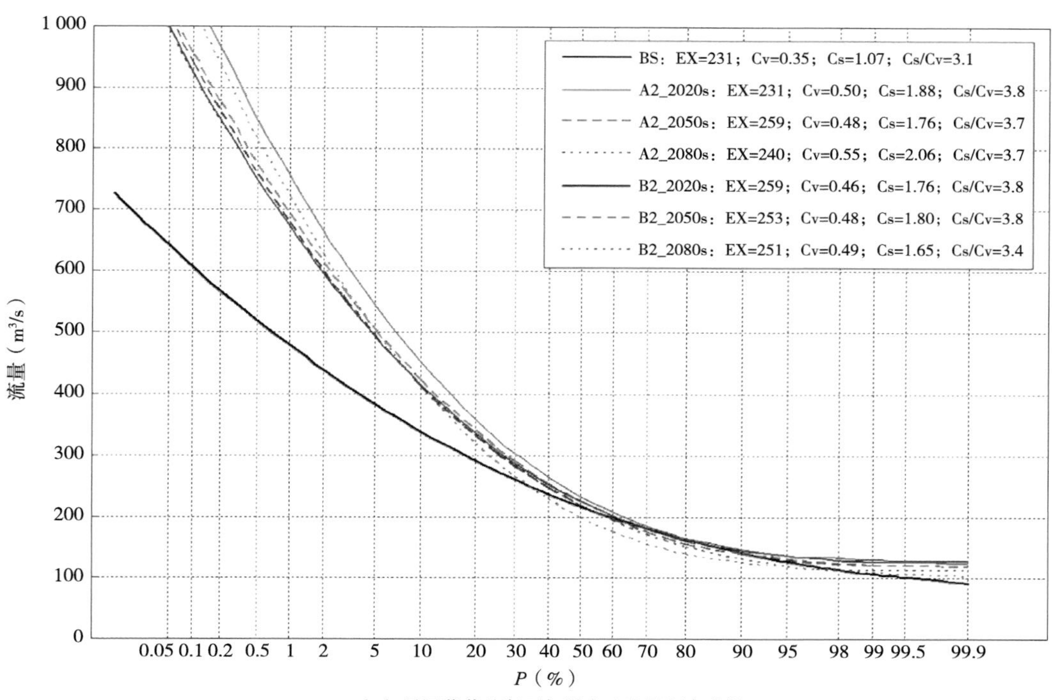

（a）黑河莺落峡断面年最大日流量频率曲线

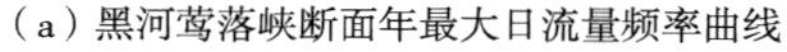

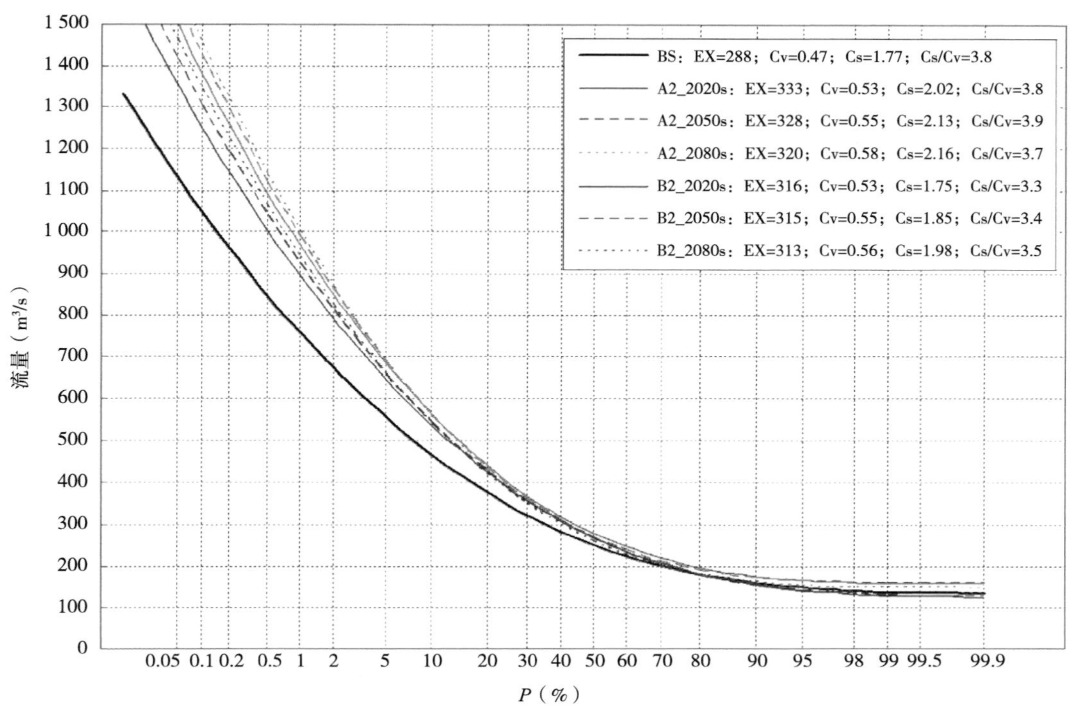

（b）黑河平川灌区断面年最大日流量频率曲线

彩图7-1　不同年代际年最大日流量的频率曲线

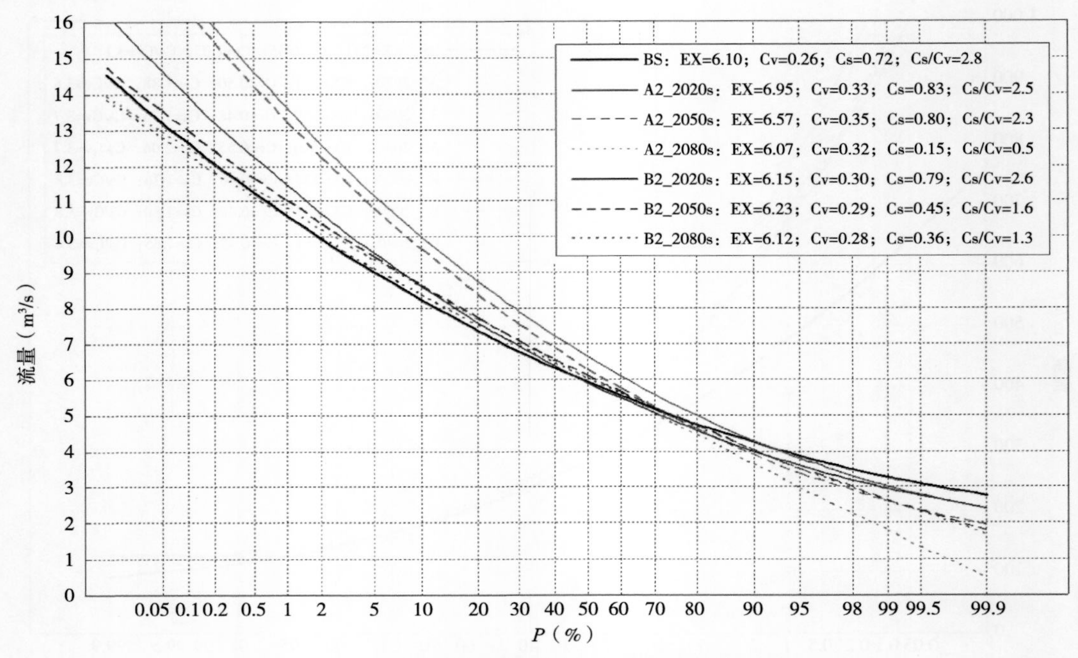

（a）莺落峡断面年最小日流量频率曲线

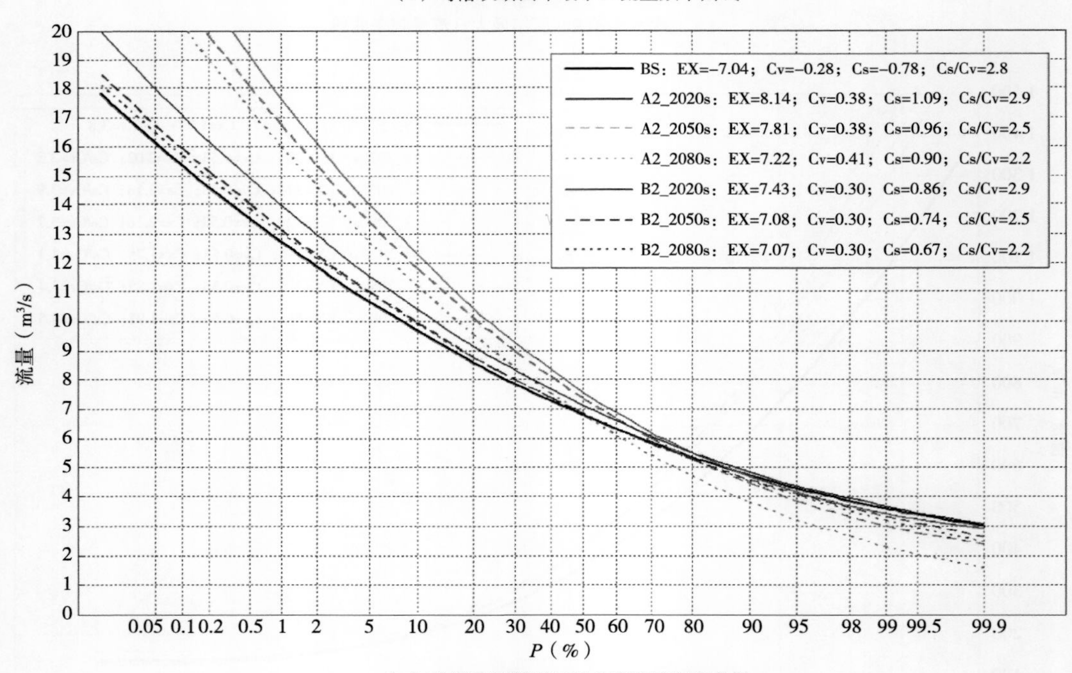

（b）平川灌区断面年最小日流量频率曲线

彩图7-2　不同年代际年最小日流量的频率曲线

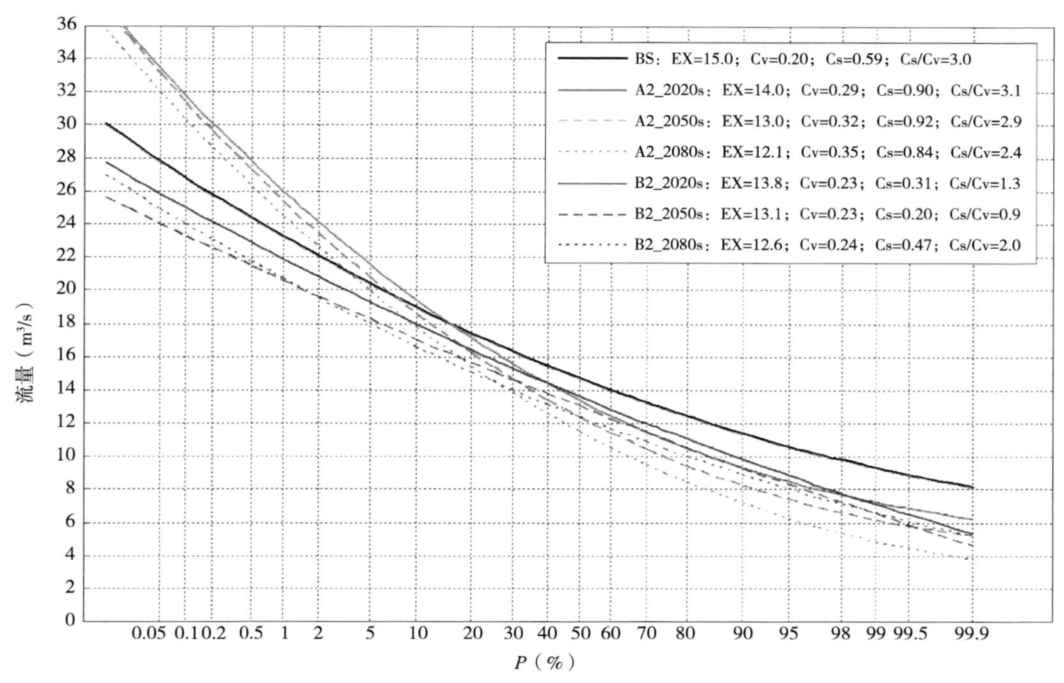

（a）黑河莺落峡断面年径流量频率曲线

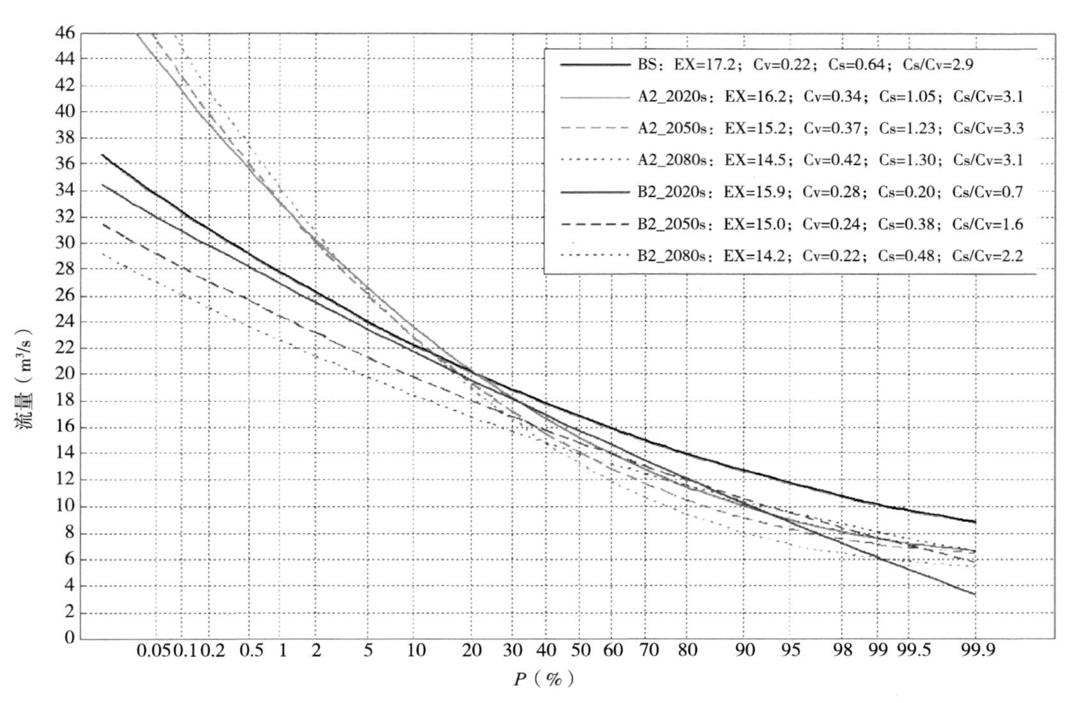

（b）黑河平川灌区断面年径流量频率曲线

彩图7–3 不同年代际年径流量的频率曲线

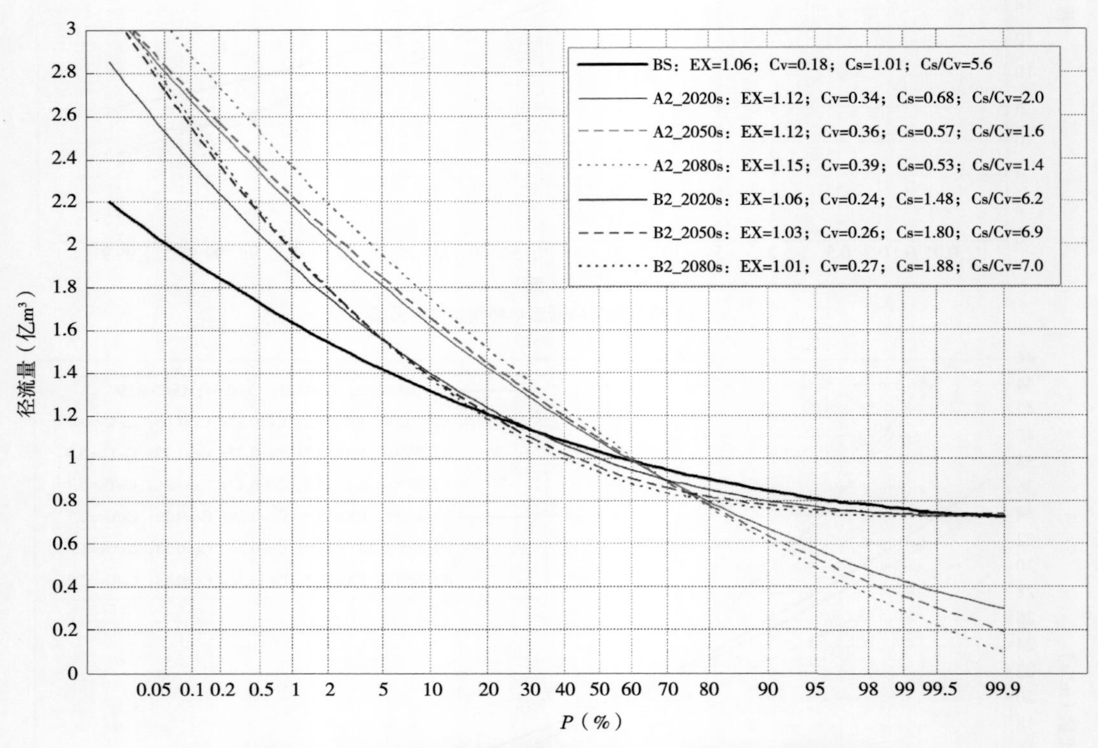

彩图7-4　不同年代际黑河平川灌区3—5月径流量的频率曲线

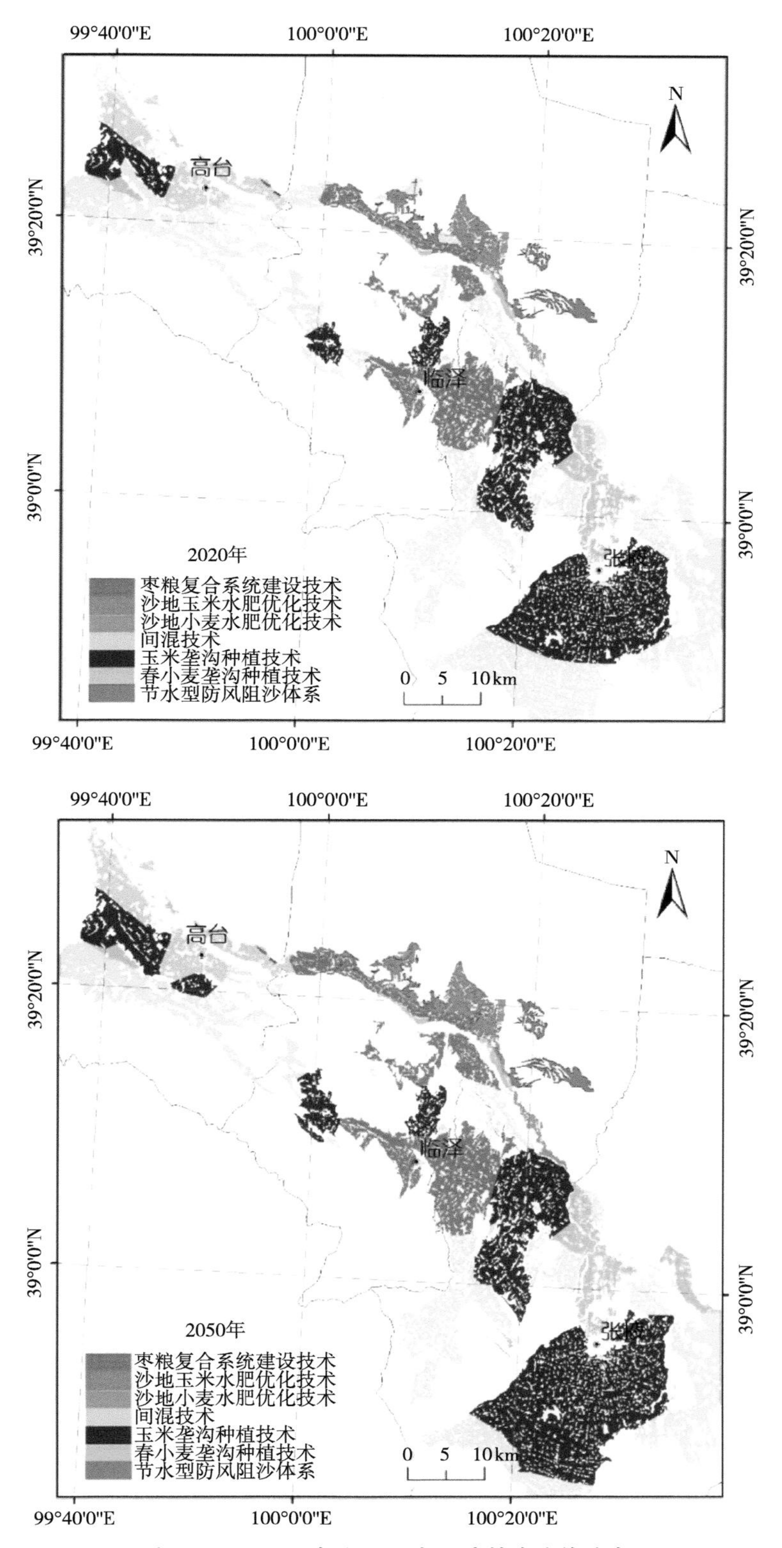

彩图7-5 2020年和2050年适应技术实施分布

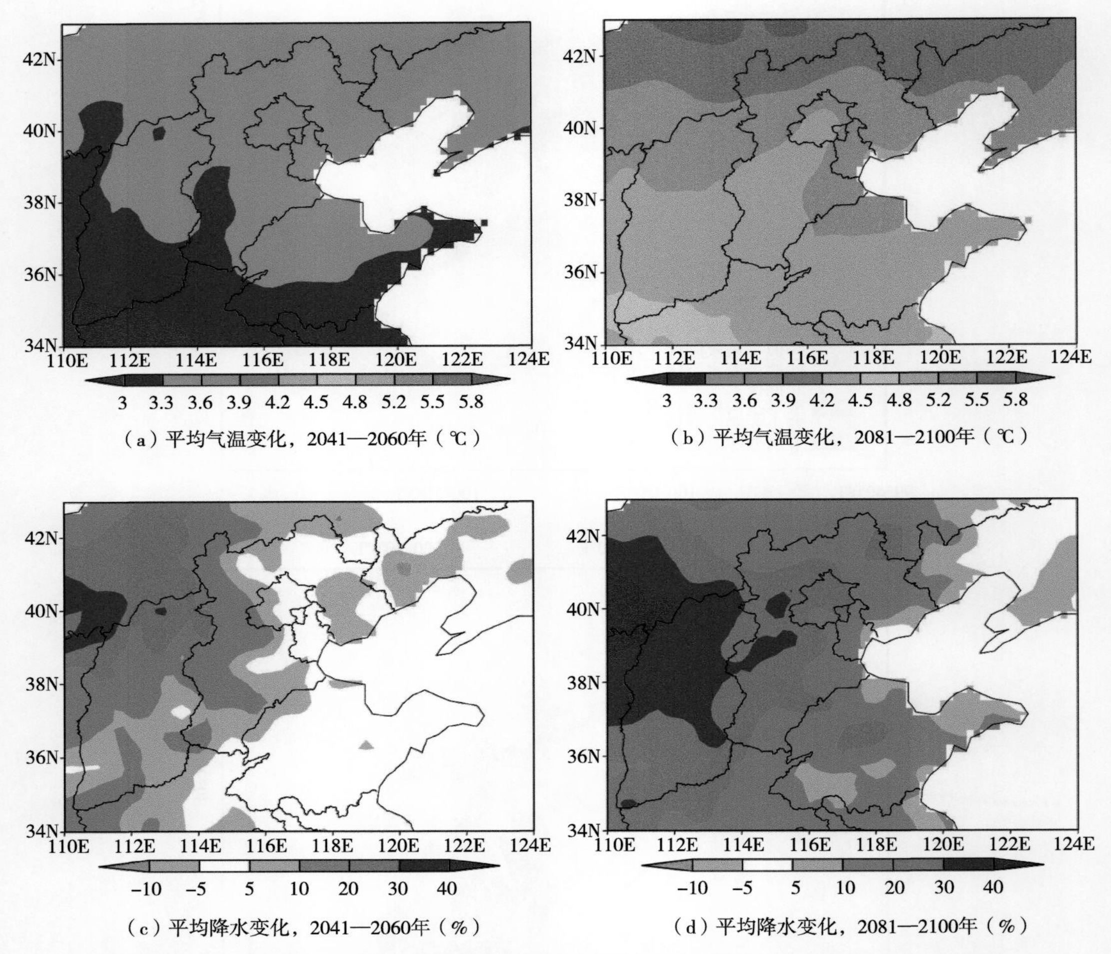

（a）平均气温变化，2041—2060年（℃）

（b）平均气温变化，2081—2100年（℃）

（c）平均降水变化，2041—2060年（%）

（d）平均降水变化，2081—2100年（%）

彩图8-1　全球模式MIROC3.2模拟的华北区域未来平均气温（℃）和降水（%）变化

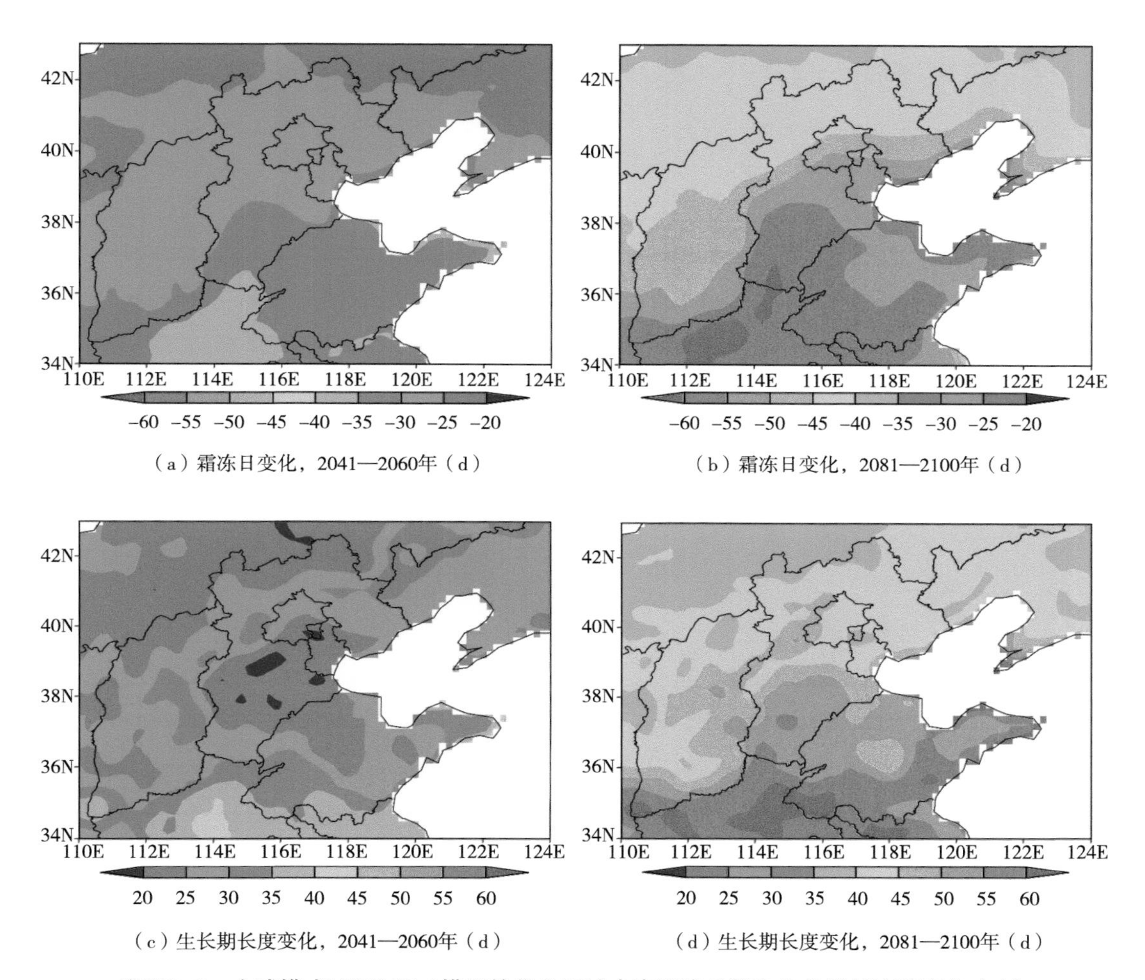

（a）霜冻日变化，2041—2060年（d）

（b）霜冻日变化，2081—2100年（d）

（c）生长期长度变化，2041—2060年（d）

（d）生长期长度变化，2081—2100年（d）

彩图8-2　全球模式MIROC3.2模拟的华北区域未来霜冻日数和生长季长度的变化（d）

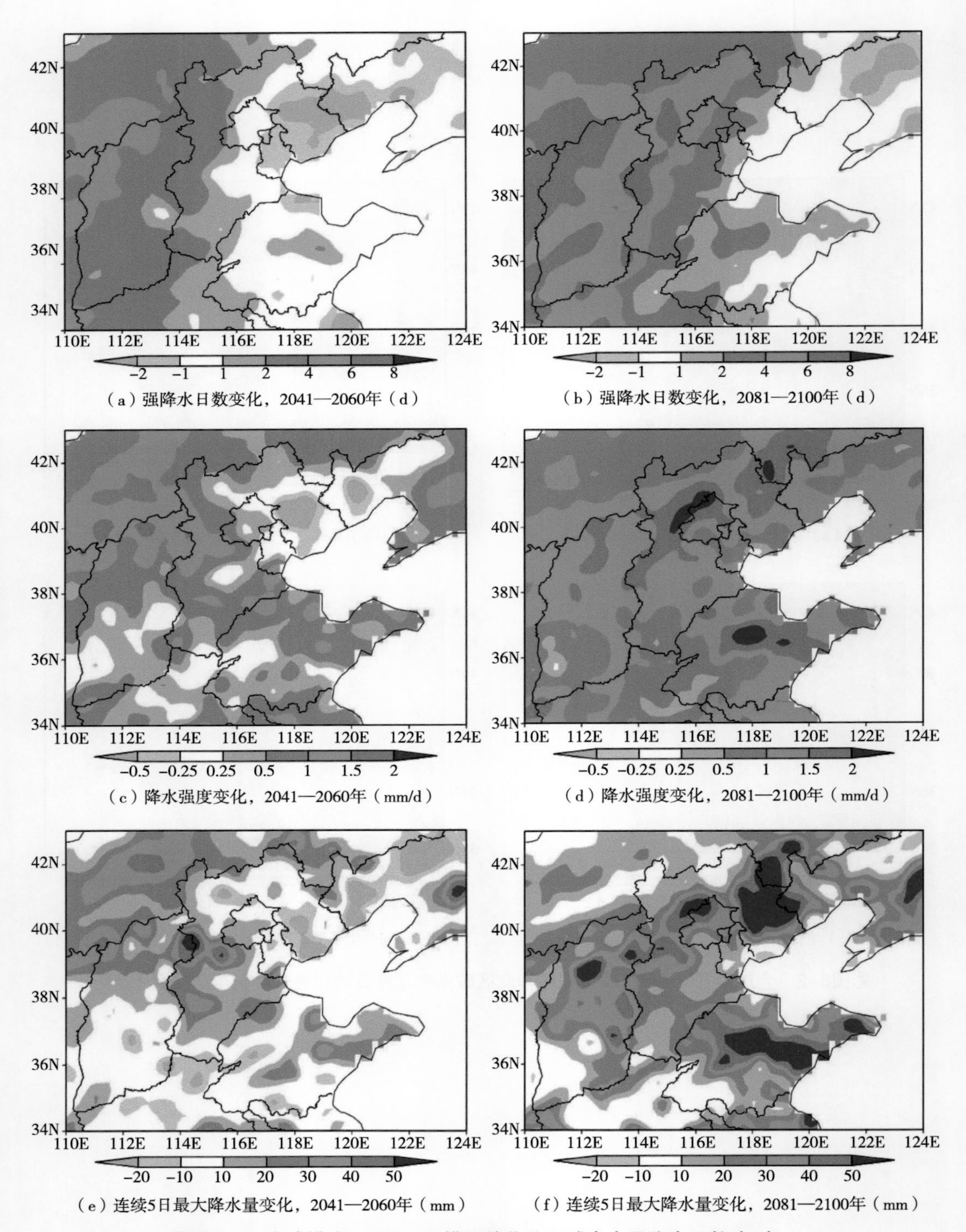

（a）强降水日数变化，2041—2060年（d）

（b）强降水日数变化，2081—2100年（d）

（c）降水强度变化，2041—2060年（mm/d）

（d）降水强度变化，2081—2100年（mm/d）

（e）连续5日最大降水量变化，2041—2060年（mm）

（f）连续5日最大降水量变化，2081—2100年（mm）

彩图8-3　全球模式MIROC3.2模拟的华北区域未来强降水日数（d）、降水强度（mm/d）和连续5日最大降水量的变化（mm）

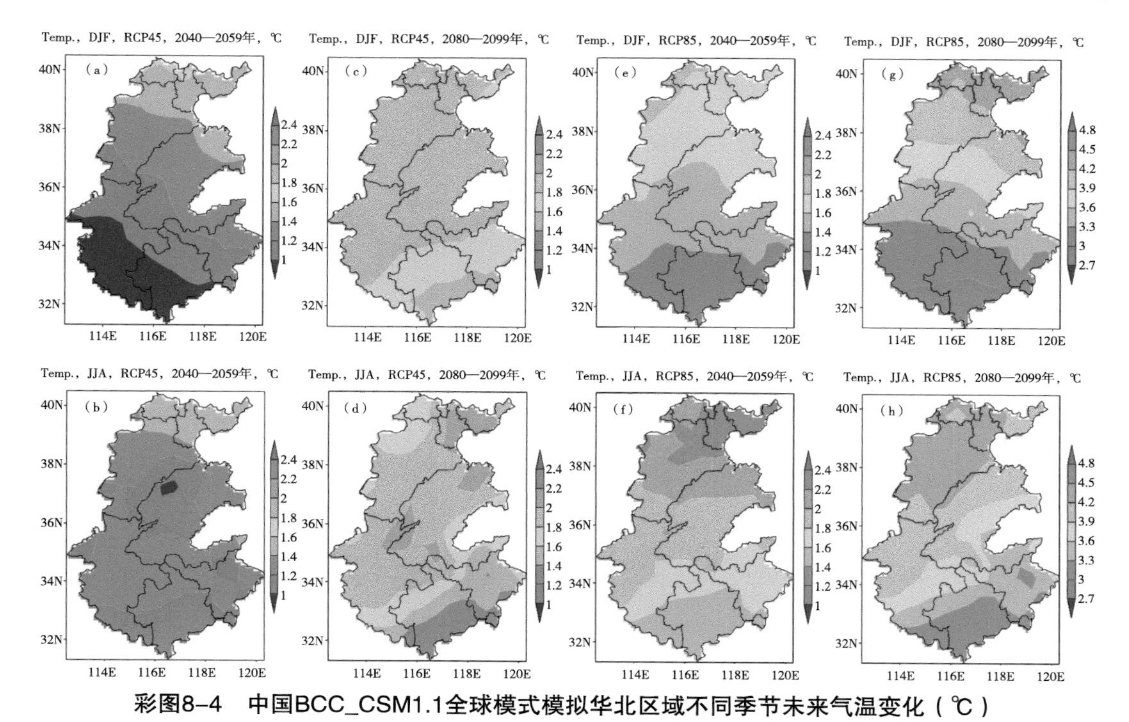

彩图8-4　中国BCC_CSM1.1全球模式模拟华北区域不同季节未来气温变化（℃）

（a）RCP45，冬季，2040—2059年；（b）RCP45，夏季，2040—2059年；（c）RCP45，冬季，2080—2099年；（d）RCP45，夏季，2080—2099年；（e）RCP85，冬季，2040—2059年；（f）RCP85，夏季，2040—2059年；（g）RCP85，冬季，2080—2099年；（h）RCP85，夏季，2080—2099年

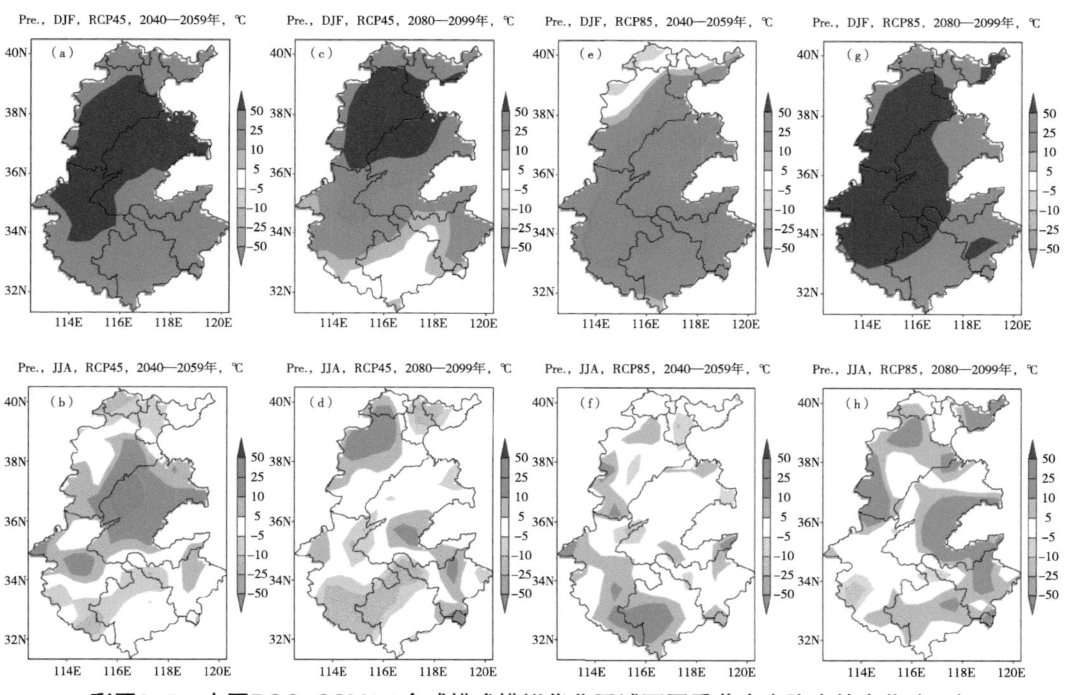

彩图8-5　中国BCC_CSM1.1全球模式模拟华北区域不同季节未来降水的变化（%）

注：（a）~（h）释译同彩图8-4。

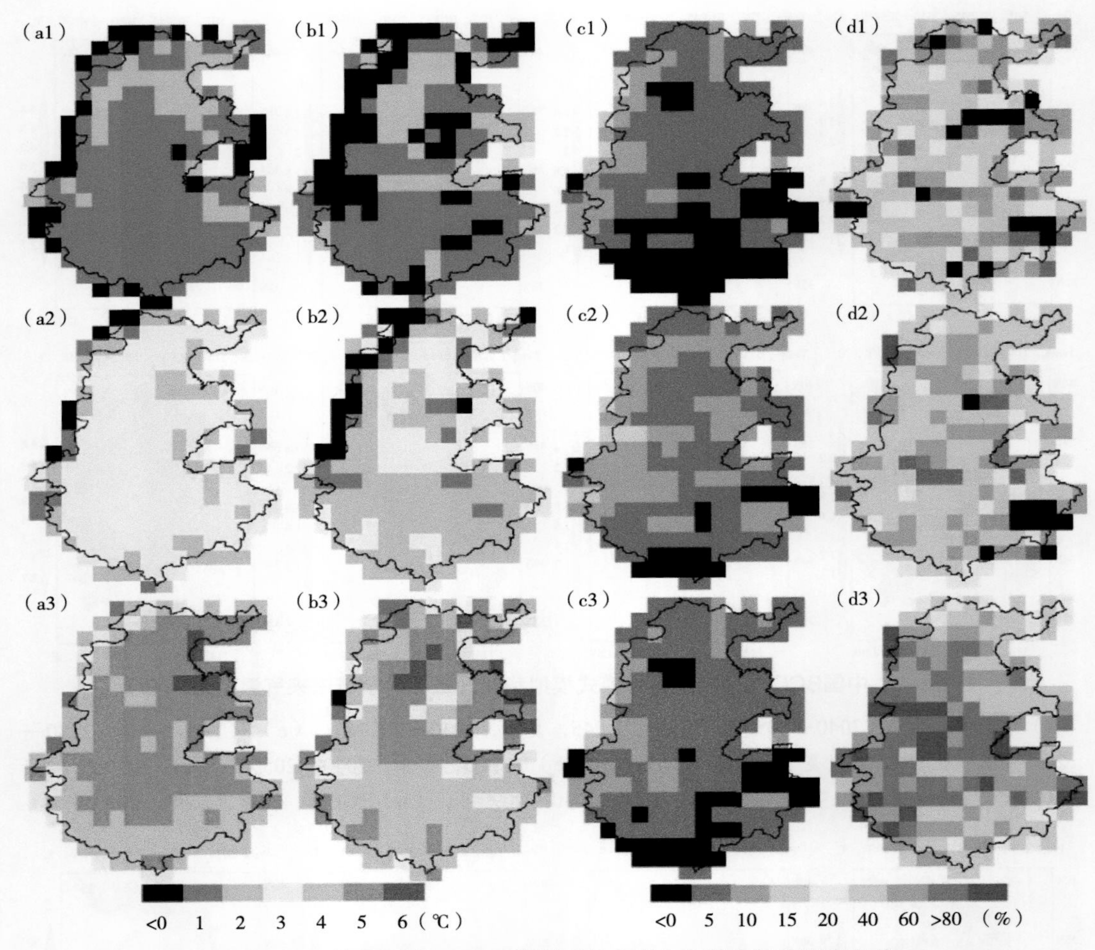

彩图8-6　华北区域RCP8.5情景下冬小麦生育期内气象要素变化

（a）最高温度；（b）最低温度；（c）太阳辐射量；（d）降水量的变化幅度（与Baseline相比）
1、2和3分别表示近期（2010—2039年）、中期（2040—2069年）和远期（2070—2099年）

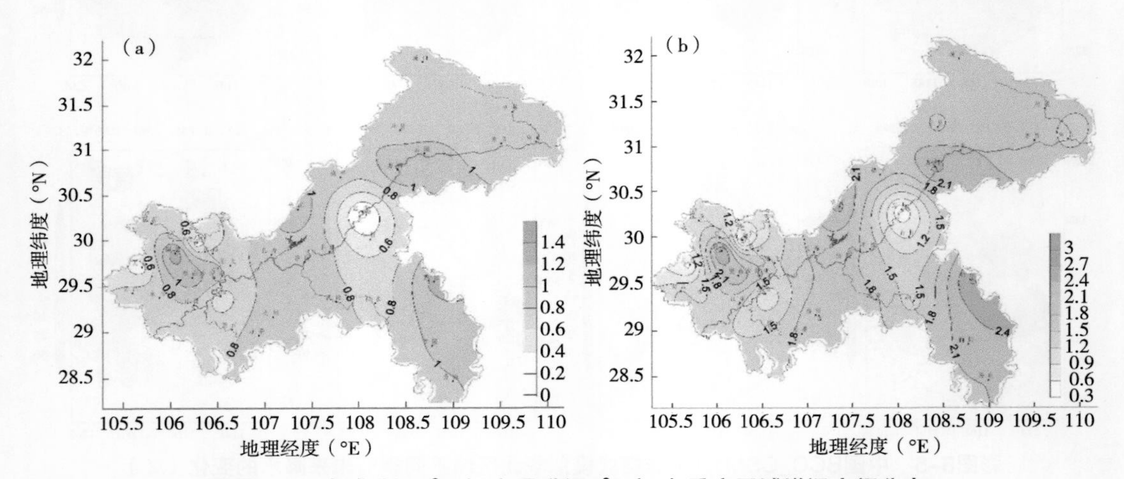

彩图9-1　全球升温1℃（a）及升温2℃（b）重庆区域增温空间分布